数控车床编程与实训

主　编	段绍娥			
副主编	申　凯	钟震坤	成朝阳	王一军
	段金平	朱秋香	李双文	邓小单
参　编	于定文	许泓泉	唐中武	王阳春
	李　双	单旭娇	胡艳科	陈伦银
	蒋铁球	罗　吒	胡以君	何玉山
主　审	周少良	向清然		
顾　问	何东球	邱家才	王　静	朱茂蒙

中南大学出版社
www.csupress.com.cn

内容简介

本书根据教育部《高职高专数控技术应用专业领域技能型紧缺人才培养指导方案》中数控技术实训的教学基本要求，参考企业数控车工及相关岗位等能力要求，将数控车削编程与加工的相关理论知识与加工操作融为一体编排内容，侧重实践性和综合性，加强学生专业基础训练，突出能力培养。

全书共分为 8 章。第 1 章介绍了数控车床基础知识。第 2 章介绍了数控车床的基本操作。第 3 章介绍了数控工艺与程序的编制。第 4 章介绍了数控车床仿真加工。第 5 章外轮廓加工，详细介绍了加工外轮廓不同结构的各种指令及特点、编程应用及注意事项等。第 6 章介绍了内轮廓加工。第 7 章介绍了综合零件加工，通过列举各种结构复杂的典型零件分析加工工艺、刀具选择、编程加工及检测等。第 8 章非圆曲线的加工，主要介绍了椭圆和抛物线零件的加工。其中，第 4 章、第 5 章、第 6 章和第 7 章是全书的核心，也是掌握数控编程知识的重点。

本书适用面广，既可作为高职高专院校、中职中专、技工学校机械数控类实践教学的教材，又可作为数控类岗位培训用书，还可作为从事数控加工的工程技术人员、操作工的自学参考书。

前　言

　　本书根据教育部《高职高专数控技术应用专业领域技能型紧缺人才培养指导方案》中数控技术实训的教学基本要求，参考企业数控车工及相关岗位等能力要求，将数控车削编程与加工的相关理论知识与加工操作融为一体编排内容，侧重实践性和综合性，加强学生专业基础训练，突出能力培养。全书力求内容实用，深入浅出，学用结合，符合高职高专"理论教学以必需、够用为度，重在应用"的要求。

　　本书具有三大优点和特色：

　　1. 注重循序渐进、学练结合的教学模式

　　本书注重学生的认知学习规律，教材大纲的内容是按"外轮廓加工→内轮廓加工→综合零件加工→非圆曲线的加工"的教学顺序编排的，且每一章节所举的实例都是按照"图样分析→加工工艺分析→刀具选择→编程加工→工件检测"的教学环节讲解，随后让学生"编程练习→操作实训练习"，教材内容设计体现了由易到难、循序渐进的教学过程，从而达到加深学生对抽象知识透彻理解和加强对知识练习巩固的教学效果。

　　2. 运用"案例教学法"整合了丰富的相关知识

　　本书以典型的案例设计教学内容，除了零件加工工艺分析、编程加工基本知识以外，还融入了刀具、夹具及量具的选择与使用、安全与规范操作、加工注意事项等相关知识。本书的例图和练习题都非常充足，这是本书区别于同类教材的最大优点。

　　3. 精心设计形式，激发学习兴趣

　　在教材内容的表现形式上，较多地利用图片、实物照片和表格以及"知识要点提示"、"知识链接"等形式将知识点生动地展示出来，力求让学生更直观地理解和掌握所学内容，激发学生的学习兴趣，使教材"易教易学，易懂易用"。

　　全书每章具有一个共同特点：每一章节通过大量的例图辅助讲解知识，尤其是每个章节中穿插的"知识要点提示"，它是该章节知识重点、难点的提炼，是疑点和容易混淆的知识点的阐述，是教学实践经验的体现。

　　本教材特邀担任省级精品课程建设、常年指导学生参加省市级数控技能竞赛的教学一线"双师型"专业骨干教师编写，教材中汇集了长年累积的教学实践经验，精心设计例题，典型实用且全面，步骤讲解详细透彻，表达通俗易懂，既可用于教学，又可用于自学。

　　本书由衡阳技师学院段绍娥担任主编，衡阳技师学院申凯、钟振坤、成朝阳、王一军、段金平、朱秋香、李双文、邓小单担任副主编，衡阳技师学院于定文、许鸿泉、唐中武、黄中、王阳春、李双、单旭娇、陈伦银、蒋铁球、罗吒、长沙职业技术学院胡以君、永州职业技术学院谢晓华、何玉山参编。全书由衡阳技师学院周少良、向清然主审。

　　本书的编写得到了衡阳技师学院何东球书记、邱家才院长和王静副院长的大力支持，得到了湖南天雁机械有限责任公司省级机械技能大师朱茂蒙的悉心指导，很荣幸邀请到这几位专家担任顾问，他们为本书的完善提出了许多宝贵的修改意见，在此表示衷心的感谢！

　　本书虽经反复推敲和校对，但因编者水平有限，书中不足之处在所难免，敬请专家、读者批评指正。

编　者

2016 年 6 月

目　录

第 1 章　数控车床基础

【知识目标】

(1)了解数控车床的产生、发展和特点。

(2)学习数控车床的组成和工作原理。

(3)了解数控车床的分类。

(4)掌握数控车床的安全操作及维护保养知识。

【技能目标】

(1)掌握数控车床的启动和停止的操作步骤。

(2)掌握数控车床的手动操作、程序编辑和管理。

(3)掌握程序的校验。

1.1　数控车床概述

1.1.1　数控车床的概念与发展

1.数控车床的概念

数控即数字控制(numerical control),是数字程序控制的简称。

数控车床是数字程序控制车床的简称,又称 CNC(computer numerical control)车床,即计算机数控车床。

数控车床的加工原理是数控系统通过控制车床坐标轴的电动机来控制车床运动部件的动作顺序、移动量和进给速度,以及主轴的转速和转向,从而实现刀具与工件的相对运动,完成零件的加工。它是目前国内外使用量最大、覆盖面最广的一种数控车床,如图 1-1 所示。

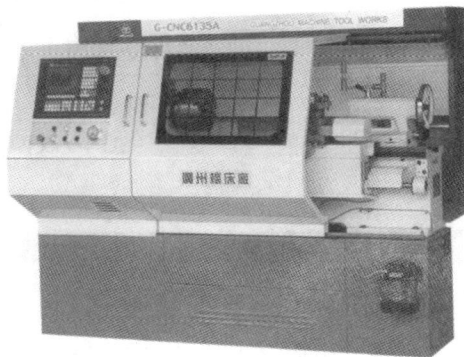

图 1-1　数控车床实物图

2.数控车床的用途

数控车床是用来加工轴类或盘类的回转体零件的机床。数控车床可以自动完成内外圆柱面、圆锥面、圆弧面、端面、螺纹等切削加工,特别适合加工形状复杂的轴类或盘类零件。

数控车床具有加工灵活、通用性强的特点，能满足多品种、生产自动化要求，一般适用于加工精度较高、批量生产的零件，因此，被广泛应用于机械制造业。

3. 数控车床的发展

从 20 世纪 50 年代世界上第一台数控车床问世至今已近 60 年。数控车床经过了两个阶段共 6 代的发展历程。数控系统发展历史如表 1-1 所示。

表 1-1　数控系统发展历史

数控系统名称	在世界首次产生的时间	在中国首次产生的时间
第一代电子管数控系统（NC）	1952 年	1958 年
第二代晶体管数控系统（NC）	1959 年	1964 年
第三代集成电路数控系统（NC）	1965 年	1972 年
第四代小型计算机数控系统（CNC）	1970 年	1978 年
第五代微处理器数控系统（MNC）	1974 年	1981 年
第六代基于工控 PC 机的通用系统（CNC）	1990 年	1992 年

随着数控车床技术的发展，数控系统不断更新、升级，车床结构和刀具材料不断变化，未来的数控车床发展将向高速化、高精度化、集中化、智能化和网络化发展，数控车床结构设计也更趋于简易。数控车床的主要发展方向见表 1-2。

表 1-2　数控车床的主要发展方向

高速化	提高车床进给速度、主轴转速、运算速度、换刀速度
高精度化	精度从微米级到亚微米级乃至纳米级
集中化	在一台车床上要完成车、铣、钻、攻丝、绞孔和扩孔等多种操作工序
智能化	简化编程、简化操作、智能诊断、智能监控
网络化	生产实现长时间无人化、全自动操作

除了上述几方面以外，数控车床的数控系统还向小型化、数控编程自动化、模块化、专门化、个性化等方向发展。

1.1.2　数控车床的组成和工作过程

1. 数控车床的组成

数控车床一般由控制介质、数控装置、伺服系统、车床主体和测量反馈装置组成，如图 1-2 所示。数控车床的组成与用途如表 1-3 所示。

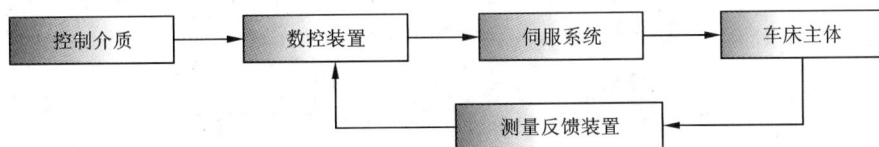

图 1 - 2　数控车床的组成

表 1 - 3　数控车床的组成与用途

数控车床组成	功能与用途
1. 控制介质	用于记载各种零件加工信息的程序载体，以控制车床的运动，实现零件的加工。控制介质可以是磁带、移动硬盘、U 盘等
2. 数控装置	数控装置是数控车床的核心，它由输入装置（如键盘）、控制运算器和输出装置（如显示器）等构成
3. 伺服系统	由伺服驱动电动机和伺服驱动装置组成。它是数控系统的执行机构。其作用是把来自数控装置的各种指令转换成车床运动部件的运动速度、运动方向和位移量　数控车床常用的伺服驱动系统有开环系统、闭环系统和半闭环系统三类
4. 测量反馈装置	通过测量元件将车床移动的实际位置、速度参数检测出来，转换成电信号，并反馈到数控装置，使数控装置能随时判断车床的实际位移、速度是否与指令一致，并发出相应指令，纠正所产生的误差
5. 车床主体	车床主体是数控机床的本体，主要包括床身、主轴、进给机构等机械部件，还有冷却、润滑、转位部件，如换刀装置、夹紧装置等辅助装置

2. 数控车床的工作过程

数控车床是一种利用数控技术，准确地按照事先安排的工艺路线，实现规定动作的金属加工车床。数控车床加工零件的工作过程如图 1 - 3 所示，分为以下几个步骤：

（1）根据被加工零件的图样与工艺方案，用规定的代码和程序格式编写加工程序。

（2）将所编写的程序指令输入车床数控装置。

（3）数控装置将程序进行译码、运算之后，向机床各个坐标的伺服系统和辅助控制装置发出信号以驱动机床的各个运动部件，并控制所需的辅助动作，最后加工出合格的零件。

1.1.3　数控车床的特点

数控车床能加工复杂的曲线、圆弧、圆锥，中小型数控车床的定位精度可达 0.005 mm，重复定位精度可达 0.002 mm，与普通车床相比，加工精度高，质量稳定。

数控车床功率大，加工工件的速度快，对切削刀具要求高，缩短了工艺时间；配备了自动换刀装置和检测装置，减少了工件的装卸次数，与普通车床相比，生产效率高。

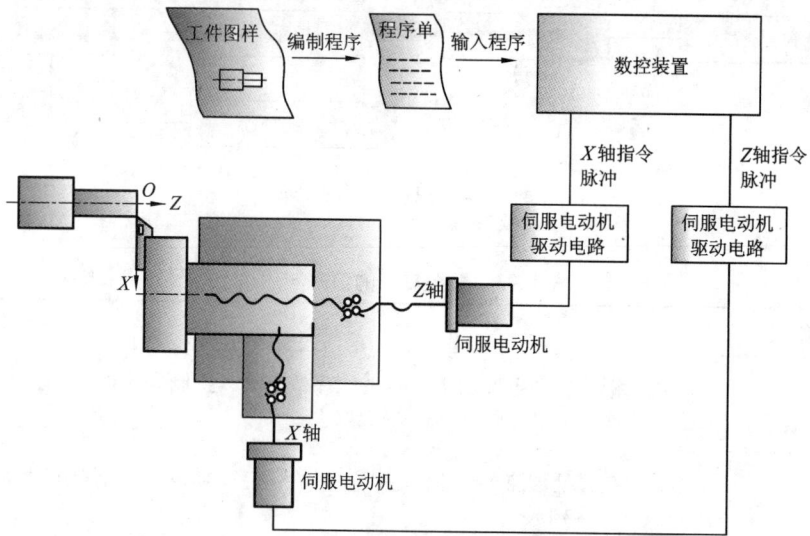

图 1-3　数控车床的基本工作过程

　　数控车床在生产过程中是按照数控指令进行工作的，当生产的零件改变时，只需改变数控加工的程序并配备所需的刀具等，不用改变其机械部分和控制部分的硬件，因此它具备较高的适应性，能够灵活根据市场需求的变化，快速组织单件或小批量生产。

1.2　数控车床的分类

　　数控车床的种类较多，可按车床主轴位置分类、按刀架数量分类、按控制方式分类和按数控系统的功能分类。数控车床的分类情况见表 1-4。

表 1-4　数控车床的分类

数控车床分类		数控车床简介
1. 按车床主轴位置分类	①立式数控车床	立式数控车床主轴垂直于水平面，并有一个直径很大的圆形工作台，供装夹工件用 加工特点：加工径向尺寸大、轴向尺寸相对较小的大型复杂零件
	②卧式数控车床	卧式数控车床又分为卧式水平导轨数控车床和卧式倾斜导轨数控车床。倾斜导轨可使数控车床具有更大的刚度，并易于排除切屑
2. 按刀架数量分类	①单刀架数控车床	普通数控车床一般都配有各种形式的单刀架，如四工位卧式自动转位刀架、多工位转塔式自动转位刀架
	②双刀架数控车床	数控车床的双刀架可以平行分布，也可以相互垂直分布

数控车床分类	数控车床简介
①开环控制数控车床	开环控制系统没有位移检测装置，一般用功率步进电动机作为执行机构，步进电动机的主要特征是控制电路每变换一次指令脉冲信号，电动机就转动一个步距角。数控装置将工件的加工程序处理后，输出数字指令信号给伺服驱动系统，驱动机床运动，但不检测运动的实际位置，如图 1 - 4 所示 　　特点：结构简单，调试方便，成本低 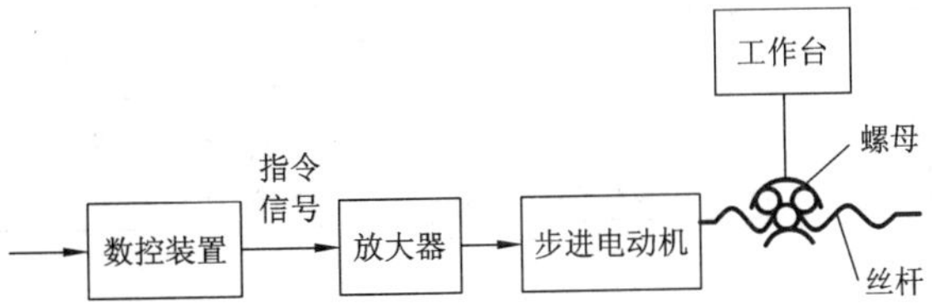 图 1 - 4　开环控制系统示意图
②闭环控制数控车床	闭环控制系统有位移检测装置，安装在工作台上的检测元件将工作台实际位移量反馈到计算机中，与所要求的位置指令进行比较，用比较的差值进行控制，直到差值消除为止，如图 1 - 5 所示。该检测装置直接检测机床坐标的直线位移量 　　特点：加工精度高，移动速度快，调试复杂，成本高 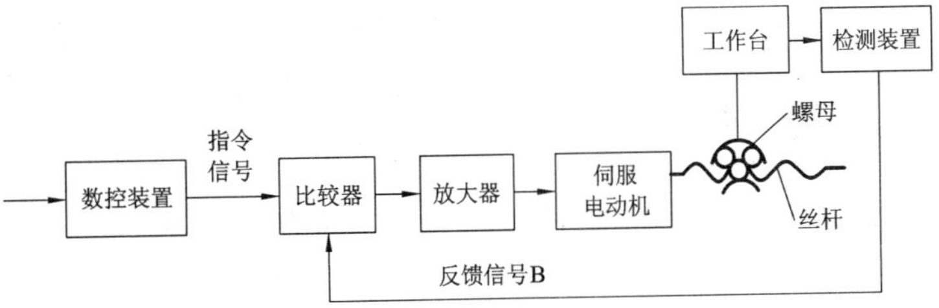 图 1 - 5　闭环控制系统示意图
③半闭环控制数控车床	半闭环控制系统不直接检测工作台的位移量，而是利用转角位移检测元件测出伺服电动机或丝杠的转角，推算出工作台的实际位移量，反馈到计算机中进行位置比较，用比较的差值进行控制，如图 1 - 6 所示 　　特点：稳定性好，调试方便，成本低，应用普遍 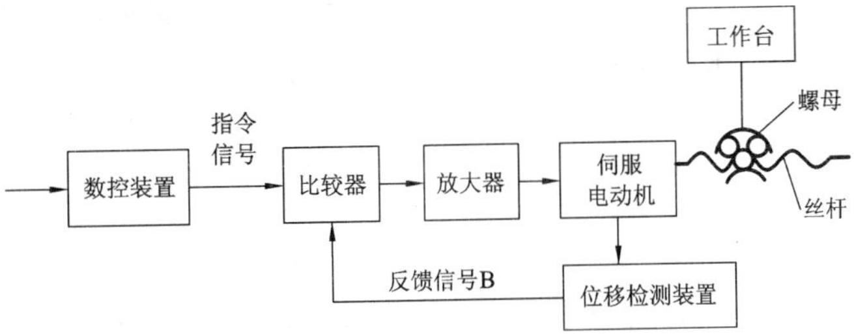 图 1 - 6　半闭环控制系统示意图

（表格第一列左侧：3. 按控制方式分类）

数控车床分类		数控车床简介
4.按数控系统功能分类	①经济型数控车床	经济型数控车床一般用单片机进行控制，机械部分是在普通车床的基础上改进设计的。它成本较低，但自动化程度和功能都比较差，车削加工精度也不高，适用于要求不高的回转类零件的车削加工
	②普通数控车床	普通数控车床是根据车削加工要求在结构上进行专门设计并配备通用数控系统而形成的数控车床，数控系统功能强，自动化程度和加工精度也比较高，适用于一般回转类零件的车削加工。这种数控车床可同时控制两个坐标轴，即 X 轴和 Z 轴
	③车削中心	车削中心是以车床为基本体，在此基础上进一步增加动力铣、钻、镗，以及副主轴的功能，可在同一台数控机床上完成多道工序的加工 车削中心是一种复合式的车削加工机械，能让加工时间大大减少，有些车削中心不需要重新装夹，以达到提高加工精度的要求

1.3　数控车床的安全操作

数控车床是一种自动化程度较高、结构较复杂的先进加工设备，操作上比普通机床要复杂得多，车床的长期可靠运行与机床正确使用和维护保养有密切联系。

1.安全操作规程

1）开机前的注意事项

（1）遵循不同实训场地的安全规定，要穿好工作服，衣袖口要扎紧，衬衫要扎入裤内。女同学要戴帽子，并将发辫纳入帽内。严禁戴手套操作机器，避免误触其他开关造成危险。

（2）检查工作台是否有越位、超极限状态。

（3）检查数控系统及各电器元件是否牢固，是否有接线脱落等现象。

（4）检查车床接地线是否和车间地线可靠连接（初次开机特别重要）。

2）加工过程的注意事项

（1）开机后，让车床开慢车空运转 5 min 以上，检查各传动部件是否正常，确认无故障后，才可正常使用。

（2）操作人员不得随意更改机床内部参数。

（3）加工零件时，必须关上防护门，不准把头、手伸入防护门内，加工过程中不允许打开防护门。

（4）加工过程中，操作者不得调整刀具和测量工件尺寸。严禁离开车床，若发生不正常现象或事故时，应立即终止程序运行，切断电源，不得进行其他操作。

（5）在程序运行中须暂停测量工件尺寸时，要待车床完全停止、主轴停转后方可进行测量，以免发生人身伤害事故。

3）加工后的注意事项

（1）清除切屑、擦拭机床，使机床与环境保持清洁状态。各部件应调整到正常位置。

（2）检查润滑油、冷却液的状态，及时添加或更换。

（3）依次关掉机床操作面板上的电源和总电源。

（4）打扫现场卫生，填写设备使用记录。

2.数控车床的维护保养

1）保持车床润滑

每天做好各导轨面的清洁润滑，有自动润滑系统的机床要定期检查，清洗自动润滑系统，要检查油量，及时添加润滑油，检查油泵是否定时启动打油及停止。

2）定期检查液压、气压系统

对液压系统定期进行油质化检，检查和更换液压油，并定期对各润滑、液压、气压系统的过滤器或过滤网进行清洗或更换，对气压系统还要注意放水。

3）定期检查电动机系统

对直流电动机定期进行电刷和换向器检查、清洗和更换。

4）定期检查电器元件

检查各插头、插座、电缆、继电器触点是否接触良好，检查各印制线路板是否干净。

5）适时对各坐标系轴进行超限位实验

由于切削液等原因使硬件限位开关产生锈蚀以致失效，实验时只要按一下限位开关确认是否出现超程报警，或检查相应的 I/O 接口信号是否变化。

6）定期更换存储器电池

一般数控系统内 CMOSRAM 存储器件设有可充电电池用来维护电路，以保证系统在不通电期间能保存其存储器中的内容。在一般情况下，即使尚未失效，也应每年更换一次，以确保系统正常工作。电池的更换应在数控系统供电状态下进行，以防更换时 RAM 内信息丢失。

7）经常清扫卫生

如果机床周围环境太脏、粉尘太多，均会影响机床的正常运行，应定期进行卫生清扫。

练　习

1. 数控车床又叫 CNC 车床，即用＿＿＿＿＿＿控制的车床，它是目前国内外使用量最大、覆盖面最广的一种数控车床。

2. 数控车床一般由控制介质、＿＿＿＿＿＿、伺服系统、车床主体和测量反馈装置组成。

3. 数控车床的核心是＿＿＿＿＿＿。

4. 按数控车床主轴位置不同，可分为＿＿＿＿＿＿数控车床和＿＿＿＿＿＿数控车床。

5. 数控控制的英文缩写是＿＿＿＿＿＿。

实训操作练习

1. 练习数控车床的启动和停止的操作步骤。

2. 练习数控车床的手动操作。

(1) 手动操作回参考点。

(2) 手动连续进给。

(3) 手动换刀。

(4) 手动控制主轴。

(5) 手轮进给。

3. 练习数控车床的程序编辑和管理。

4. 练习程序的校验。

第2章　数控车床基本操作

【知识目标】

(1)熟悉数控车床面板的划分。

(2)熟悉数控车床面板的功能。

【技能目标】

(1)掌握数控车床开机、关机、机械回零、对刀等基本操作。

(2)掌握程序的输入与编辑等基本操作。

(3)能熟悉按零件图中的技术要求完成中等复杂零件车削加工的过程。

2.1　数控车床面板简介

1. 面板的划分

GSK980TDb采用集成式操作面板,分为显示屏(液晶)、状态指示灯、编辑键盘、显示菜单和机床控制面板等几大区域,具体划分如图2-1所示。

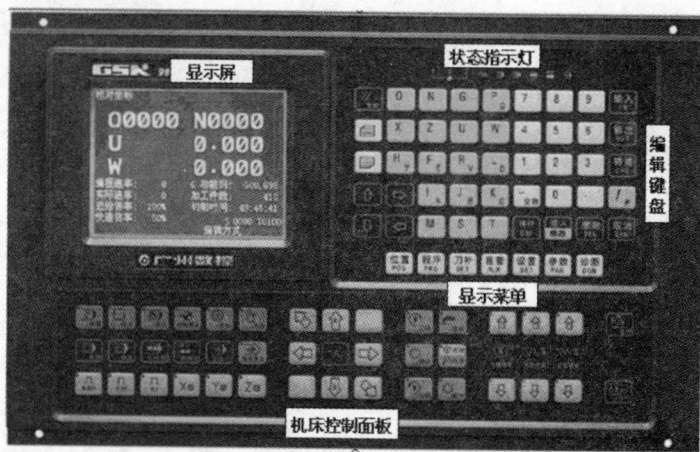

图 2-1　GSK980TDb 系统操作面板

2. 面板功能说明

1)状态指示灯

GSK980TDb 系统面板右上端为数控系统状态指示区,各指示灯的功能如图2-2所示。

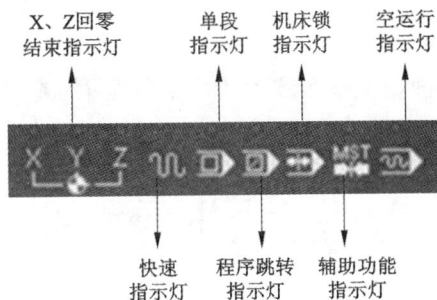

图 2 – 2　GSK980TDb 系统状态指示灯

2）编辑键盘

如图 2 – 3 所示为 GSK980TDb 系统编辑键盘及各编辑功能的名称。

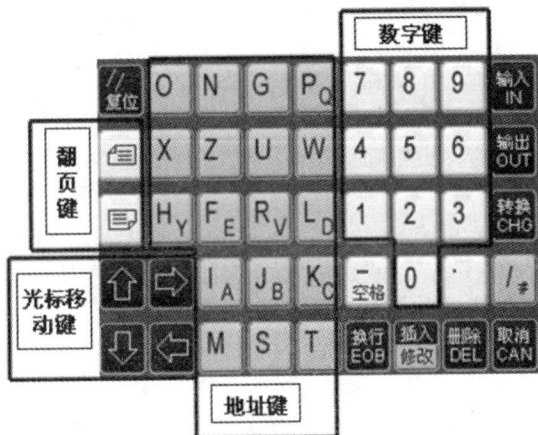

图 2 – 3　GSK980TDb 系统编辑键盘

各键的功能解释如下：

（1）复位键：使 CNC 系统复位，进给、输出停止等。

（2）符号键：此两个符号键，反复按键可在两者之间切换。

（3）小数点：输入小数点。

（4）输入键：参数、补偿量等数据输入的确定。

（5）输出键：启动通信输出。

（6）转换键：信息、显示的切换。

（7）编辑键：编辑程序、字段等的插入、修改、删除（为复合键，可在插入、修改间切换）。

（8）  [换行 EOB] EOB 键：程序段结束符的输入。

3）显示菜单

GSK980TDb 系统在操作面板上共布置了 7 个菜单显示键，如图 2 - 4 所示，各键的功能见表 2 - 1。

[位置 POS] [程序 PRG] [刀补 OFT] [报警 ALM] [设置 SET] [参数 PAR] [诊断 DGN]

图 2 - 4   GSK980TDb 系统菜单显示键

表 2 - 1   GSK980TDb 系统菜单显示键的功能

菜单键	功能说明
 [位置 POS]	位置界面有相对坐标、绝对坐标、综合坐标、坐标程序四个页面，通过翻页键转换
 [程序 PRG]	程序界面有程序内容、程序目录、程序状态、文件目录四个界面，通过翻页键转换
 [刀补 OFT]	按此键进入刀补界面、宏变量界面、刀具寿命管理（参数设定该功能），反复按键可在三个界面间转换
 [报警 ALM]	按此键进入报警界面、报警日志，反复按键可在两界面间转换。报警界面有 CNC 报警、PLC 报警两个界面，报警日志可显示产生报警和消除报警的历史记录
 [设置 SET]	按此键进入设置界面、图形界面，反复按键在两个界面间转换。设置界面有开关设置、参数操作、权限设置、梯形图设置、时间日期显示设置；图形界面可显示进给轴的移动轨迹
 [参数 PAR]	按此键进入状态参数界面、数据参数界面、螺补参数界面、U 盘高级功能界面，反复按键可在各界面间转换
 [诊断 DGN]	按此键进入 CNC 诊断界面、PLC 状态、PLC 数据、车床软面板、版面信息界面。反复按键可在各界面间转换。CNC 诊断界面、PLC 状态、PLC 数据显示 CNC 内部信号状态、PLC 各地址、数据的状态信息；机床软面板可进行机床软键盘操作；版面信息界面显示 CNC 软件、硬件及 PLC 的版本号

4）机床控制面板

GSK980TDb 机床控制面板中按键的功能是由 PLC 程序（梯形图）定义的，各按键的具体功能含义可参阅机床厂家的说明书。GSK980TDb 系统标准机床控制面板如图 2 -5 所示。

各键的功能解释如下：

（1）  [单段] 单段键：按此键，单段运行指示灯亮，系统单段运行。

（2）  [跳段] 跳段键：程序段首标有"/"号的程序段是否跳过状态的切换，程序段跳段开关打开时，跳段指示灯亮。

（3）  [机床锁] 机床锁住键：按此键，机床锁住指示灯亮，机床进给锁住。

（4）  [MST 辅助锁] 辅助功能锁住键：按此键，辅助功能锁住指示灯亮，M、S、T 功能锁住。

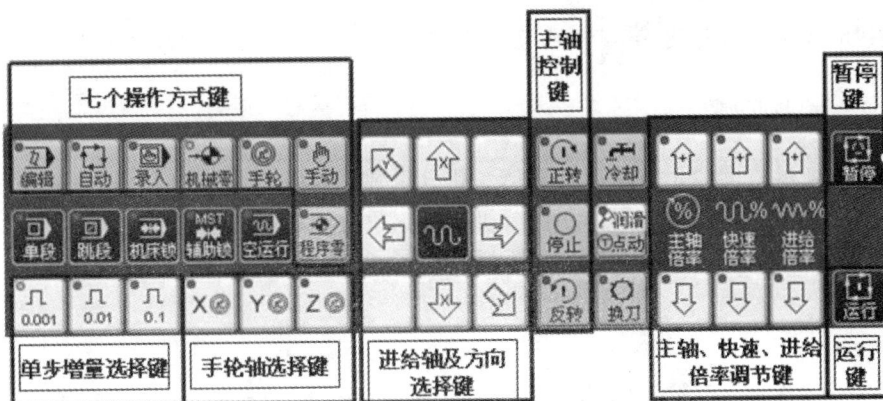

图 2 – 5　GSK980TDb 系统标准车床控制面板

（5） 系统空运行键：按此键，系统空运行指示灯亮，系统空运行，常用于检验程序。

（6） 冷却、润滑键：切削液、润滑液开关键。

（7） 换刀键：手动换刀键。

5）附加面板

如图 2 – 6 所示为 GSK980TDb 车床数控系统的附加面板，该面板包括急停、电源、系统开(关)、超程解除、手轮等。

图 2 – 6　GSK980TDb 车床数控系统的附加面板

2.2　数控车床基本操作

2.2.1　数控车床的开机与关机

1. 开机

系统通电后，应检查机床状态是否正常、电源电压是否符合要求、线路是否正确等。开机步骤如下：

按下机床电源按钮 →开启系统按钮 →开启急停按钮 （凸出来）。接通电源后系统自检、初始化，系统自检正常、初始化完成后，显示相对坐标界面如图 2 – 7 所示。

2. 关机

关机前，应确认 CNC 的 X、Z 轴是否处于停止状态，辅助功能(如主轴、切削液等)是否关闭。关机时先关系统开关 ，再切断机床电源。

2.2.2 机械回零

对于使用增量式反馈元件的数控车床，断电后数控系统就失去对参考点的记忆。因此，开机后必须先机械回零（参考点）。另外，机床解除紧急停止和超程报警信号后，也必须重新机械回零（参考点），如图 2-8 所示。其操作步骤如图 2-9 所示。

图 2-7 相对坐标界面

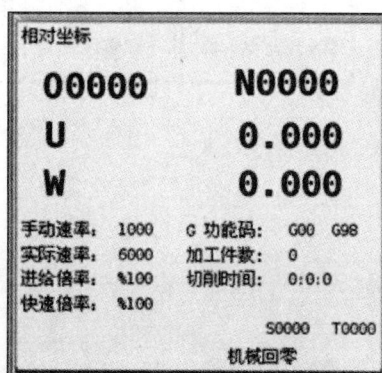

图 2-8 机械回零界面

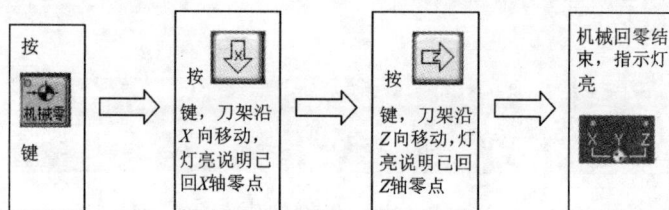

图 2-9 机械回零操作步骤

知识要点提示

数控机械回零的注意事项：

（1）数控机床回零前，要先分别移动 X 轴、Z 轴，然后再进行回零操作，目的是消除丝杆间隙，提高机床加工精度。

（2）数控车床回零时，应先回 X 轴，再回 Z 轴，避免刀架电动机撞到尾座。

2.2.3 移动操作

移动操作有手动进给和手脉进给操作两种。

按手动键 进入手动操作方式，在手动操作方式下可进行手动进给、主轴控制、倍率调节、换刀位等操作。

1. 手动进给操作

手动进给操作如图 2 - 10 所示。

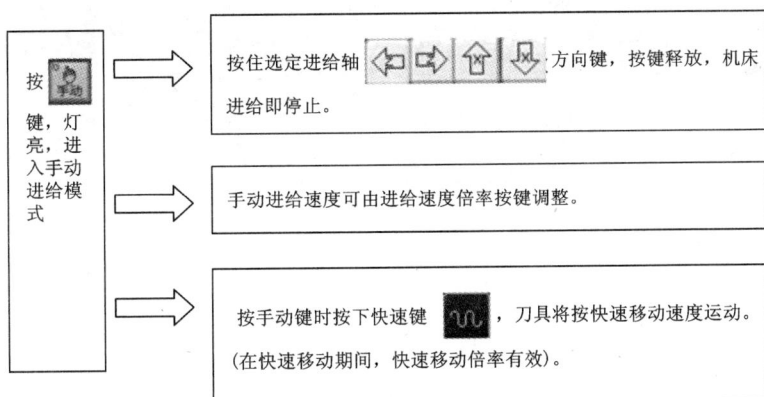

图 2 - 10　手动进给操作

2. 主轴控制操作

在手动操作方式下，可手动控制主轴的正转、反转和停止。手动操作时要使主轴启动，必须用录入方式设定主轴转速。按手动操作键 ⬚正转 ⬚停止 ⬚反转 主轴正转、停止、反转。按调节主轴倍率键对主轴转速进行倍率修调。

3. 换刀位操作

装卸刀具、测量切削刀具的位置以及对工件进行试切削时，都要靠手动操作实现刀架的转位。在手动操作方式下，按刀具选择键 ⬚换刀 ，回转刀架按顺时针顺序换刀。

4. 手脉进给操作

手脉进给操作步骤如图 2 - 11 所示。

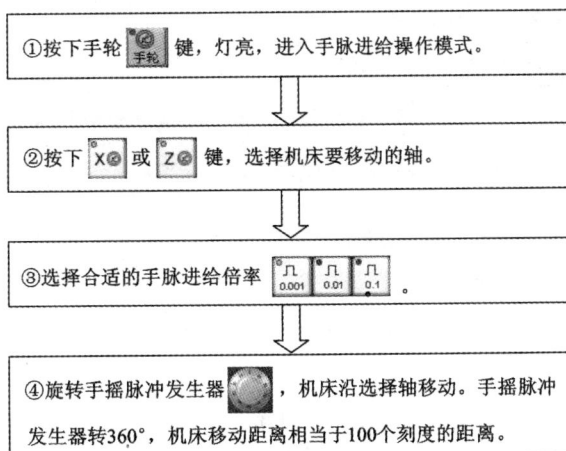

图 2 - 11　手脉进给操作

> **🔍知识要点提示**
> 　　手摇脉冲发生器旋转速度应不大于 5 r/s。如果手摇脉冲发生器旋转速度大于 5 r/s，当手摇脉冲发生器不转之后，车床不能立即停止，即车床移动距离可能与手摇脉冲发生器的刻度不相符。快速旋转手摇脉冲发生器，机床移动得太快，进给速度被钳制在快速移动速度。使用时，一定要小心操作，避免发生撞刀事故。

2.2.4　对刀操作

　　数控车床对刀方法最常见的是刀具试切法对刀，就以试切法为例。

1.试切对刀

　　刀具试切法对刀是指通过手动控制刀具试切工件来完成的对刀操作。具体对刀步骤如下：

　　1)Z 轴对刀(工件端面对刀)

　　(1)先在手动方式中试切端面。

　　(2)沿 X 轴正方向退刀，Z 轴不动(这时刀尖与端面是对齐的)。

　　(3)刀具相对应的刀补下输入 Z0，按测量输入。

　　系统会自动计算此时刀具的 Z 轴坐标，即得到工件坐标系 Z 轴坐标值，如图 2－12 所示。

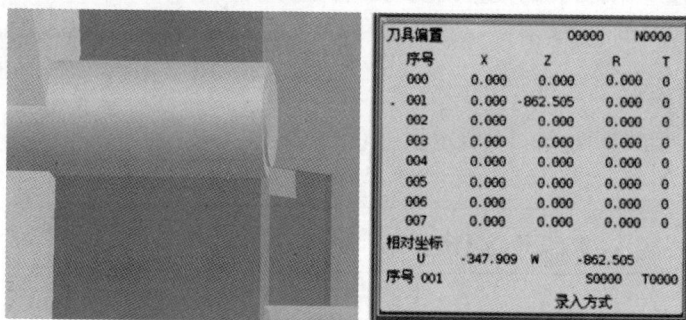

图 2－12　Z 轴对刀及输入刀补

　　2)X 轴对刀(轴向对刀)

　　(1)刀具切削外圆。

　　(2)沿 Z 轴正方向退刀(这时刀尖与所切削外圆对齐)。

　　(3)主轴停转。

　　(4)测量工件直径，把直径值输入相应刀具的刀补参数补偿中，按测量的数值输入，系统会自动计算此时刀具的 X 坐标，即得到工件坐标系 X 轴坐标值，如图 2－13 所示。

2.输入刀具磨损参数

　　(1)通过测量，确定 X 向和 Z 向刀具磨损量。

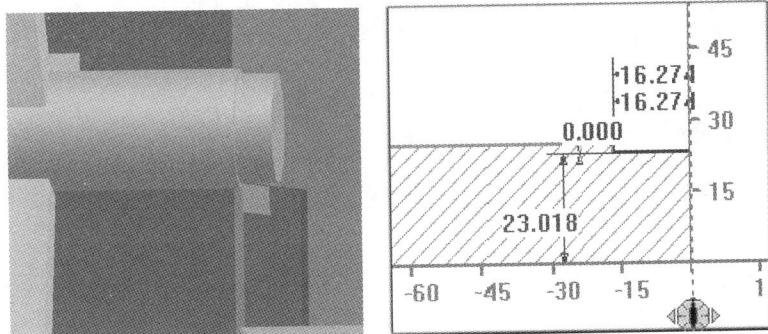

(a)X轴对刀　　　　　　　　　　　　(b)测量工件直径

(c)输入刀补

图 2 – 13　X 轴对刀及输入刀补

(2)将光标移至所需刀具序号中,直接用地址 U 和 W 分别键入 X 向和 Z 向刀具磨损量,按输入键,磨损量被输入指定区域。

3. 输入刀尖半径

将光标移至所需刀具序号中,直接用地址 R 键及刀尖半径值,例如"R0.4"按"输入"键输入指定位置中,如图 2 – 14 所示。

图 2 – 14　输入刀尖半径

2.2.5　程序的输入与编辑

在编辑操作方式下,可建立、选择、修改、复制、删除程序,也可实现 CNC 与 CNC、CNC 与 PC 机的双向通信。

1. 开关设置

为了防止程序被意外删除、修改，GSK980TDb 系统设置了程序开关，如图 2-15 所示。开关设置操作步骤如下：

(1)在录入(MDI)方式下，按设置键 [设置SET] 进入设置界面，按 [目] 或 [目] 键进入开关设置界面。

(2)按光标键移动光标到需要设置的项目上。

(3)按 [L_D] 或 [W] 键切换开关状态。按 [L_D] 键，"❋"右移，打开开关；按 [W] 键，"❋"左移，关闭开关。

> **知识要点提示**
>
> 只有在参数开关打开时才可以修改参数；只有在程序开关打开时才可以编辑程序；只有在自动段号开关打开时，编辑程序时才会自动生成程序段顺序号。

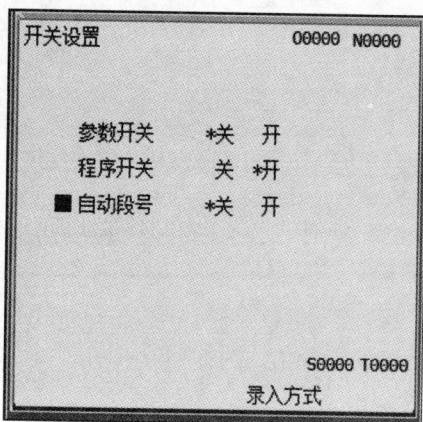

图 2-15　开关设置界面　　　　图 2-16　建立新程序

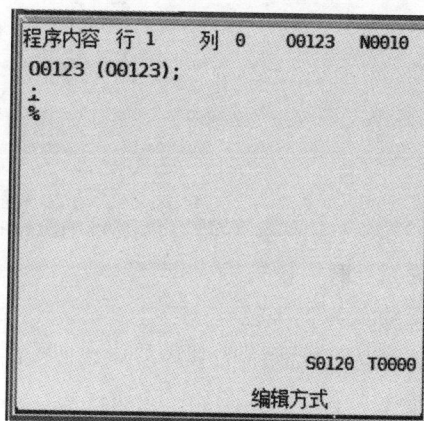

2. 新程序的建立

编辑新程序的步骤如下：

(1)按编辑键 [编辑] 进入编辑操作方式；按程序键 [程序PRG] 进入程序界面，按 [目] 或 [目] 键进入"程序内容"界面。

(2)依次键入地址键 O 和数字键 0、1、2、3(以建立 O0123 程序为例)。

(3)按 EOB 换行键，建立新程序，如图 2-16 所示。

(4)按照编制好的零件程序逐个输入，每输入一个字符，屏幕上立即会显示出输入的字符(复合键的处理是反复按此复合键，实现交替输入)，一个程序段输入完毕，按 EOB 换行键结束。

(5)按步骤(4)的方法可完成该程序其他程序段的输入。

2.2.6　程序的编辑与修改

1. 字符的检索

（1）扫描法。即光标逐个字符扫描。其操作步骤如下：

①按编辑键 [编辑] 进入编辑操作方式，按程序键 [程序PRG] 进入"程序内容"界面。

②按 [↑] 键，光标上移一行；若当前光标所在的列数大于上一行总的列数，按 [↑] 键，光标移到上一行末尾（即"；"号右侧）。

③按 [↓] 键，光标下移一行；若当前光标所在的列数大于下一行总的列数，按 [↓] 键，光标移到下一行末尾（即"；"号右侧）。

④按 [⇨] 键，光标右移一行；若当前光标在行末，则光标移到下一程序段段首。

⑤按 [⇦] 键，光标左移一行；若当前光标在行首，则光标移到上一程序段段尾。

⑥按 [⌸] 键，向上翻页，光标移至上一页第一行第一列；若向上翻页到程序内容首页，则光标移至程序第一行第一列。

⑦按 [⌸] 键，向下翻页，光标移至下一页第一行第一列；若已是程序内容最后一页，则光标移至程序最后一行的第一列。

（2）查找法。

①按编辑键 [编辑] →按程序键 [程序PRG] 进入程序内容界面。

②按 [转换CHG] 键进入查找状态，输入所要查找的字符（一次性最多只能同时输入 10 个字符）。

③按 [↑] 或 [↓] 键，查找光标上面还是下面所要查找的字符。

④查找完毕，CNC 仍然处于查找状态，再次按 [↑] 或 [↓] 键，可以接着查找光标上面或下面所要查找的字符，也可以按 [转换CHG] 键退出查找状态。

如没有查到所要的字符，则出现"检索失败"提示。

> **知识要点提示**
>
> 在编辑操作方式、程序显示界面中，按复位键 [//复位]，光标回到程序开头。

2. 字符的插入

操作步骤如下：

（1）按编辑键 [编辑] →按程序键 [程序PRG] 进入"程序内容"界面。

（2）输入插入的字符后，按插入键 [插入修改]（插入字符在光标之前）。例：在 M03 后面插入

S500，输入 S 、 5 、 5 、 0 、 插入修改 键，显示界面如图2－17所示。

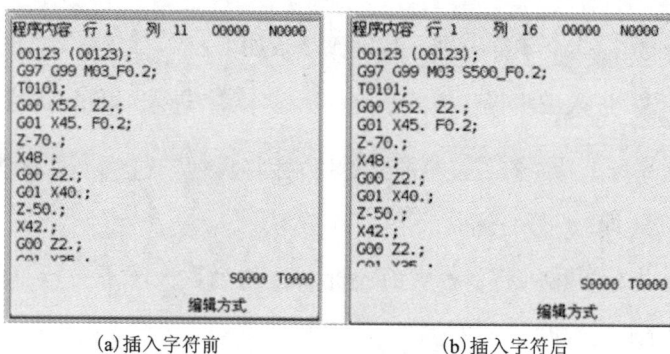

(a)插入字符前　　　　　　　　　　　(b)插入字符后

图2－17　字符的插入

知识要点提示

(1)在插入状态下，插入空格，若光标不在行首，自动生成空格；若光标在行首，必须手动插入空格键。

(2)在插入状态下，光标不在行末而光标前一位为小数，按地址字或EOB键，在小数点后面会自动补零。

3.字符的删除

操作步骤如下：

(1)按编辑键 编辑 →按程序键 程序PRG ，进入"程序内容"界面。

(2)按取消键 取消CAN 删除正在输入的字符或光标处前一字符；按删除键 删除DEL 删除光标所在的字符。

4.字符的修改

(1)插入修改法。先删除所需要修改的字符，然后插入所需要的字符。

(2)直接修改法。

①按编辑键 编辑 → 程序PRG 进入程序内容界面。

②按 插入修改 键，光标为一矩形反显框(修改状态)，输入修改后的字符，如图2－18所示。

知识要点提示

(1)在修改状态下，每输入一个字符后，当前光标处字符被修改成输入的字符，且光标后移一位。

(2)在修改状态下，若当前光标处于";"号上，输入字符将替代";"号，下一程序段将上移一行。

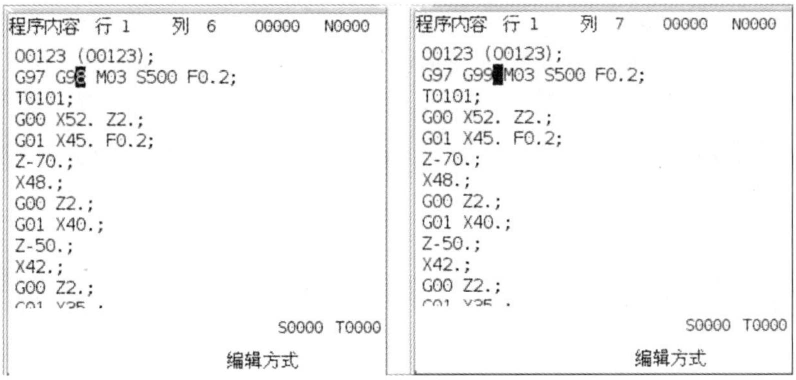

图 2-18　字符的修改

5. 程序段的删除

(1)按编辑键 →按程序键 ，进入"程序内容"界面。

(2)程序段中有段号(行首)，把光标移至行首，按 键，即整行程序删除。

> **知识要点提示**
>
> 如果该程序段没有程序段号，在该段行首输入"N"，光标移至"N"上，按 键，即整行程序删除。

6. 程序的删除

(1)单个程序的删除，步骤如下：

按编辑键 →按程序键 进入"程序内容"界面→输入要删的程序名(例如 O0123)→按 键，即整个程序被删除。

(2)所有程序的删除，步骤如下：

按编辑键 →按程序键 进入"程序内容"界面→输入"O-999"→按 键，即全部程序被删除。

(3)程序区初始化。步骤如下：

按编辑键 →按程序键 进入"程序内容"界面→输入"O-888"→按 键，即全部程序被删除，程序区初始化。

> **知识要点提示**
>
> 程序区初始化过程需要等待几分钟，这时机床不能进行其他操作。

7. 程序名的更改

按编辑键 →按程序键 进入"程序内容"界面→输入新的程序名→按 键。

8. 程序的复制(另存)

按编辑键 [编辑] →按程序键 [程序 PRG] 进入"程序内容"界面→输入新的程序名→按 [转换 CHG] 键。

2.2.7 自动加工

1. 程序的选择

1)检索法

(1)按编辑键 [编辑] →按程序键 [程序 PRG] 进入"程序内容"界面→输入新的程序名→按 [换行 EOB] 键检索程序。

(2)按编辑键 [编辑] →按程序键 [程序 PRG] 进入"程序内容"界面→输入新的程序名→按 [↓] 键检索程序。

提示：若程序不存在,CNC 会报警。

在编辑 [编辑] 操作方式下,若该程序不存在,输入程序名,按 [换行 EOB] 键后,CNC 会新建一个程序。

2)扫描法

按编辑键 [编辑] (或自动键 [自动])→按程序键 [程序 PRG] 进入"程序内容"界面→按地址键字母 [O] →按 [↓] 或 [↑] 键→显示下(或上)一个程序。

若重复按 [↓] 或 [↑] 键,会逐个显示存入的程序。

3)光标确认法

按自动键 [自动] (程序必须处于非运行状态)→按程序键 [程序 PRG] ,进入"程序目录"界面,如图 2-19(a)所示→按 [↓] 、 [↑] 、 [←] 或 [→] 键(移动光标到选择的程序名上)→按 [换行 EOB] 键显示"程序内容"界面如图 2-19(b)所示。

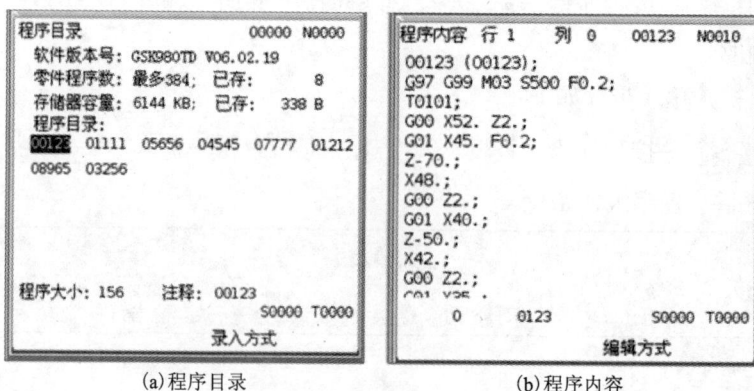

(a)程序目录　　　　　　(b)程序内容

图 2-19　光标确认法

2. 自动运行的启动

自动运行的状态下，有四种控制状态：

1）单程序段运行

在自动运行状态中，按 [单段] 键（单段指示灯 [图] 亮），单段运行功能有效。执行完单程序段后，CNC 停止执行，需要继续执行下一个程序段时，再次按 [运行] 键，如此反复直至程序运行完毕。

2）空运行

在自动运行状态中，按 [空运行] 键（空运行指示灯 [图] 亮），空运行功能有效。按 [运行] 键，车床忽略程序指定的进给速度，以系统的速度快速运行程序。（机床进给、辅助功能有效，程序中的进给速度无效。）

3）跳段运行

在自动运行状态中，按 [跳段] 键（程序跳转指示灯 [图] 亮），程序跳转功能有效。程序段中带有"/"的符号为向下执行程序（即本段程序跳过，不执行）。按程序跳转键 [跳段] （程序跳转指示灯 [图] 灭），则程序段中带有"/"的符号不起作用，该段程序被正常执行。

4）图形轨迹显示

对于拥有图形模拟加工功能的数控车床，在自动运行状态中，按两次设置键 [设置SET] 就进入程序图形轨迹模拟状态，在 CRT 上显示程序运行轨迹，以便于对所使用的程序进行检验。

3. 自动运行的停止

在自动运行过程中，除程序指令中的暂停（M00）、程序结束（M02 和 M30）等指令可以使程序自动运行停止外，操作者还可以使用操作面板上的进给保持键、急停按钮、复位键等方式选择键来中断或停止机床的自动加工。

练　习

1. GSK980TDb 采用集成式操作面板，分为显示屏（液晶）、_____、_____、显示菜单和_____等几大区域。

2. [复位] 是_____键，[执行EOB] 是_____键，[机械零] 是_____键，[机床锁] 是_____键，[空运行] 是_____键，[换刀] 是_____键。

3. 数控车床回零时，应先回 X 轴，再回 Z 轴，避免刀架电动机撞到尾座。【是、否】

4. 按程序跳转键 [跳段] （程序跳转指示灯 [图] 灭），程序段中带有"/"的符号同样起作用，该段程序被正常执行。【是、否】

第3章　数控工艺与程序的编制

【知识目标】

(1)理解加工工艺路线的选择原则。

(2)理解坐标系的确定原则。

(3)掌握数控程序的构成及常用代码。

【技能目标】

(1)掌握工艺路线的确定。

(2)掌握数控车刀的选择与安装。

(3)掌握切削用量的选择。

3.1　数控加工工艺

3.1.1　工艺路线的确定

数控车削工艺路线的确定是制定数控车削工艺规程的重要内容之一，其主要内容包括工序的划分、工序顺序的安排以及加工路线的选择等。

1. 工序的划分

1)按粗、精加工划分工序

根据零件的形状、尺寸精度以及刚度和变形等因素，按粗、精加工分开原则划分工序，即先粗加工，后精加工，以保证零件的加工精度和表面粗糙度。对于易变形或精度要求较高的零件常采用此种划分工序的方法。这样划分工序一般不允许一次装夹就完成加工，而要在粗加工时留出一定的加工余量，重新装夹后再完成精加工。

2)按装夹次数划分工序

每次装夹作为一道工序。此种划分工序的方法适用于加工内容不多的零件，加工完后就能达到待检状态。

3)按加工部位划分工序

对于加工内容很多的工件，可按其结构特点将加工部位分成几个部分，如内腔、外形、曲面或平面，并将每一部分的加工作为一道工序。

4)按先面后孔原则划分工序

当零件上既有面加工又有孔加工时，一般先加工面后加工孔，这样可以提高孔的加工精度。

5）按所用刀具划分工序

使用一把刀加工完相应各部位，再换一把刀，加工相应的其他部位，以减少空行程时间和换刀次数，消除不必要的定位误差。

2. 工序顺序的安排

工序顺序的安排应根据零件的结构和毛坯状况，以及定位、安装与夹紧的需要来考虑。工序顺序的安排一般应按以下原则进行：

（1）上道工序的加工不能影响下道工序的定位与夹紧。

（2）先进行内腔加工，后进行外形加工。

（3）以相同定位方式、夹紧方式加工或用同一把刀具加工的工序，最好连续加工，以减少重复定位次数、换刀次数。

（4）在同一次安装中，应先进行对工件刚性影响较小的工序。

3. 加工路线的选择

加工路线是指加工过程中刀具刀位点相对于被加工零件的运动轨迹。确定加工路线就是确定刀具的移动路线，包括刀具切削加工的路线及刀具切入、切出等。编程时，加工路线的确定原则如下：

（1）保证被加工零件的加工精度和表面粗糙度。

（2）尽量使数值计算简单，以减少编程工作量。

（3）尽量缩短加工路线，减少刀具空行程时间和换刀次数，以提高生产率。

3.1.2　数控车刀及切削用量的选择

1. 车削用刀具分类

1）尖形车刀

以切削刃为直线特征的车刀称为尖形车刀。

这类车刀的刀尖由直线形的主、副切削刃构成，如各种外圆偏刀、端面车刀、切槽车刀和刀尖倒棱很小的各种外圆车刀和内孔车刀等。

2）圆弧形车刀

由圆弧构成主切削刃的车刀称为圆弧车刀。

圆弧车刀特征：构成主切削刃的刀刃形状为一圆度误差或线轮廓误差很小的圆弧，该圆弧刃每一点都是圆弧形车刀的刀尖，因此，各种刀位点不在圆弧上，而在该圆弧的圆心上，特别适合车削光滑连接（凹形）的成形面。

选择车刀圆弧半径时应考虑两点：车刀切削刃的圆弧半径应小于或等于零件凹形轮廓上的最小曲率半径，以免发生加工干涉；该半径不宜选择太小，否则不但制造困难，还会因刀尖强度太弱或刀体散热能力差而导致车刀损坏。

3）成形车刀

成形车刀俗称样板车刀，刀具刀刃的形状与被加工零件的轮廓形状完全相同，例如螺纹车刀、非矩形车刀和小半径圆弧车刀等。在数控加工中，应尽量少用或不用成形车刀，当确有必要选用时，则应在工艺准备文件或加工程序单上进行详细说明。

如图 3-1 所示为常用车刀的种类、形状和用途。

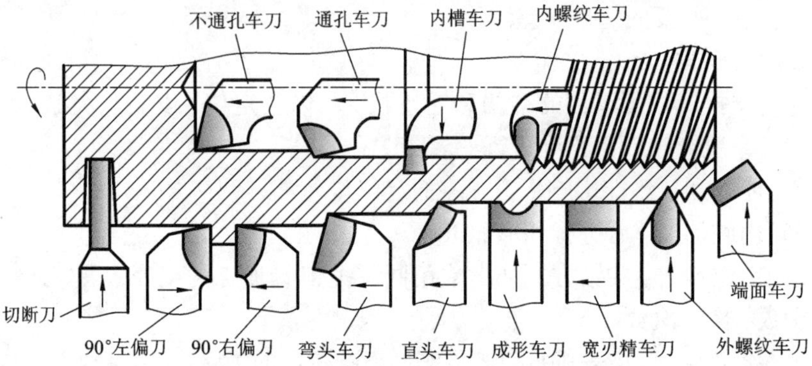

图 3-1　常用车刀的种类、形状和用途

2. 车刀的安装方法

根据工件及加工工艺的要求选择恰当的刀具和刀片。将刃磨好的车刀装夹在方刀架上。为了使车刀正确安装，在装夹车刀时必须注意下列事项：

(1)安装前保证刀杆及刀片定位面清洁，无损伤。

(2)将刀杆安装在刀架上时，应保证刀杆方向正确。

(3)车刀装夹在刀架上的伸出部分应尽量短，以增强其刚性。伸出长度约为刀杆长度的 1~1.5 倍。车刀下面垫片的数量要尽量少(一般为 1~2 片)，并与刀架边缘对齐，且至少用两个螺钉平整压紧，以防振动。

(4)安装刀具时需注意使刀尖等高于主轴的回转中心。车刀刀尖高于工件轴线，会使车刀的实际后角减小，车刀后面与工件之间的摩擦增大。车刀刀尖低于工件轴线，会使车刀的实际前角减小，切削阻力增大。刀尖不对中心，在车至端面中心时会留有凸头。使用硬质合金车刀时，若忽视这一点，车到中心会造成车刀刀尖碎裂。为使车刀刀尖对准工件中心，通常采用下列几种方法：

①根据车床的主轴中心高，用钢尺测量装刀；

②根据机床尾座顶尖的高低装刀；

③将车刀靠近工件端面，用目测估计车刀的高度，然后夹紧车刀，试车端面，再根据端面的中心来调整车刀。

3. 切削用量的选择

数控车削中的切削用量包括：背吃刀量 a_p、主轴转速 S 或切削速度 v(用于恒线速度切削)、进给速度 v_f、进给量 f。

1)选择切削用量的一般原则

(1)粗车时切削用量的选择。

粗加工时切削用量首先应选择一个尽可能大的切削深度，其次选择较大的进给速度，最后在刀具寿命和机床功能功率允许的条件下选择一个合理的切削速度。

（2）精车、半精车时切削用量的选择。

精车和半精车的切削速度要保证加工质量，兼顾生产率和刀具使用寿命。切削深度是根据零件加工精度和表面粗糙度要求及粗车后留下的加工余量决定的，一般情况是一次去除余量，所以可在保证表面粗糙度的情况下适当加大进给量。

（3）数控车削常用切削用量。

数控车削加工常用刀具材料及工件材料和常用切削用量见表 3 – 1。

表 3 – 1　常用刀具材料及工件材料和常用切削用量

刀具材料	工件材料	粗加工			精加工		
		背吃刀量 a_p/mm	进给量 f/mm·r^{-1}	切削速度 v_c/(m·min^{-1})	背吃刀量 a_p/mm	进给量 f/mm·r^{-1}	切削速度 v_c/(m·min^{-1})
硬质合金和涂镀硬质合金	碳钢	5	0.3	220	0.4	0.12	260
	低合金钢	5	0.3	180	0.4	0.12	220
	高合金钢	5	0.3	120	0.4	0.12	160
	铸钢	5	0.3	80	0.4	0.12	140
	不锈钢	4	0.3	80	0.4	0.12	120
	钛合金	3	0.2	40	0.4	0.12	60
	灰铸铁	4	0.4	120	0.5	0.2	150
	球墨铸铁	4	0.4	100	0.5	0.2	120
	铝合金	3	0.3	1600	0.5	0.2	1600
陶瓷	淬硬钢	0.2	0.15	100	0.1	0.1	150
	球墨铸铁	1.5	0.4	350	0.3	0.2	380
	灰铸铁	1.5	0.4	500	0.3	0.2	550

2）参数的确定

这些参数的确定均应在机床给定的允许范围内选取，并结合车削加工的特点。其选择、确定方法如下：

（1）背吃刀量 a_p 的确定。

在工艺系统刚性和车床功率允许的情况下，粗加工时，除留下精加工余量外，尽可能选取较大的背吃刀量，以减少进给次数。当加工余量过大，工艺系统刚度较低，车床功率不足，刀具强度不够或断续切削的冲击振动较大时，可分多次走刀。切削表面层有硬皮的铸锻件时，应尽量使 a_p 大于硬皮层的厚度，以保护刀尖。

半精加工和精加工的加工余量较小时，可一次切除，但有时为了保证工件的加工精度和表面质量，也可采用二次走刀。

多次走刀时，应尽量将第一次走刀的切削深度取大些，一般为总加工余量的 2/3 ~ 3/4。

在中等功率的机床上，粗加工时的切削深度可达 8 ~ 10 mm，半精加工（表面粗糙度为 Ra 6.3 ~ 3.2 μm）时，切削深度取 0.5 ~ 2 mm，精加工（表面粗糙度为 Ra 1.6 ~ 0.8 μm）时，切削深度取 0.1~0.4 mm。

（2）主轴转速的确定。

一般车削加工时的主轴转速应根据已选定的背吃刀量、进给量及刀具寿命选择。表 3-2 为硬质合金外圆车刀切削速度的选用参考值。

表 3-2　硬质合金外圆车刀切削速度的选用参考值

工件材料	热处理状态	$a_p = 0.3 \sim 2$ mm $f = 0.08 \sim 0.3$ mm/r $v_c/(\text{m} \cdot \text{min}^{-1})$	$a_p = 2 \sim 6$ mm $f = 0.3 \sim 0.6$ mm/r $v_c/(\text{m} \cdot \text{min}^{-1})$	$a_p = 6 \sim 10$ mm $f = 0.6 \sim 1.0$ mm/r $v_c/(\text{m} \cdot \text{min}^{-1})$
低碳钢 易切削钢	热轧	140 ~ 180	100 ~ 120	70 ~ 90
中碳钢	热轧 调制	130 ~ 160 100 ~ 130	90 ~ 110 70 ~ 90	60 ~ 80 50 ~ 70
合金结构钢	热轧 调制	100 ~ 130 80 ~ 110	70 ~ 90 50 ~ 70	50 ~ 70 40 ~ 60
工具钢	退火	90 ~ 120	60 ~ 80	50 ~ 70
灰铸铁	<190 HBW 190 ~ 225 HBW	90 ~ 120 80 ~ 110	60 ~ 80 50 ~ 70	50 ~ 70 40 ~ 60
高锰钢			10 ~ 20	
铜及铜合金		200 ~ 250	120 ~ 180	90 ~ 120
铝及铝合金		300 ~ 600	200 ~ 400	150 ~ 200
铸铝合金		100 ~ 180	80 ~ 150	60 ~ 100

注：切削钢及灰铸铁时，刀具的寿命约为 60 min。

（3）进给速度 v_f 的确定。

进给速度的大小直接影响表面粗糙度和车削效率，因此进给速度的确定应在保证表面质量的前提下，为提高生产效率，可选择较高的进给速度，一般在 100~200 mm/min 内选取。在切断、加工深孔或用高速钢刀具加工时，宜选择较低的进给速度，一般在 20~50 mm/min 内选取。当加工精度、表面粗糙度要求高时，进给速度应选小些，一般在 20~50 mm/min 内选取。

表 3-3 分别给出了硬质合金车刀粗车外圆及端面的进给量参考值，表 3-4 给出了按表面粗糙度选择进给量的参考值。

计算进给速度时，可参考表 3-3、表 3-4 选取每转进给量 f，然后按公式 $v_f = nf$ 计算进给速度。

表 3 - 3　硬质合金车刀粗车外圆及端面的进给量

工件材料	车刀刀杆尺寸 $B \times H$(mm)	工件直径 d(mm)	背吃刀量 a_p(mm)				
			≤3	>3~5	>5~8	>8~12	>12
			进给量 $f/(\mathrm{mm \cdot r^{-1}})$				
碳素结构钢、合金结构钢及耐热钢	16×25	20	0.3~0.4	—	—	—	—
		40	0.4~0.5	0.3~0.4	—	—	—
		60	0.5~0.7	0.4~0.6	0.3~0.5	—	—
		100	0.6~0.9	0.5~0.7	0.5~0.6	0.4~0.5	—
		400	0.8~1.2	0.7~1.0	0.6~0.8	0.5~0.6	—
	20×30 25×25	20	0.3~0.4	—	—	—	—
		40	0.4~0.5	0.3~0.4	—	—	—
		60	0.5~0.7	0.5~0.7	0.4~0.6	—	—
		100	0.8~1.0	0.7~0.9	0.5~0.7	0.4~0.7	—
		400	1.2~1.4	1.0~1.2	0.8~1.0	0.6~0.9	0.4~0.6
铸铁及铜合金	16×25	40	0.4~0.5	—	—	—	—
		60	0.5~0.8	0.5~0.8	0.5~0.6	—	—
		100	0.8~1.2	0.7~1.0	0.6~0.8	0.5~0.7	—
		400	1.0~1.4	1.0~1.2	0.8~1.0	0.6~0.8	—
	20×30 25×25	40	0.4~0.5	—	—	—	—
		60	0.5~0.9	0.5~0.8	0.4~0.7	—	—
		100	0.9~1.3	0.8~1.2	0.7~1.0	0.5~0.8	—
		400	1.2~1.8	1.2~1.6	1.0~1.3	0.9~1.1	0.7~0.9

注：1. 加工断续表面及有冲击的工件时，表内进给量应乘系数 $k = 0.75 \sim 0.85$。

2. 在无外皮加工时，表内进给量应乘系数 $k = 1.1$。

3. 加工耐热钢及其合金时，进给量不大于 1 mm/r。

4. 加工淬硬钢时，进给量应减小。当钢的硬度为 44~56 HRC 时，乘系数 $k = 0.8$；当钢的硬度为 57~62 HRC 时，乘系数 $k = 0.5$。

表 3 - 4　按表面粗糙度选择进给量的参考值

工件材料	表面粗糙度 $Ra/\mu m$	切削速度范围 $v_c/(\mathrm{m \cdot min^{-1}})$	刀尖圆弧半径 r_ε/mm		
			0.5	1.0	2.0
			进给量 $f/(\mathrm{mm \cdot r^{-1}})$		
铸铁、青铜、铝合金	>3~10	不限	0.25~0.40	0.40~0.50	0.50~0.60
	>2.5~5		0.15~0.25	0.25~0.40	0.40~0.60
	>1.25~2.5		0.10~0.15	0.15~0.20	0.20~0.35
碳钢及合金钢	>5~10	<50	0.30~0.50	0.45~0.60	0.55~0.70
		>50	0.40~0.55	0.55~0.65	0.65~0.70
	>2.5~5	<50	0.18~0.25	0.25~0.30	0.30~0.40
		>50	0.25~0.30	0.30~0.35	0.30~0.50
	>1.25~2.5	<50	0.10	0.11~0.15	0.15~0.22
		50~100	0.11~0.16	0.16~0.25	0.25~0.35
		>100	0.16~0.20	0.20~0.25	0.25~0.35

注：$r_\varepsilon = 0.5$ mm，用于 12 mm × 12 mm 以下刀杆；$r_\varepsilon = 1.0$ mm，用于 30 mm × 30 mm 以下刀杆；$r_\varepsilon = 2.0$ mm，用于 30 mm × 45 mm 以下刀杆。

练 习

1. 选择切削用量的一般原则是什么？数控加工切削用量如何确定？
2. 粗加工和精加工时，选择切削用量各有什么不同点？
3. 数控车削加工进给速度应如何确定？
4. 为什么选择切削用量的顺序是先选背吃刀量，再选进给量，最后选切削速度？

3.2　数控车床坐标系

1. 坐标系的确定原则

以刀具相对于静止工件而运动的原则来确定车床坐标系，便于根据零件图样确定零件的加工过程。

机床坐标系是一个右手笛卡尔直角坐标系，如图 3－2 所示。图中规定了 X、Y、Z 三个直角坐标轴的方向。伸出右手的拇指、食指和中指，并互为90°，拇指代表 X 坐标轴，食指代表 Y 坐标轴，中指代表 Z 坐标轴。拇指的指向为 X 坐标轴的正方向，食指的指向为 Y 轴的正方向，中指的指向为 Z 坐标轴的正方向。

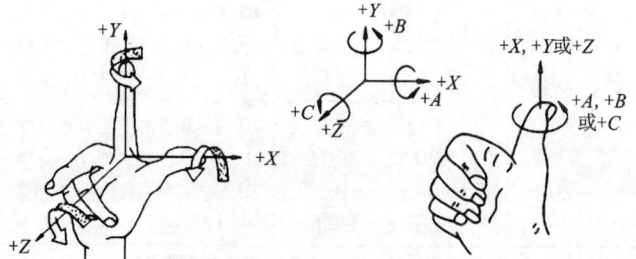

图 3－2　笛卡尔坐标系

围绕 X、Y、Z 坐标轴的旋转坐标分别用 A、B、C 表示。根据右手螺旋定则，拇指的指向为 X、Y、Z 坐标轴中任意轴的正方向，则其余四指的旋转方向即为旋转坐标 A、B、C 的正方向。

2. 机床坐标系的规定

数控车床使用 X 坐标轴、Z 坐标轴组成的直角坐标系进行定位和插补运动。

数控车床的 Z 坐标轴规定为主轴轴线方向，且以刀具远离轴线的方向为正方向。

数控车床的 X 坐标轴平行于工件装夹面，一般在水平面内，它是刀具或工件定位平面内运动的主要坐标，且以刀具离开工件的方向为正方向。对于数控车床，X 坐标的方向是在工件的径向上，且平行于横滑座。如图 3－3 所示为卧式数控车床的坐标系。

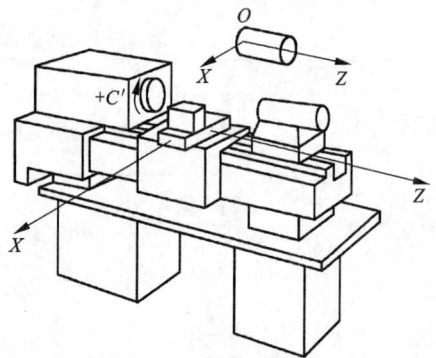

图 3－3　卧式数控车床的坐标系

在确定 Z 和 X 坐标轴后，可根据 Z 和 X 坐标轴的正方向，按照右手笛卡儿坐标系来确定 Y 坐标轴及其正方向。

如图 3－4 所示前、后刀座的坐标系，Z 方向是相同的，而 X 方向正好相反。在以后的图示和例子中，用前刀座来讲解编程的应用，而后刀座车床系统可以类推。

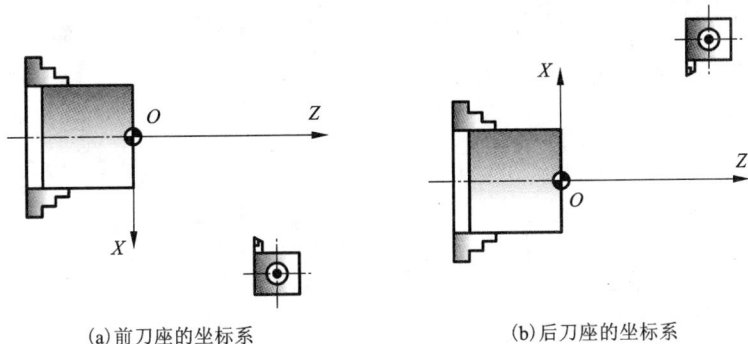

(a) 前刀座的坐标系　　　　　　　　(b) 后刀座的坐标系

图 3 - 4　数控车床前、后刀座的坐标系

3. 数控车床坐标系

数控车床坐标系是数控车床的基本坐标系,它是以数控车床原点为坐标原点建立起来的 X、Z 轴直角坐标系,如图 3 - 5 所示。

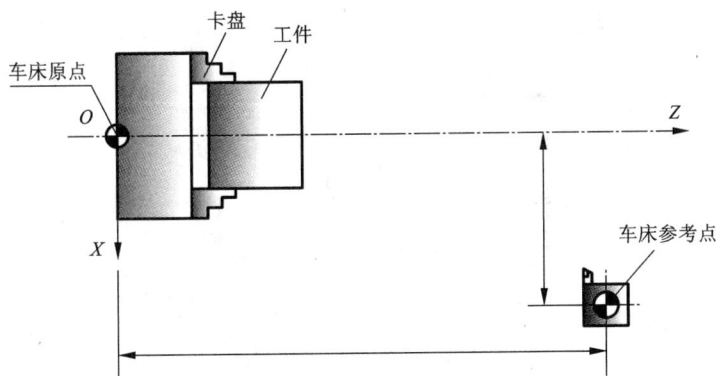

图 3 - 5　数控车床坐标系

4. 工件坐标系

工件坐标系是人为设定的,设定的依据是既要符合尺寸标注的习惯,又要便于坐标计算和编程。一般工件坐标系的原点最好选择在工件的定位基准、尺寸基准或夹具的适当位置上。如图 3 - 6 所示。

工件坐标系的建立原则尽量与工艺设计基准统一,既可选择夹紧定位面与轴线的交点处为工件原点,如图 3 - 7(a)所示,又可

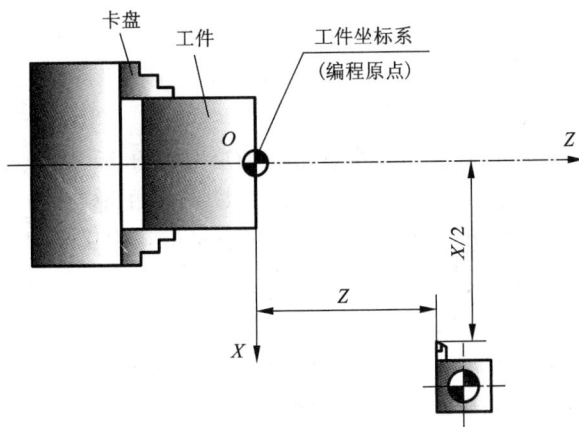

图 3 - 6　工件坐标系

选择工件右端面与轴线的交点处为工件原点,如图 3 − 7(b)所示。对于数控车床,编程原点一般建立在工件的右端面与轴线的交点处。

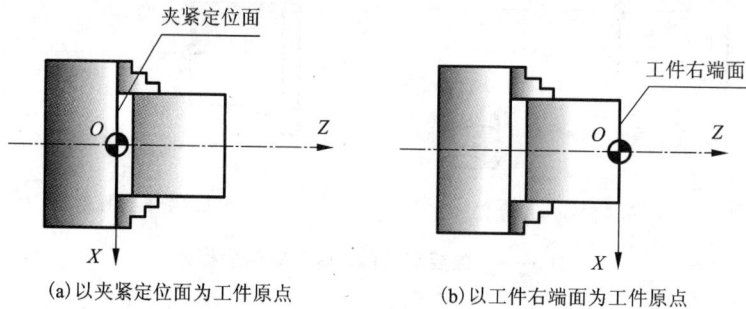

(a)以夹紧定位面为工件原点　　(b)以工件右端面为工件原点

图 3 − 7　实际加工时工件坐标系的选择

综上所述,数控车床坐标系、车床参考点和工件坐标系的尺寸位置关系如图 3 − 8 所示,XOZ 为工件坐标,$X_1O_1Z_1$ 为车床坐标系,O_2 为车床参考点(或机械原点),A 为刀尖,A 点在上述三个坐标系中的坐标如下:

图 3 − 8　车床坐标系、车床参考点和工件坐标系的尺寸位置关系

(1)刀尖 A 点在工件坐标系 XOZ 中的坐标为(X, Z)。

(2)刀尖 A 点在机床坐标系 $X_1O_1Z_1$ 中的坐标为(X_1, Z_1)。

(3)刀尖 A 点相对于车床参考点坐标系中 $X_2O_2Z_2$ 的坐标为(X_2, Z_2)。

5. 车削的对刀

1)对刀的概念

数控车削加工零件时,往往需要几把不同的刀具,而每把刀具在安装时是根据加工工艺要求安放的,当它们转至切削位置时,其刀尖所处位置各不相同。为了使零件加工程序不受刀具安装位置的影响,必须在加工程序执行前,调整每把刀的刀尖位置,使刀架转位后,每把刀的刀尖位置都重合在同一点,这一过程称为数控车床的对刀。

2）刀位点

刀位点是指刀具的定位基准点。一般是刀具上的一点。尖形车刀的刀位点为假想的刀尖点，圆形车刀的刀位点为圆弧中心，如图 3－9 所示。

图 3－9　刀位点

3）对刀点

对刀点是用来确定刀具与工件的相对位置的点，是确定工件坐标系与车床坐标系的关系点，如图 3－10 所示。

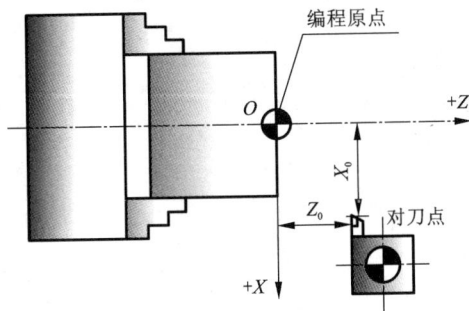

图 3－10　对刀点

练　习

1. 数控车床的标准坐标系是一个_____坐标系。

2. 数控车床坐标系的确定原则是：_____相对于_____而运动的原则。

3. 车床坐标系、工件坐标系和车床参考点三者中，我们编程是采用_____坐标系。

4. 坐标轴的确定方法：一般先确定_____坐标轴，再按规定确定_____坐标轴，最后用右手法则确定 Y 坐标轴。

5. 标准车床坐标系是一个_____坐标系，伸出右手的拇指、食指和中指，并互为 $90°$，拇指代表_____坐标轴，食指代表_____坐标轴，中指代表_____坐标轴。

3.3　数控加工程序

3.3.1　数控编程概述

1.数控编程的概念

数控编程就是把零件的外形尺寸、加工工艺过程、工艺参数、刀具参数等信息，按照 CNC 专用的编程代码编写加工程序的过程。

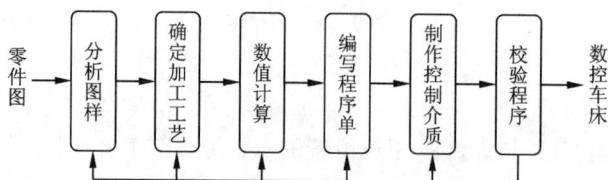

图 3-11　数控程序编制的主要步骤

2.数控程序编制的主要步骤

一般来说数控加工程序编制步骤如图 3-11 所示，简述如下：

（1）对零件图进行工艺分析。

（2）制定加工工艺方案。

（3）对零件图形进行数值计算。

（4）编写零件加工程序。

（5）程序检验。

（6）首件试加工或模拟加工。

3.数控程序编制的分类

数控加工程序的编制方法主要有手工编程和计算机自动编程两种。

1）手工编程

手工编程是指编程的各个阶段均由人工完成。手工编程简便，不需要具备特别的条件，对机床操作者或程序员而言可不受特殊条件的制约，还具有较大的灵活性和编程费用少等优点。

但是手工编程耗费时间较长，容易出现错误，无法胜任复杂形状零件的编程。

2）计算机自动编程

计算机自动编程是指利用计算机专用软件来编制数控加工程序。编程人员只需根据零件图样的要求，使用数控语言，由计算机自动地进行数值计算及后置处理，便可完成零件加工程序。自动编程能使一些计算繁琐、手工编程困难或无法编出的程序能够顺利完成。

3.3.2　数控程序的构成及常用代码

1.数控程序的构成

零件的加工路线如图 3-12 所示，加工程序及解释如表 3-5 所示。

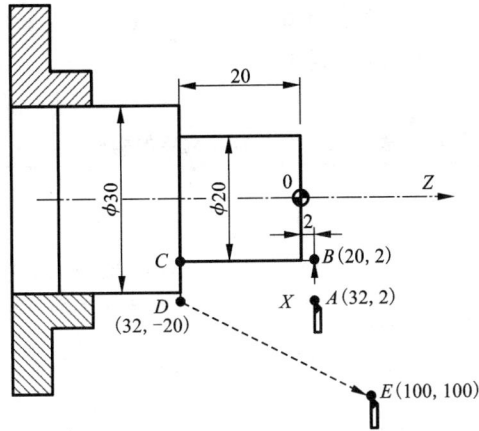

图 3 - 12　简单零件的加工路线

表 3 - 5　加工程序及解释

程序	程序解释
O0002	程序名
N0010 G97 G99 M03 S600；	G97 恒线速关；G99 每转进给；M03 主轴正转；设置主轴转速为 600 r/min
N0020 T0101；	调用 1 号刀并调用 1 号刀具补偿
N0030 G00 X32 Z2；	快速移动至 A 点
N0040 G01 X20 Z2 F0.2；	移动至 B 点
N0050 X20 Z-20；	从 B 点切削至 C 点
N0060 X32 Z-20；	从 C 点切削至 D 点，且离开工件
N0070 G00 X100 Z100；	快速退回至 E 点
N0080 M30；	程序结束

　　执行完上述程序，刀具将沿轨迹 A→B→C→D→E 完成加工。该程序的一般结构如图 3 - 13所示。

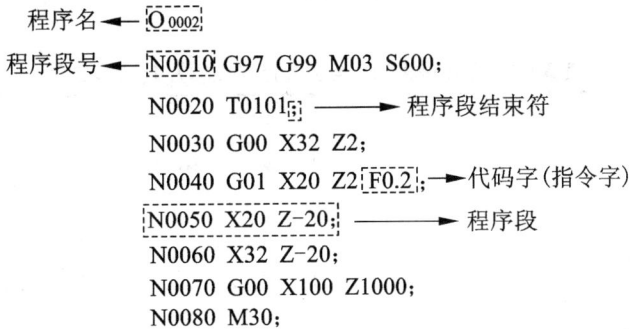

图 3 - 13　程序的一般结构

从程序的一般结构可看出，每个程序由若干程序段组成，每个程序段由若干代码字（或指令字）组成。数控加工程序的构成见表3-6。

表3-6　数控加工程序的构成

程序的构成	格式	功能意义
程序名	O ×××× 程序号(0000~9999, 前面的零可省略) 指令地址O	(1) GSK980TDb 最多可以存储10000个程序 (2) 为了识别区分各个程序，每个程序都有唯一的程序名(程序名不允许重复) (3) 程序名位于程序的开头，由 O 及其后的四位数字构成
程序段	N0040 G01 X20 Z2 F0.2; 程序段号　　程序段结束符 N0040　G01　X20　Z2　F0.2; N代码　G代码　X代码　Z代码　F代码	程序段由若干个代码字构成，以";"或"*"结束，是 CNC 程序运行的基本单位(本书中用";"表示)
程序段号	N0000, N0001, …, N9999	(1) 程序段号由地址 N 和后面四位数构成：N0000 ~ N9999，前导零可省略 (2) 程序段号应位于程序段的开头，否则无效 (3) 程序段号可以不输入，但程序调用、跳转的目标程序段必须有程序段号
代码字	O, G, X, U, R, N, M, Z, W, I, K, F, S, T, P, A, H, Q, B	GSK980TDb 系统常用代码字及其功能意义见表3-7。

其中，代码字是用于命令 CNC 完成控制功能的基本代码单元，代码字由一个英文字母（称为代码地址）和其后的数值（称为代码值，分为有符号数或无符号数）构成。代码地址规定了其后代码值的意义，在不同的代码字组合情况下，同一个代码地址可能有不同的意义。表3-7 所列为 GSK980TDb 系统常用代码字及其功能意义。

表3-7　GSK980TDb 系统常用代码字及其功能意义

代码字	功能意义	代码字	功能意义
O	程序名	N	程序段号
G	准备功能	M	辅助功能输出，程序执行流程
X	X 轴绝对坐标		子程序调用
	暂停时间	Z	Z 轴绝对坐标

代码字	功能意义	代码字	功能意义
U	X 轴增量坐标	W	Z 轴增量坐标
	暂停时间	I	圆弧中心相对于起点在 X 轴矢量
R	圆弧半径		英制螺纹牙数
	G71、G72 中循环退刀量	K	圆弧中心相对于起点在 Z 轴矢量
	G73 中粗车循环次数	F	每分钟进给速度
	G74、G75 中切削后的退刀量		每转进给速度
	G76 中精加工余量		公制螺纹导程
	G90、G92、G94 中锥度	S	主轴转速指定
T	刀具功能	H	G65 中运算符
P	暂停时间	Q	复合循环精加工程序结束程序段号
	调用的子程序号		G74、G75 中 Z 轴循环移动量
	子程序调用次数		G76 中第一次切入量
	G74、G75 中 X 轴循环移动量		G76 中最小切入量
	G76 中螺纹切削参数		G32 中起始角,指主轴一转信号与螺纹切削起点的偏移角度
	复合循环精加工程序起始程序段号		G6.2、G6.3 中椭圆长轴与 Z 轴夹角
	G7.2、G7.3 中抛物线开口大小		G7.2、G7.3 中椭圆长轴与 Z 轴夹角
A	G6.2、G6.3 中椭圆长半轴长	B	G6.2、G6.3 中椭圆短半轴长

2. 数控编程常用代码

1）准备功能字

准备功能字的地址符是 G,又称 G 功能、G 指令、G 代码。准备功能字是用来建立机床或数控系统工作方式的一种命令,使数控机床做好某种操作准备。用地址码 G 和两位或三位数字表示。需要指出的是不同生产厂家数控系统的 G 指令的功能相差大,编程时必须遵照机床使用说明书进行 GSK980TDb 系统常用 G 代码及其功能见表 3－8。

G 指令分为模态指令和非模态指令,非模态指令只在本程序段中有效,模态指令可在连续几个程序段中有效,直到被相同组别的指令取代。指令表中标有相同字母或数字的为一组。如 G00、G01、G02、G03、G04,其中 G04 为非模态指令,其余为模态指令。

2）进给功能字

进给功能字的地址符是 F,又称 F 功能、F 指令、F 代码。它的功能是指令切削的进给速度。现在 CNC 机床一般都能使用直接指定方式,即可用 F 后面的数字直接指定进给速度,为用户编程带来方便。

GSK980TDb 数控系统,进给量单位用 G98 和 G99 指定。

表 3 - 8　GSK980TDb 系统常用 G 代码及其功能

代码	组别	功能	备注
G00	01	快速移动	初态 G 代码
G01		直线插补	模态 G 代码
G02		圆弧插补(顺时针)	
G03		圆弧插补(逆时针)	
G05		三点圆弧插补	
G6.2		椭圆插补(顺时针)	
G6.3		椭圆插补(逆时针)	
G7.2		抛物线插补(顺时针)	
G7.3		抛物线插补(逆时针)	模态 G 代码
G32		螺纹切削	
G32.1		刚性螺纹切削	
G33		Z 轴攻螺纹循环	
G34		变螺距螺纹切削	
G90		轴向切削循环	
G92		螺纹切削循环	
G84		端面刚性攻螺纹	
G88		侧面刚性攻螺纹	
G94		径向切削循环	
G04	00	暂停、准停	非模态 G 代码
G7.1		圆柱插补	
G10		数据输入方式有效	
G11		取消数据输入方式	
G28		返回机床第 1 参考点	
G30		返回机床第 2、3、4 参考点	
G31		跳转插补	
G36		自动刀具补偿测量 X	
G37		自动刀具补偿测量 Z	
G50		坐标系设定	
G65		宏代码	
G70		精加工循环	
G71		轴向粗车循环	
G72		径向粗车循环	
G73		封闭切削循环	
G74		轴向切槽多重循环	
G75		径向切槽多重循环	
G76		多重螺纹切削循环	

代码	组别	功能	备注
G20	06	英制单位选择	模态 G 代码
G21		公制单位选择	
G96	02	恒线速开	模态 G 代码
G97		恒线速关	模态 G 代码
G98	03	每分钟进给	模态 G 代码
G99		每转进给	模态 G 代码
G40	07	取消刀尖圆弧半径补偿	模态 G 代码
G41		刀尖圆弧半径左补偿	模态 G 代码
G42		刀尖圆弧半径右补偿	模态 G 代码
G17	16	XY 平面	模态 G 代码
G18		ZX 平面	
G19		YZ 平面	
G12.1	21	极坐标插补	非模态 G 代码
G13.1		极坐标插补取消	

知识要点提示

G98 表示进给速度为每分钟进给量,单位为 mm/min 或 in/min,进给速度与主轴速度无关,如图 3－14 所示。如:"G98 G01 X40 F200"中的 F200 表示进给速度为 200 mm/min。

G99 表示进给速度为每转进给量,单位为 mm/r 或 in/r。进给速度与主轴转度有关,为车床默认设定,如图 3－15 所示。如:"G99 G01 X40 F0.2"中的 F0.2 表示进给速度为 0.2 mm/r。

图 3－14　G98(每分钟进给量 mm/min)　　　　　图 3－15　G99(每转进给量 mm/r)

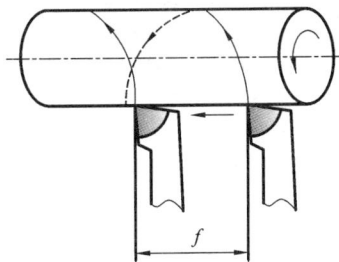

3）主轴转速功能字

主轴转速功能字的地址符是 S，又称为 S 功能、S 指令、S 代码，用于指定主轴转速。单位为r/min。对于具有恒线速度功能的数控车床，程序中的 S 指令用来指定车削加工的线速度，单位为 m/min。恒线速度功能指在切削过程中，如果切削部位的回转直径不断变化，那么主轴转速也要不断地做相应变化。

> **知识要点提示**
>
> （1）GSK980TDb 数控系统的恒线速度控制指令为 G96，恒转速控制指令为 G97，系统开机默认 G97。在程序中用 G96 或 G97 指令配合 S 指令来指定主轴的速度。如用"G96 S600"表示主轴的恒线速度为 600 m/min，用"G97 S600"表示取代 G96，主轴是恒转速功能，其转速为 600 r/min。
>
> （2）恒线速度控制指令 G96 有效时，G50 S＿＿可限制主轴最高转速（r/min），当按线速度和 X 轴坐标值计算的主轴转速高于 G50 S＿＿设置的主轴最高转速限制值时，实际主轴转速为主轴最高转速限制值。
>
> （3）在 G96 状态下 G50 S＿＿设置的主轴最高转速有效，在 G97 状态下 G50 S＿＿设置的主轴最高转速不起限制作用，但主轴最高转速限制值仍然保持。

4）刀具功能字

刀具功能字的地址符是 T，又称 T 功能、T 指令、T 代码，它主要用来指令加工中所用刀具号及自动补偿编组号。其自动补偿内容主要指刀具的刀位偏差或长度补偿及刀具半径补偿。

GSK980TDb 的刀具功能（T 代码）具有自动换刀和执行刀具偏置两个作用。

刀具功能字指令格式有两种：

（1）T 后面用四位数字，前两位是刀具号，后两位是刀具偏置号，又是刀尖圆弧半径补偿号。系统执行该功能时，自动刀架换刀到目标刀具号刀位，并按代码的刀具偏置号执行刀具偏置。

（2）T 后面用两位数字，前一位是刀具号，后一位是刀具偏置号，又是刀尖圆弧半径补偿号，如图 3-16 所示。

图 3-16　刀具功能字指令格式

例：T0303 表示选用 3 号刀及 3 号刀具长度补偿值和刀尖圆弧半径补偿值。T0300 表示取消刀具补偿。

5）辅助功能字

辅助功能字的地址符号是 M，又称 M 功能、M 指令、M 代码。它用以指定数控机床中辅助装置的开关动作或状态，如主轴启动、停止，切削液开、关，更换刀具等。与指令格式一样，M 指令由地址 M 和其后的两位数字组成，GSK980TDb 系统常用 M 代码及其功能如表 3-9 所示。

表 3 – 9　GSK980TDb 系统常用 M 代码及其功能

代码	功能	解释
M00	程序暂停	执行 M00 指令后，程序运行停止，显示"暂停"字样，按循环启动键后，程序继续运行
M01	程序选择停	功能和 M00 相似，不同的是 M01 只有在机床操作面板上的"选择停止"开关处于"ON"状态时才有效。M01 常用于关键尺寸的检验和临时暂停
M02	程序结束	该指令表示加工程序全部结束。M02 使主轴运动、进给运动、切削液供给等停止，机床复位
M03	主轴逆时针转	
M04	主轴顺时针转	功能互锁，状态保持
M05	主轴停止	
M08	切削液开	功能互锁，状态保持
M09	切削液关	
M10	尾座进	功能互锁，状态保持
M11	尾座退	
M12	卡盘夹紧	功能互锁，状态保持
M13	卡盘松开	
M14	主轴位置控制	功能互锁，状态保持
M15	主轴速度控制	
M20	主轴夹紧	功能互锁，状态保持
M21	主轴松开	
M30	程序结束	程序结束并返回程序的第一条语句，准备下一个零件的加工
M32	润滑开	功能互锁，状态保持
M33	润滑关	
M41		
M42	主轴自动换挡	功能互锁，状态保持
M43		
M44		
M98	子程序调用	该指令用于子程序调用
M99	子程序结束	该指令表示子程序运行结束，返回主程序

练 习

1. M03 表示主轴_____时针转动；M30 表示主轴_____时针转动。

　M00 表示程序_____；M08 表示_____开；M09 表示_____；

　M98 表示调用_____；M99 表示_____结束。

2. G98 表示进给速度与主轴转速无关的每分钟进给量，单位为_____或_____；G99 表示进给速度与主轴转速有关的主轴每转进给量，单位为_____或_____。

3. 一个完整的程序是由若干个_____组成的。【代码、程序段、字母、数字】

4. _____代码执行后，其功能或状态保持有效，直到被同组的其他 G 代码改变。_____代码执行后，其功能或状态一次性有效，每次执行该 G 代码时，必须重新输入该 G 代码。【模态、非模态、模态或非模态、模态和非模态】

5. 主轴表面恒线速度控制指令是_____。【G96、G97、G98、G99】

6. 数控机床主轴转速 S 的单位是_____。【mm/min、mm/r、r/min、r/mm】

7. 在数控程序指令中，表示程序结束并返回程序开始处的功能指令是_____。【M30、M03、M02、M00】

8. 刀具指令 T2001 表示(　　　)。

A. 刀号为 2，补偿号为 001　　　　　　B. 刀号为 20，补偿号为 01

C. 刀号为 200，补偿号为 1　　　　　　D. 刀号为 2001，补偿号为 0

9. 数控车床的 F 功能常用的单位是(　　　)。

A. m/min　　　　B. mm/min、mm/r　　　　C. m/r　　　　D. r/mm

10. S800 表示(　　　)。

A. 进给速度为 800 r/min　　　　　　B. 主轴转速为 800 mm/min

C. 主轴转速为 800 r/min　　　　　　D. 进给速度为 800 mm/min

11. 数控车床的主轴以 300 r/min 的转速正转时，其指令应是(　　　)。

A. M00 S300　　　B. M04 S300　　　C. M30 S300　　　D. M03 S300

第 4 章　数控车床仿真加工

【知识目标】

(1) 熟悉数控加工仿真界面。

(2) 熟悉数控仿真软件各个功能。

【技能目标】

(1) 掌握数控仿真软件的基本操作。

(2) 掌握数控车仿真操作加工。

数控仿真软件可以实现对数控铣和数控车加工全过程的仿真，其中包括毛坯定义与夹具，刀具定义与选用，零件基准测量和设置，数控程序输入、编辑和调试，加工仿真以及各种检测功能。同时，也适合企业对新产品的开发和试制工作，减少大量的前期准备工作，提高数控机床的利用率，缩短新产品的开发、试制和生产周期。

4.1　数控车床仿真界面介绍

1. 数控加工仿真系统的启动

单击【开始】按钮，在【所有程序】中选择【数控加工仿真系统】，在弹出的子菜单中单击【加密锁管理程序】，如图 4-1 所示。

单击【加密锁管理程序】后，Windows XP 右下角任务栏会出现加密锁显示，如图 4-2 所示的电话形状图标。

再次进入【所有程序】菜单中【数控加工仿真系统】，在弹出的子菜单中单击【数控加工仿真系统】，如图 4-3 所示。

单击【数控加工仿真系统】后弹出系统登录界面，出现快速登录面板，如图 4-4 所示。直接单击【快速登录】按钮进入系统。

> 知识要点提示
>
> 　数控仿真软件启动的注意事项：
>
> 　在局域网内使用本软件时，必须按上述方法先在教师机上启动"加密锁管理程序"。待教师机屏幕右下方的工具栏中出现 📞 图标后，学生机才可以按"开始"→"所有程序"→"数控加工仿真系统"登录到软件的操作界面。

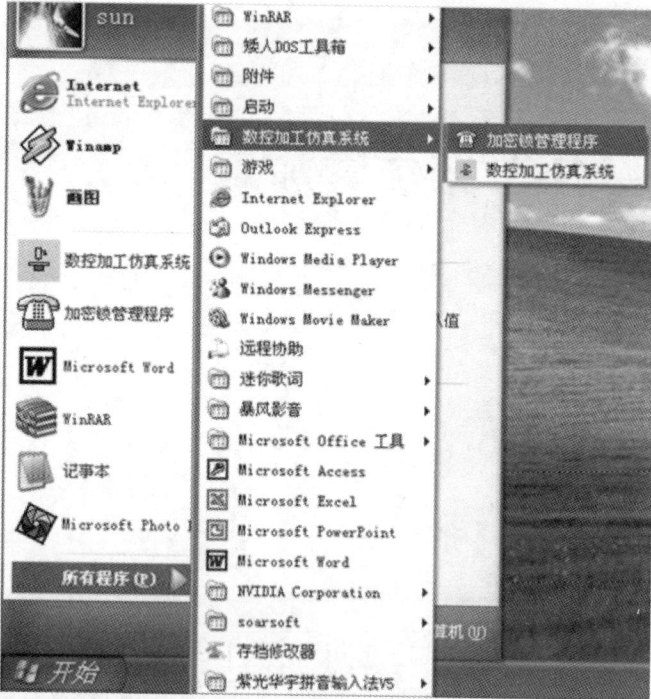

图 4 – 1　加密锁管理程序

图 4 – 2　加密锁显示

图 4 – 3　数控加工仿真系统

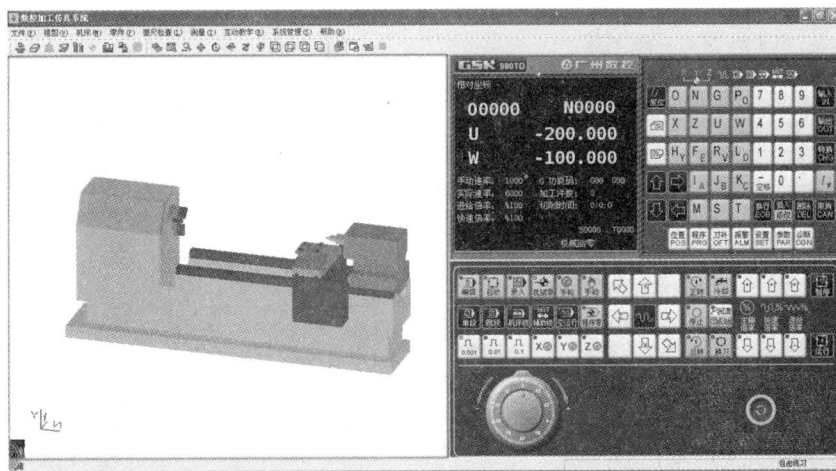

图 4 - 4　快速登录面板

2. 宇龙数控加工仿真系统

宇龙数控加工仿真系统操作界面如图 4 - 5 所示。

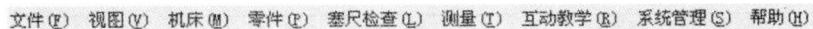

图 4 - 5　宇龙数控加工仿真系统操作界面

1) 菜单栏

菜单栏由"文件"、"视图"、"机床"、"零件"等菜单组成，菜单栏如图 4 - 6 所示，几乎包括了数控加工仿真系统的全部功能和命令，各菜单功能具体如表 4 - 1 所示。

文件(F)　视图(V)　机床(M)　零件(P)　塞尺检查(L)　测量(T)　互动教学(R)　系统管理(S)　帮助(H)

图 4 - 6　菜单栏

表 4 – 1　各菜单功能

菜单栏	名称	功能
	新建项目（Ctrl + N）	新建项目会把最终操作的所有内容记载下来，只要打开这个项目文件，就可以加工
	打开项目（Ctrl + O）	如果打开加工完毕的项目，只需在机械面板按下开关键就可以加工。如果打开的是一个未完成的项目，则主窗口内显示上次保存的样子
	保存项目（Ctrl + S）	保存为一个文件，供以后继续使用
	另存项目	另存到一个文件夹，供以后继续使用
	导入零件模型	到存放零件模型的文件夹寻找文件。文件的后缀名为".prt"，不要更改后缀名
	导出零件模型	将当前加工部分保存到一个指定的文件内。文件的后缀名为".prt"，不要更改后缀名
	开始记录	即时操作录像，便于实际教学演示
	演示	将录制好的操作过程进行回放
	退出	结束数控加工仿真系统程序
	复位	显示复位就是将机床图像初始化，也就是刚进入系统时的状态
	动态平移	将机床图像进行任意位置的水平移动
	动态旋转	将机床图像进行空间任意方位的旋转
	动态放缩	将机床图像进行任意大小的放缩
	局部放大	将机床图像进行任意部位放大，便于清晰地显示该图形
	绕 X、Y、Z 轴旋转	将机床图像分别绕 X、Y、Z 轴进行任意旋转
	前视图	可快速地使车床的正面正对主窗口
	俯视图	可快速地使车床的俯面正对主窗口
	左侧视图	可快速地使车床的左侧面正对主窗口
	右侧视图	可快速地使车床的右侧面正对主窗口
	控制面板切换	将显示屏上车床控制面板进行功能切换
	触摸屏工具	将显示屏上机床控制面板的操作转换成触摸式
	选项	包括加工声音的开关、机床和零件的显示方式、仿真加工倍率、显示报警信息等

菜单栏	名称	功能
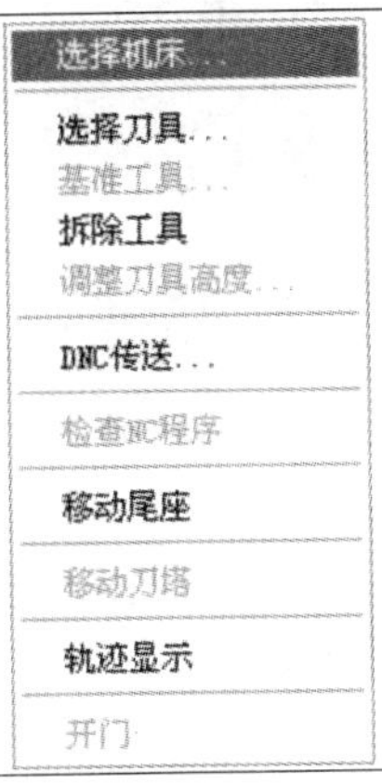	选择机床	根据加工需要和实际机床的参数、型号,选择合适的仿真机床
	选择刀具	根据加工需要选择正确的刀具
	拆除工具	拆除辅助工具
	DNC 传送	实现在线传输功能,将已经编好的程序传输到数控装置中
	检查 NC 程序	进行 NC 程序的检查
	移动尾座	将实现尾座的伸缩和移动
	轨迹显示	将显示加工轨迹
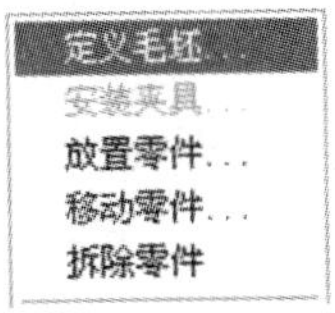	定义毛坯	根据图样设定零件毛坯
	放置零件	安装、放置已经设定好的零件毛坯
	移动零件	根据需要移动零件满足加工需要
	拆除零件	将机床上已经安装的零件拆除
	剖面图测量	对已加工的零件进行尺寸测量
	工艺参数	显示当前状态下的机床、刀具、切削用量选择的内容
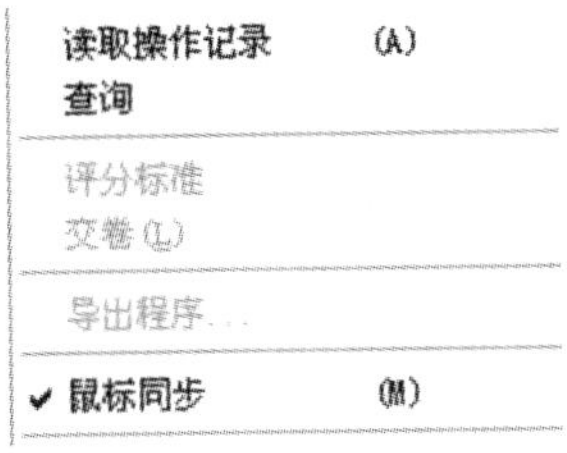	读取操作记录	可以将前面录制好的操作过程读取出来或者是将某一位学生的操作过程调出来进行回放,以便学生进行及时检测
	查询	查询仿真操作成绩(仅限于教师版)
	评分标准	教师机专用
	交卷	考试时专用
	鼠标同步	将学生机与教师机同步,使教师机的操作过程同步显示到每台学生机上,便于教学演示
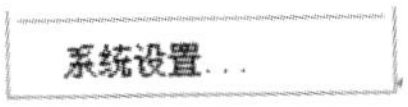	系统设置	各种系统的设定、功能选择等

2)工具栏

工具栏主要用于调整数控车床的显示方式等,工具栏位于菜单栏下方。车床显示工具栏如图 4 - 7 所示。

3)报警信息栏

报警信息栏显示在操作过程中的警告、通知信息等,如图 4 - 8 所示。

4)数控车床显示区

在数控车床显示区显示一台模拟的机床,操作者可以在该车床上进行工件装夹、刀具选择、对刀、零件加工等方面的操作,仿真数控车床显示区如图 4 - 9 所示。

5)数控操作面板

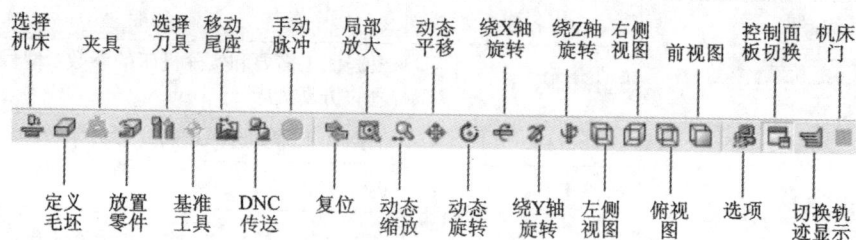

图4-7　机床显示工具栏

图中标注：
选择机床　夹具　选择刀具　移动尾座　手动脉冲　局部放大　动态平移　绕X轴旋转　绕Z轴旋转　右侧视图　前视图　控制面板切换　机床门

定义毛坯　放置零件　基准工具　DNC传送　复位　动态缩放　动态旋转　绕Y轴旋转　左侧视图　俯视图　选项　切换轨迹显示

图4-8　报警信息栏

图4-9　仿真数控车床显示区

数控操作面板主要由数控系统操作面板和车床操作面板两部分组成，如图4-5所示，各部分的名称和功能与真实机床相同，在此不再重复。

4.2　数控车床仿真操作加工实例

【例题】　如图4-10所示仿真加工的零件，毛坯为$\phi38$ mm×90 mm的棒料，材料为45钢。采用宇龙数控加工仿真系统软件进行仿真加工。

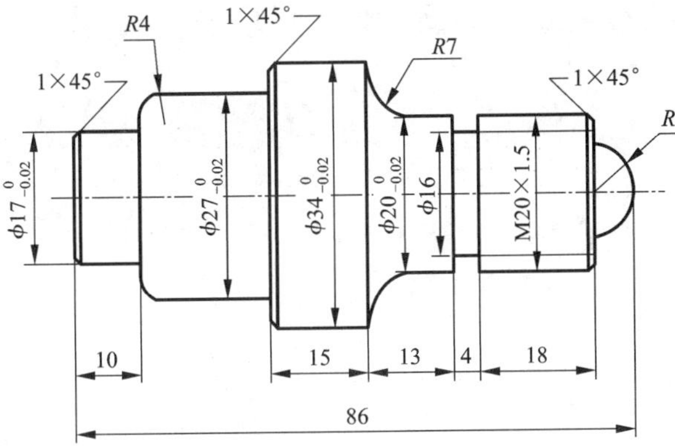

图 4 – 10　仿真加工实例

1. 车床操作

在主界面下，单击菜单中的"机床"，在弹出的下拉菜单中单击"选择机床"，如图 4 – 11 所示，或者单击工具栏菜单中的 ⊕ 图标。系统将会弹出"选择机床"对话框，将"控制系统"选为"广州数控"，然后选择"GSK – 980TD"，"机床类型"选择"机床"，然后选择机床的刀架"标准(平床身前置刀架)"，单击确定，如图 4 – 12 所示。

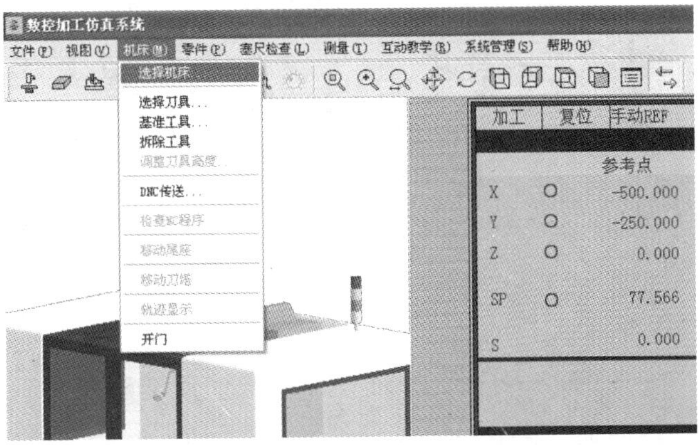

图 4 – 11　"选择机床"界面

2. 仿真加工系统基本操作

1) 机床启动

单击急停按钮 ⊙ ，使其处于弹起状态 ⊙ 。

2) 机械回零

(1) 单击机械回零 机械零 ，系统进入机械回零工作方式。

(2) 单击 +X 按钮 ⊠ (X 轴零点指示灯  亮)，同时 CRT 上 U 坐标变为 0.000，机

图 4 - 12 "选择机床"对话框

械回零界面如图 4 - 13(a)所示。

(3)单击 +Z 按钮 ⇨ (Z 轴零点指示灯 亮),同时 CRT 上 W 坐标变为 0.000,机械回零界面如图 4 - 13(b)所示。

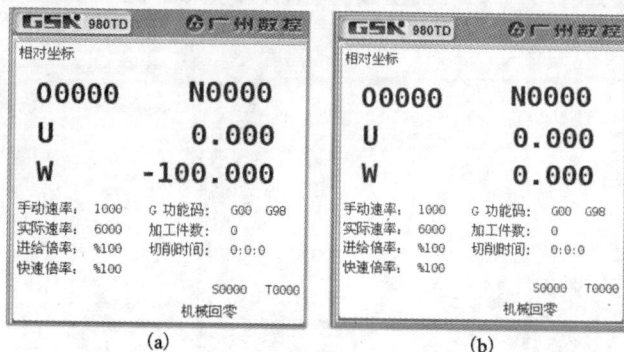

图 4 - 13 "机械回零"界面

3)装夹工件

(1)定义毛坯。

单击菜单中的"零件"→"定义毛坯",或者单击工具栏中的 🗗 图标,进入"定义毛坯"对话框,毛坯的名字可以更改,选择材料为"低碳钢",形状为"圆柱形",设置直径为 38 和长度 90(尺寸单位为 mm),然后单击"确定"按钮即可。"定义毛坯"对话框如图 4 - 14 所示。

(2)放置零件。

单击菜单中的"零件"→"放置零件",或者单击工具栏中的 🗗 图标,进入"放置零件"对话框,在列表中单击所需的零件(选中加亮显示)。"选择零件"对话框如图 4 - 15 所示。

图 4 – 14　"定义毛坯"对话框

单击"安装零件"按钮,系统自动关闭该对话框。出现"移动零件"对话框,如图 4 – 16 所示。⬅️向内移动,➡️向外移动,🔄调头装夹,单击按钮一次则移动 10 mm,放置好零件,单击"退出"即可。

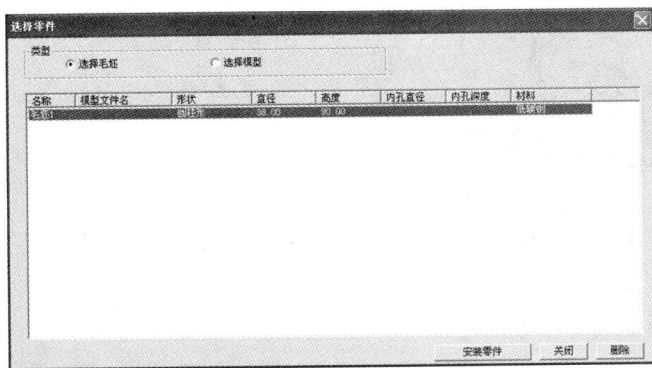

图 4 – 15　"选择零件"对话框

图 4 – 16　"移动零件"对话框

(3)零件显示模式。

①为了能更好地观察和加工,可通过更改零件显示模式来表达清楚零件的内部结构。单击工具栏中的　　,系统弹出"视图选项"界面(见图 4 – 17);或者单击鼠标右键在弹出的菜单中点击"选项"(见图 4 – 18)进入"视图选项"界面。

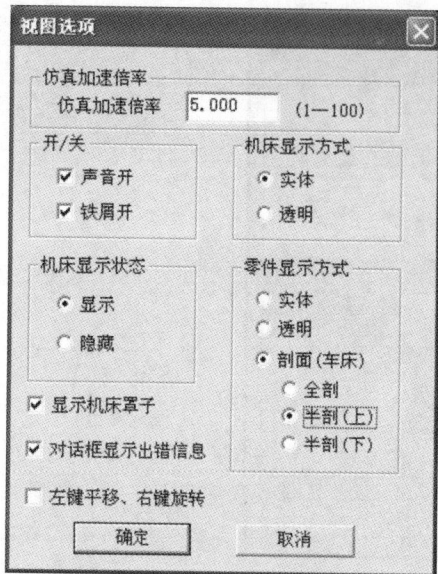

图4-17 "视图选项"界面

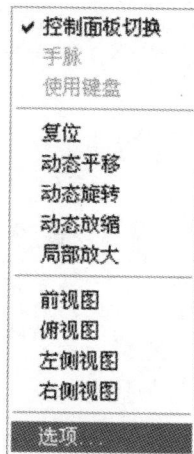

图4-18 右键快捷菜单中点击"选项"

②在"视图选项"界面,可根据显示的需要进行相应的设置。如按照图4-17进行设置,单击"确定"后,主显示界面上的零件显示为半剖模式,如图4-19所示。

图4-19 零件半剖(上)显示模式

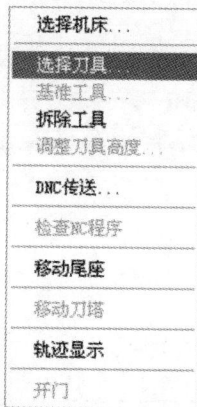

图4-20 "刀具选择"菜单

4)安装刀具

单击菜单中的"机床"→"选择刀具",出现"刀具选择"菜单,如图4-20所示,或者单击工具栏中的 🔳 图标,进入"刀具选择"对话框,如图4-21所示。

(1)设置T01号为外圆车刀。

①在"刀具选择"对话框中,选择1号刀位(刀位变亮)。

②根据零件加工工艺需要,在"选择刀片"栏中选择刀尖角为55°的刀片,选择序号为"3"的刀片,如图4-22所示为T01号外圆车刀刀片选择界面。

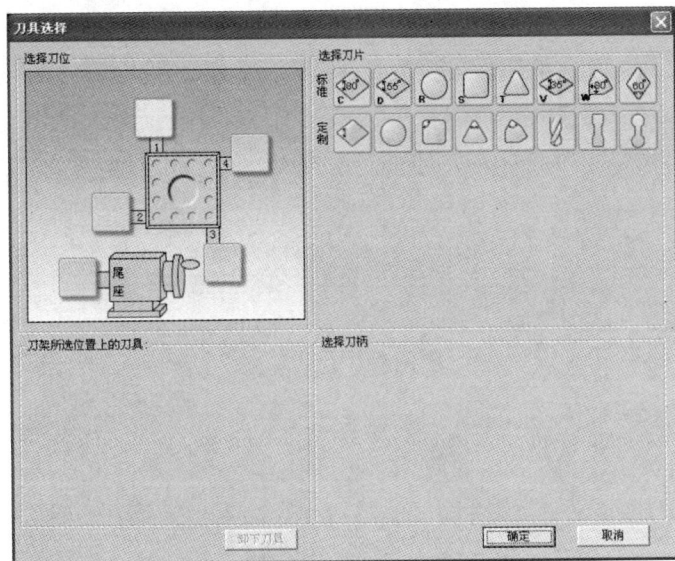

图 4 – 21　"刀具选择"对话框

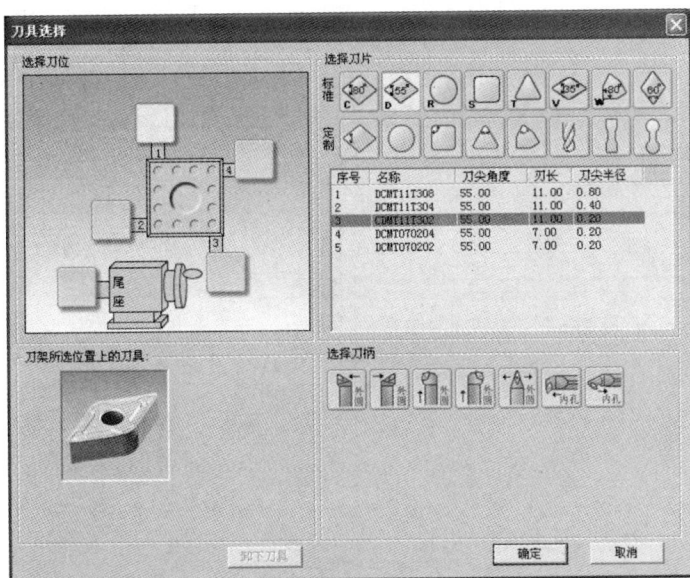

图 4 – 22　T01 号外圆车刀刀片选择界面

　　③在"选择刀柄"栏中单击 ![外圆] 按钮，对话框中显示 4 种具体参数，选择主偏角为93°的刀柄，界面显示出选择好的刀具效果图。选择主偏角为93°的外圆车刀界面如图 4 – 23 所示。

　　④设置完成后，单击"确定"按钮，完成 T01 号刀的设置。

　　（2）设置 T02、T03 号车刀。

　　重复上述操作，完成 T02、T03 号刀具的设置。T02 号刀具是宽度为 4 mm 的切槽车刀，T03 号刀具是 60°外螺纹车刀，如图 4 – 24 所示。

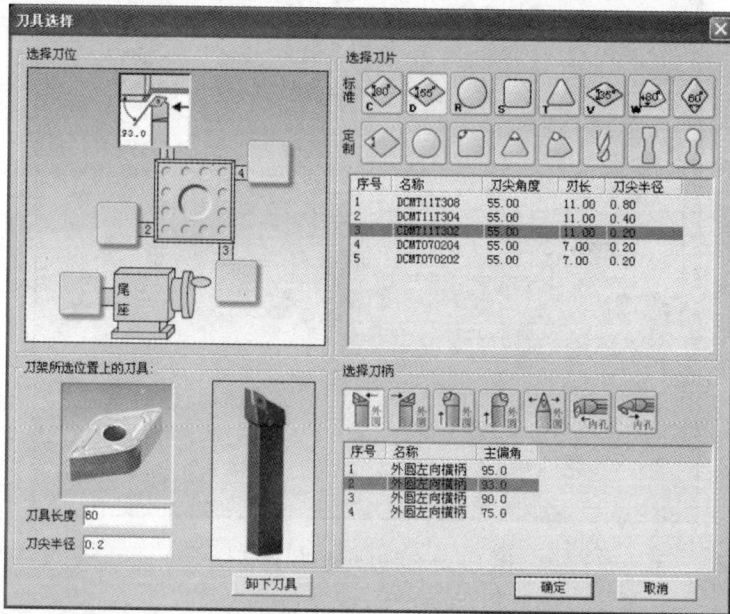

图 4 – 23　选择主偏角为 93°的外圆车刀界面

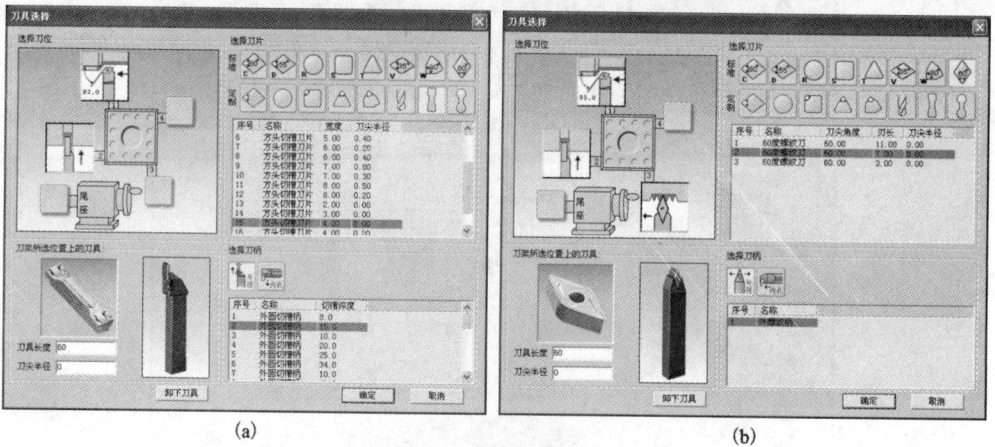

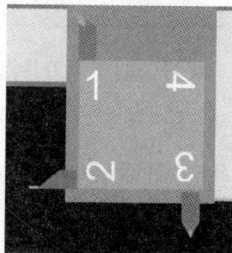

(a)

(b)

(c)

图 4 – 24　选择 T02、T03 刀具

(a)T02 号 4 mm 切槽车刀参数；(b)T03 号 60°外螺纹车刀；(c)刀具安装效果图

5）输入程序

（1）单击编辑按钮 [编辑] →单击程序按钮 [程序PRG]，系统显示"程序内容"界面，如图 4 - 25 所示。

（2）单击工具栏中的 [图标]，系统弹出"打开"对话框（见图 4 - 26）。在"程序内容"界面，输入零件程序名"O0011"，单击输入键 [输入IN]，此时界面上显示导入的加工程序，如图 4 - 27 所示。

图 4 - 25　"程序内容"界面

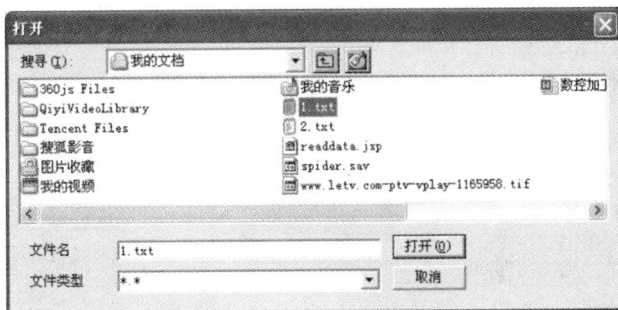

图 4 - 26　"打开"对话框

图 4 - 27　导入程序

3. 程序加工与检测

1）加工程序

根据如图 4 - 10 所示的仿真加工零件实例，编制零件加工程序如表 4 - 2 所示。O0011 为零件左侧加工程序，O0022 为零件右侧加工程序。

表 4 - 2　零件加工程序

零件左侧加工程序	零件右侧加工程序
O0011； G97G99M03S600F0.2； T0101； G00X40.Z2.； G71U1.5R0.5； G71P10Q20U0.5W0； N10G00X14.； G01Z0.5； X17.Z-1.； Z-10.； X19.； G03X27.Z-14.R4.； G01Z-30.； X32.； X34.Z-31.； N20Z-46.； G00X100.Z100.； M05； M00； M03S1200F0.12； T0101； G00X40.Z2.； G70P10Q20； G00X100.Z100.； M05； M30；	O0022； G97G99M03S600F0.2； T0101； G00X40.Z2.； G71U1.5R0.5； G71P30Q40U0.5W0； N30G00X0； G01Z0； G03X12.Z-6.R6.； G01X18.； X20.Z-7. Z-34.； G02X34.Z-41.R7.； N40G01Z-42.； G00X100.Z100.； M05； M00； M03S1200F0.12； T0101； G00X40.Z2.； G70P30Q40 G00X100.Z100.； M05； M00； M03S400T0202； G00X22.Z-28.； G01X16.F0.1； X22.； G00X100.Z100.； M05； M00； M03S450T0303； G00X22.Z-4.； G92X19.2Z-26.F1.5； X18.6； X18.2； X18.05； G00X100.Z100.； M05； M30；

2）试切法对刀

（1）T01 号外圆车刀对刀。

①单击手动按钮 ，按 或 方向键，将刀具移动到工件附近。

②单击主轴正转 ![正转] ，沿"−X"切削少许右端面，并沿"+X"方向退刀(Z 轴不动)。刀具退出工件后，使主轴停止。Z 轴试切法对刀，如图 4−28 所示。

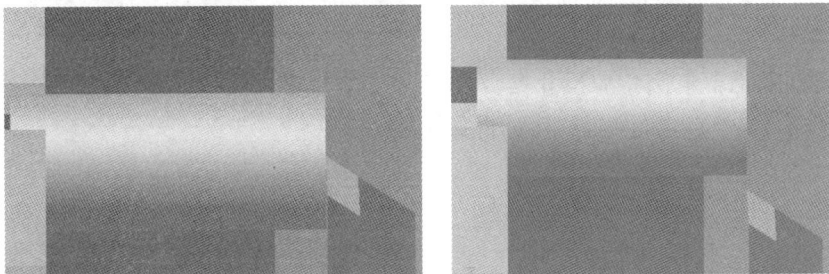

图 4−28　Z 轴试切法对刀

③单击 MDI 进入刀补界面，在序号 001 中的"Z"项输入"0"，如图 4−29 所示。

图 4−29　Z 向对刀

④单击主轴正转 ![正转] ，沿"−Z"方向车削少许长度的外圆，并沿"+Z"方向退刀(X 轴不动)。刀具退出工件后，使主轴停止。X 轴试切法对刀，如图 4−30 所示。

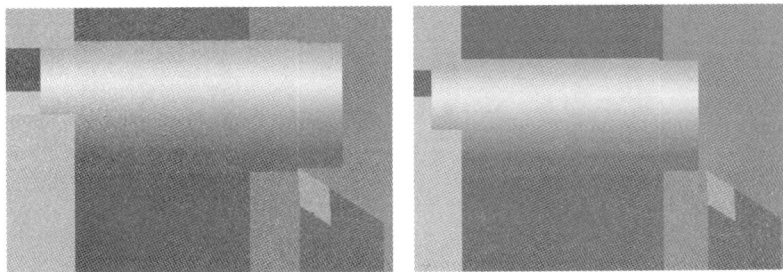

图 4−30　X 轴试切对刀

⑤单击菜单栏中"测量"→单击"剖面图测量"菜单，系统弹出"是否保留半径小于1的圆弧"对话框(见图4-31)，单击"否"，打开"车床工件测量"对话框，单击外圆加工部分，选中部分变色并显示出实际尺寸，同时对话框下侧相应尺寸参数变蓝色亮条显示。"车床工件测量"对话框如图4-32所示。

图4-31　是否保留半径小于1的圆弧对话框

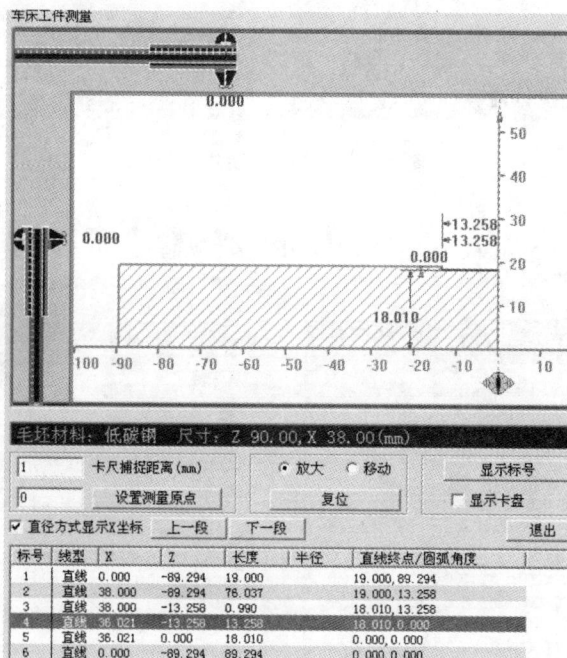

图4-32　"车床工件测量"对话框

⑥单击 MDI 进入刀补界面，在序号 001 中的"X"项输入"X36.021"，X 向对刀，如图 4-33所示。

图4-33　X 向对刀

3）自动加工

（1）加工零件左端轮廓。

①单击自动按钮  ，工作方式切换到自动加工状态。

②单击编辑面板 MDI 键盘上的程序按钮 ，切换到程序界面，单击机床操作面板上的运行按钮  ，即可进行自动加工。如图 4－34 所示进行零件左端加工。

（2）加工零件右端轮廓。

①零件掉头。

左端加工完毕，单击菜单"零件"中"移动零件"菜单，弹出零件移动对话框，单击零件掉头按钮 ，然后单击"退出"按钮，零件掉头装夹，如图 4－35 所示。

图 4－34　左端轮廓

图 4－35　掉头装夹

图 4－36　刀具偏置参数

②T01、T02、T03 号刀具对刀。

由于工件有长度尺寸要求，工件掉头后，需要对 T01、T02、T03 号三把刀具重新对刀。根据上面的对刀方法，完成 T01、T02、T03 号刀具对刀工作，刀具偏置参数如图 4－36 所示。

③导入零件右端加工程序。

根据零件左端加工程序导入方法，将零件右端加工程序导入数控仿真加工系统。

④加工零件右端轮廓。

按照零件左端轮廓自动加工步骤，加工零件右端轮廓。仿真零件图如图 4－37 所示。

4）尺寸检测

零件加工完毕后，利用菜单栏中"测量"菜单，对仿真结果进行轮廓观察和尺寸检测，以便校验加工程序和加工操作的正确性。尺寸测量如图 4－38 所示。

图 4－37　加工零件

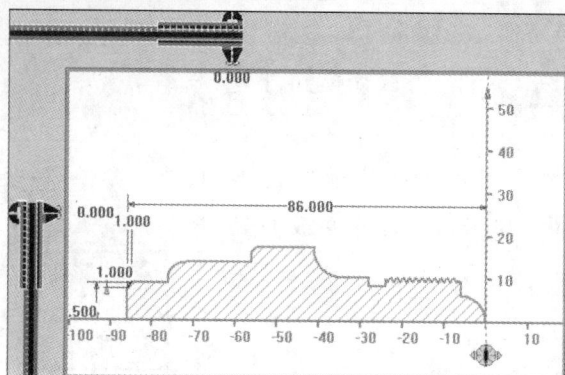

图 4 - 38　尺寸检测

练　习

1. 快捷图标表示＿＿＿＿＿＿， 快捷图标表示＿＿＿＿＿＿。

2. 定义毛坯对话框，毛坯的名字可以更改，材料可以选择，形状只能为圆柱形。【是、否】

3. 宇龙数控加工仿真系统的操作中不需要对刀操作。【是、否】

4. 在宇龙数控仿真软件剖视图中没有哪种显示形式(　　　)。

A. 全剖　　　　　　B. 局部剖　　　　　C. 半剖(上)　　　　D. 半剖(下)

第 5 章　外轮廓加工

【知识目标】

(1)掌握各种外轮廓加工指令表达格式。

(2)能够计算圆锥、螺纹等的相关加工参数。

(3)能够结合加工质量影响的因素,分析选择合理的加工参数。

(4)能够正确分析工件加工步骤、注意事项等。

(5)能够合理安排退刀路线。

【技能目标】

(1)能够根据加工零件合理选用夹具、正确安装刀具。

(2)能够合理选用指令完成工件的编程、加工操作。

(3)能够合理使用量具正确检测工件。

5.1　外圆与端面加工

5.1.1　快速点定位指令(G00)

G00 快速点定位指令刀具以点位控制方式,从刀具所在点快速移动到目标点。

```
格式 ①:    G00  X___  Z___
                   (终点绝对坐标)

格式 ②:    G00  U___  W___
                   (终点相对坐标)
```

1.指令格式

各参数解释:

(1)X、Z——刀具移动到终点的绝对坐标值(X 为直径值)。

(2)U、W——刀具移动的终点相对于起点的相对(增量)坐标值(U 为直径值)。

2.指令说明

(1)G00 指令的移动速度不能用程序指令设定,而是由机床制造厂家设定的,在操作时可通过机床操作面板上的进给倍率选择键来调节。

（2）G00 为模态指令，可由 G01、G02 或 G03 功能注销。

（3）执行 G00 时，X 轴、Z 轴同时从起点以各自独立的速度快速移动到终点，短轴先到达终点，长轴独立移动剩下的距离，其行走路线可能为折线，如图 5 - 1 所示，刀具的真实运动轨迹为 $A→C→B$。

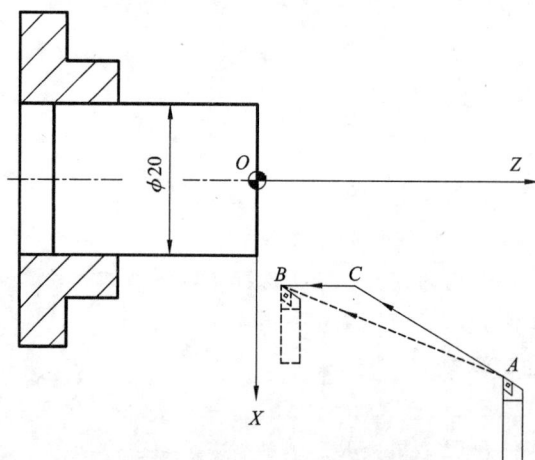

图 5 - 1　　G00 刀具运动轨迹

（3）编程示例

如图 5 - 2 所示，要求刀具快速从 A 点移动到 B 点，用绝对坐标编程如图 5 - 2(a)所示，用增量坐标编程如图 5 - 2(b)所示。

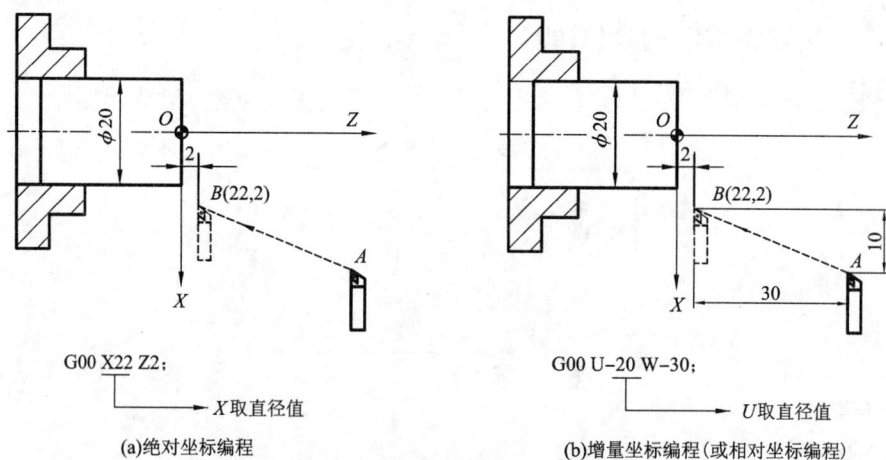

G00 X22 Z2;

└──────→ X 取直径值

(a)绝对坐标编程

G00 U-20 W-30;

└──────→ U 取直径值

(b)增量坐标编程(或相对坐标编程)

图 5 - 2　　G00 指令编程示例

知识链接

1. 直径编程和半径编程

直径方向(X 方向)系统默认为直径编程,也可以采用半径编程,但必须更改系统设定。

在车削加工的数控程序中,X 轴的坐标值取零件图样上的直径值,如图 5 – 3 所示,A 点的坐标值为(20,0),B 点的坐标值为(30,– 25)。采用直径编程时应与零件图样中的尺寸标注一致,这样可避免尺寸换算过程中可能造成的错误,给编程带来很大方便。

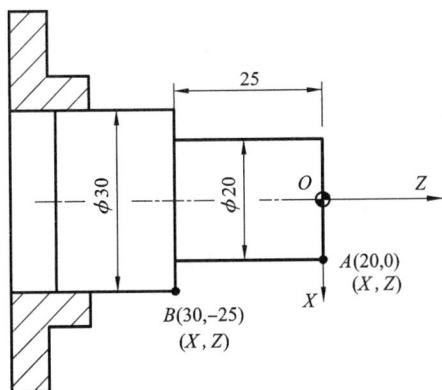

图 5 – 3　直径编程

2. 绝对坐标编程和增量编程

以绝对坐标方式编程时,"X___Z___"坐标值为刀具移动的终点坐标相对于编程原点的坐标,如图 5 – 2(a)所示,绝对坐标编程为"G00 X22 Z2"。

以增量坐标方式编程时,"U___W___"为刀具移动的终点相对于刀具起点的位移量。当刀具的 X 向移动方向与 X 轴正方向一致时,U 取正值,反之,U 取负值;当刀具的 Z 向移动方向与 Z 轴正方向一致时,W 取正值,反之,W 取负值。如图 5 – 2(b)所示,增量值编程为"G00 U – 20 W – 30"。

> ### 知识要点提示
>
> 数控车床编程时,可以采用绝对值编程、增量坐标(也称相对坐标)编程或混合坐标编程。图 5 – 2 要求刀具快速从 A 点移动到 B 点,有四种编程表达方式:
>
> 第 1 种:G00 X22 Z2;　　　(绝对坐标编程)
> 第 2 种:G00 U – 20 W – 30;(增量坐标编程)
> 第 3 种:G00 X22 W – 30;　(混合坐标编程)
> 第 4 种:G00 U – 20 Z2;　　(混合坐标编程)

> **知识要点提示**
>
> 　（1）在编程时，X 值或 U 值一般取零件图纸上的直径值，如图 5-2 所示。
> 　（2）G00 指令主要用于使刀具快速接近或离开工件，节省刀具空运行时间，其不参与工件的直接加工。为了安全，车削起点不能选在零件上，车削起点 X 值一般比毛坯直径大 1~2 mm，Z 值靠近工件右端面 2~5 mm 处，如图 5-4 所示。

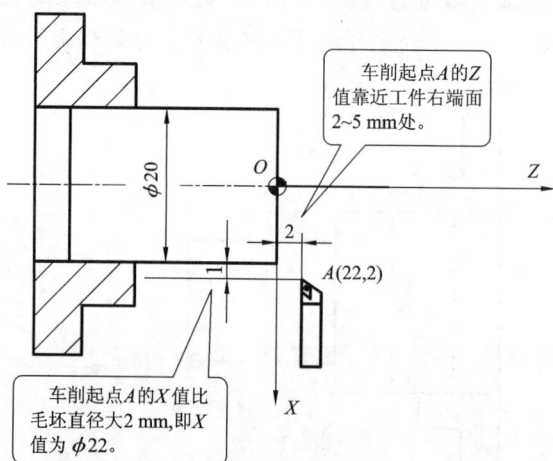

图 5-4　车削起点的取值

5.1.2　直线插补指令（G01）

1. 指令格式

```
格式 ①：   G01   X___   Z___   F___
                  （终点绝对坐标）  （进给速度）

格式 ②：   G01   U___   W___   F___
                  （终点相对坐标）  （进给速度）
```

各参数解释：
（1）X、Z——刀具移动到终点的绝对坐标值（X 为直径值）。
（2）U、W——刀具移动的终点相对于起点的增量坐标值（U 为直径值）。
（3）F——刀具切削进给速度，单位为每分钟进给（mm/min）或每转进给（mm/r）。

2. 指令说明

（1）G01 程序中必须含有 F 指令，刀具切削进给速度由 F 指令决定。F 指令是模态指令，不必在每个程序段中都写入 F 指令。如果在 G01 之前的程序段没有 F 指令，且现在的 G01 程序段中也没有 F 指令，则机床不运动。

（2）G01 为模态指令，可由 G00、G02 或 G03 功能注销。

3. 编程示例

【例题 5-1】　用 G01 指令编写如图 5-5 所示的 A→B→C 的刀具运动轨迹。

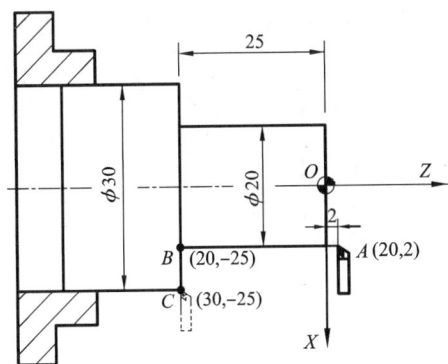

图 5-5　G01 应用示例

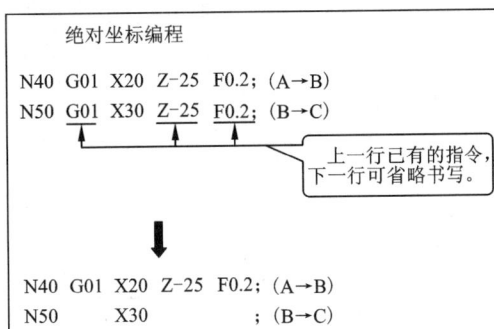

图 5-6　G01 指令的绝对坐标编程

用 G01 指令编写的绝对坐标程序如图 5-6 所示，用 G01 指令编写的增量坐标程序如图 5-7 所示。

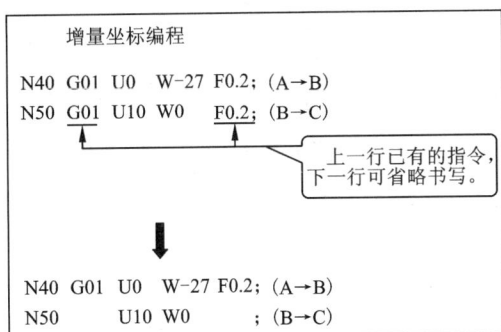

图 5-7　G01 指令的增量坐标编程

图 5-8　数控机床编程操作中实际的书写格式

其实，在数控车床编程操作中实际的书写格式如图 5-8 所示。需要解释说明的是，本书为了便于上、下编程段相同指令的比较，在书写排版时特意将上、下编程段相同指令对齐书写，如：图 5-6 中的"X20"与"X30"，图 5-7 中的"U0"与"U10"、"W-27"与"W0"。相同指令上、下对齐书写是为了便于读者比较，后面编程书写出现的此类情况解释相同。

知识链接

车刀正确安装方法

(1)安装车刀时，刀尖应严格对准工件中心，以免端面出现凸台，造成崩坏刀尖。

(2)车刀装夹在刀架上的伸出部分应尽量短，以增强其刚性。伸出长度约为刀柄的 1~1.5 倍。车刀下面垫片的数量要尽量少(一般为 1~2 片)，并与刀架边缘对齐，且至少用两个螺钉平整压紧，以防振动。

(3)刀具夹紧时，不能使用加力杆夹紧。

(4)对刀时，主轴转速不能太高，一般在 400 r/min 左右即可。

【例题 5 – 2】 加工如图 5 – 9 所示的轴类零件，毛坯为 $\phi 40$ mm × 80 mm 的棒材，材料为 45 钢。

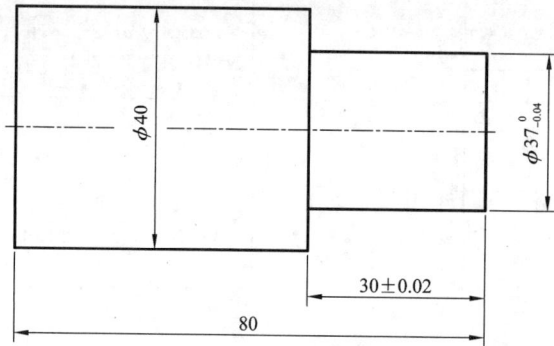

图 5 – 9　轴类零件

（1）加工操作步骤

① 以零件右端面中心 O 作为原点建立工件坐标系。

② 用试切对刀的方法对刀。

③ 选用 90° 外圆车刀手动车端面。

④ 用直线插补指令（G01）加工 $\phi 37\,_{-0.04}^{\ 0}$ mm，因加工余量为 3 mm（双边值），分两次粗加工和一次精加工。两次粗加工的切削进给量分别为 2 mm、0.7 mm，最后留下的 0.3 mm 作为一次精加工余量。

（2）刀具加工路线

零件加工过程及刀具运动路线如图 5 – 10 所示，加工程序如表 5 – 1 所示。

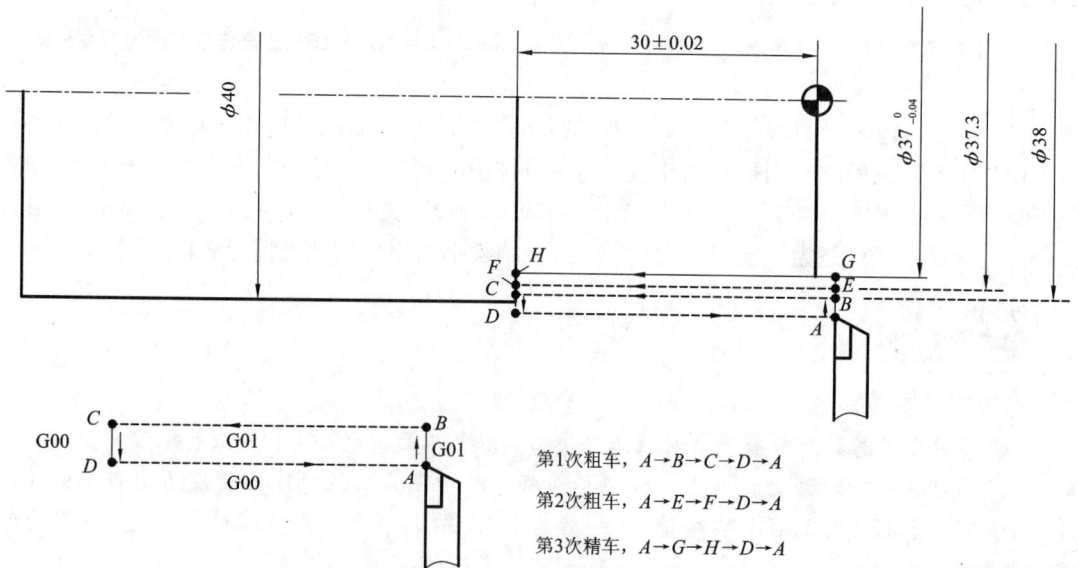

第1次粗车，$A \to B \to C \to D \to A$

第2次粗车，$A \to E \to F \to D \to A$

第3次精车，$A \to G \to H \to D \to A$

图 5 – 10　零件加工过程及加工路线

知识要点提示

(1)手轮加工工件时的进给倍率一般在×100以下(此倍率为×10)。

(2)切削时应先使主轴转动,后刀具运动。切削完毕时先退刀后停主轴,否则车刀容易损坏。

(3)自动加工前必须进行程序校验。

(4)首次运行程序必须选用单段方式。

(5)加工过程中尽量不要中途停止。

表5-1　用G00、G01指令加工工件参考程序

程序段号	程序	程序解释
	O0001	程序名
N10	G97 G99 M03 S800	G97 恒线速关闭;G99 每转进给;M03 主轴正转;设置主轴转速为800 r/min
N20	T0101(外圆车刀)	调用1号外圆车刀
N30	G00 X42 Z2	至 A 点,刀具快速定位到工件边缘,如图5-10所示
N40	G01 X38 F0.2	至 B 点,第1次粗车
N50	Z-30	至 C 点
N60	G00 X42	至 D 点,X 向退刀
N70	Z2	至 A 点,Z 向退至加工起点
N80	G01 X37.3	至 E 点,第2次粗车
N90	Z-30	至 F 点
N100	G00 X42	至 D 点,X 向退刀
N110	Z2	至 A 点,Z 向退至加工起点
N120	S1000	主轴转速提高至1000 r/min,为下一步精车作准备
N130	G01 X37 F0.05	至 G 点,最后一次加工,精车
N140	Z-30	至 H 点
N150	G00 X42	至 D 点,X 向退刀
N160	Z50	Z 向退刀
N170	M05	主轴停止
N180	M30	程序结束

练　习

1.G00 的指令含义是_____,G01 的指令含义是_____。【圆弧插补、快速定位、直线插补】

2.在 G00 指令格式"G00 X(U)_____ Z(W)_____"中,X 后面的数值一般表示_____。【坐标值、直径值、半径值、轴向值】

3. ＿＿＿指令后必须设定进给速度 F 值，＿＿＿指令后没有设定进给速度 F 值。【G00、G01】

4. G00 指令移动速度值是由(　　　)指定。

A. 机床参数　　　　　B. 操作面板　　　　　C. 厂家设计　　　　　D. 数控程序

5. 如图 5 – 11 所示，采用 G01 指令编写 $A→B→C$ 的精加工程序，请完成表格内的绝对坐标和增量坐标编程。

加工路线	绝对值编程	增量值编程
$A→B$	G01 X ＿＿＿ Z ＿＿＿ F0.2	G01 U ＿＿＿ W ＿＿＿ F0.2
$B→C$	G01 X ＿＿＿ Z ＿＿＿ F0.2	G01 U ＿＿＿ W ＿＿＿ F0.2

6. 根据如图 5 – 12 所示的刀具精加工路线，参照 A 点的标注，请标注 B、C、D 和 E 各点的编程坐标值，并对表 5 – 2 的精加工程序进行填空。

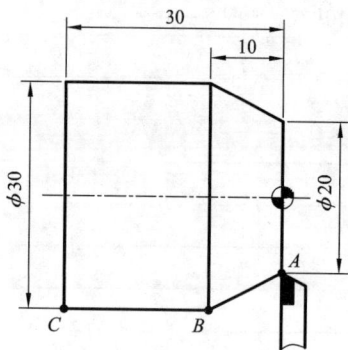

图 5 – 11　习题图

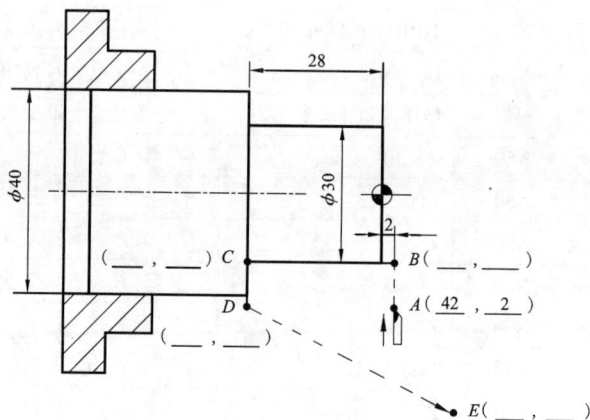

图 5 – 12　习题图

表 5 – 2　用 G00、G01 指令精加工参考程序

加工程序	程序解释
O0001	程序名
N10 G97 G99 M ＿＿＿ S ＿＿＿	G ＿＿＿ 恒线速关闭；G ＿＿＿ 每转进给；M03 ＿＿＿；设置 ＿＿＿ 为 1000 r/min
N20 T ＿＿＿	调用 1 号外圆车刀
N30 G00 X42 Z2	至 A 点，刀具快速定位到工件边缘，如图 5 – 12 所示
N40 G01 X ＿＿＿ Z ＿＿＿ F ＿＿＿	至 B 点
N50 G ＿＿＿ X ＿＿＿ Z ＿＿＿ F ＿＿＿	至 ＿＿＿ 点
N60 G ＿＿＿ X ＿＿＿ Z ＿＿＿	至 D 点
N70 G ＿＿＿ X ＿＿＿ Z ＿＿＿	至 E 点，快速退刀
N80 M ＿＿＿	主轴停止
N90 M30	程序 ＿＿＿

7. 使用 G00、G01 指令编写如图 5 – 13 所示零件的精加工程序。

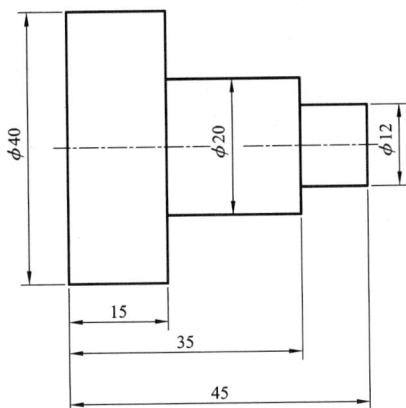

图 5 – 13　编程练习图

实训操作练习

加工如图 5 – 14 所示的轴类零件, 毛坯为 $\phi40$ mm × 80 mm 的棒材, 材料为 45 钢。

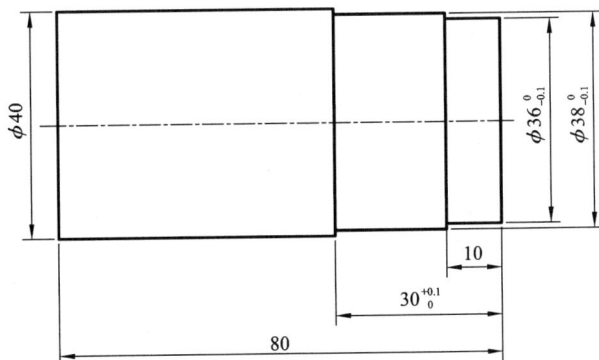

图 5 – 14　实训练习图

5.1.3　暂停指令(G04)

G04 指令的作用是按指定的时间延迟执行下一个程序段。

1) 指令格式

格式 ①:　　G04　X＿＿
　　　　　　　　　　(暂停时间, 单位为秒)

格式 ②:　　G04　P＿＿
　　　　　　　　　　(暂停时间, 单位为毫秒)

各参数解释:

(1) X——为暂停时间, X 后用小数表示, 单位为 s(秒)。

（2）P——为暂停时间，P 后用整数表示，单位为 ms（毫秒）。

2）示例

例 1：G04 X2.0 表示暂停 2 s。

例 2：G04 P1000 表示暂停 1000 ms。

5.1.4 单槽加工

在数控车床上加工槽，无论外沟槽、内沟槽还是端面槽，都可采用 G01 指令完成。切成形槽与切断工件，数控车床与普通车床所使用的刀具与工艺方法基本一致。常见沟槽的结构形式如图 5 - 15 所示。

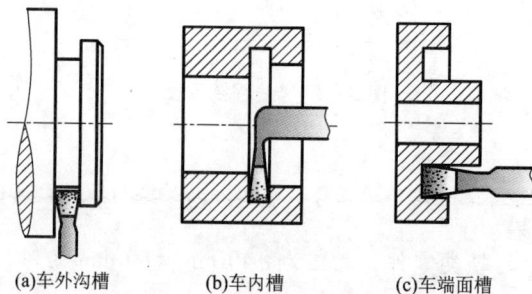

(a)车外沟槽　　(b)车内槽　　(c)车端面槽

图 5 - 15　常见沟槽的结构形式

1. 窄槽加工

如图 5 - 15(a)所示，车削精度不高和宽度较窄的矩形沟槽，可以用刀宽等于槽宽的切槽刀，采用直进法一次性车出。

该类槽的编程很简单，快速移动刀具至切槽位置，切槽进给至槽底，刀具在凹槽底部短暂的停留，然后快速退刀至起始位置，即完成了沟槽的加工。

【例题 5 - 3】　如图 5 - 16 所示零件的沟槽，要求用刀宽为 4 mm 的切槽刀加工槽宽为 4 mm 的沟槽。

（1）零件图分析

由于直径和两端面不加工，只需加工 $\phi16$ mm × 4 mm 的外径槽，选择 $\phi26$ mm × 45 mm 的半成品棒材，材料为 45 钢。

（2）加工操作步骤

①装夹零件，毛坯伸出卡盘外 30 mm 左右，找正并夹紧。

②以零件右端面中心 O 作为原点建立工件坐标系，以切槽刀左刀尖为 Z 向对刀基准。

③选用 1 号刀位安装硬质合金机夹切断刀，其刀片宽度为 4 mm。

④设置主轴转速为 600 r/min，进给速度 F 为 0.1 mm/r。窄槽的加工参考程序如表 5 - 3 所示。

（3）刀具加工路线

刀具选择并定位→定位接近点→轴向定位→径向切削至槽底→暂停→径向退刀离开工件→快速退回到换刀点。

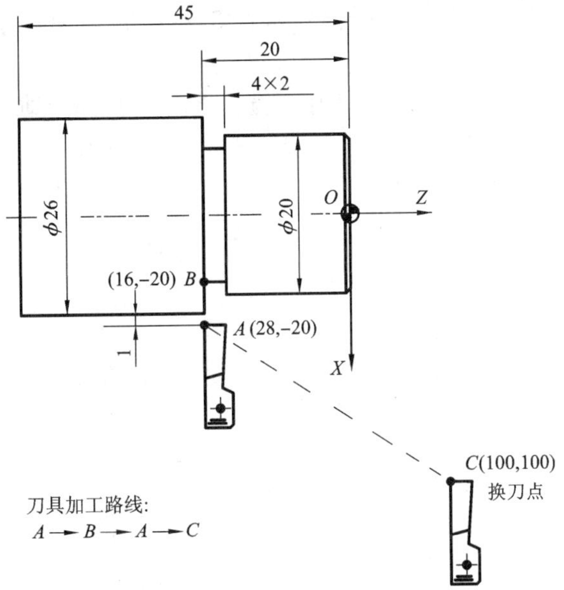

图 5 – 16　较窄沟槽加工示意图

表 5 – 3　窄槽的加工参考程序

程序段号	程序	程序解释
	O0001	程序名
N10	G97 G99 M03 S600	G97 恒线速关闭；G99 每转进给；M03 主轴正转；设置主轴转速为 600 r/min
N20	T0101（切槽车刀）	调用 1 号切槽车刀，刀宽为 4 mm
N30	G00 X28 Z – 20	（至 A 点），快速移至切削起点 A
N40	G01 X16 Z – 20 F0.1	（至 B 点），切槽移至槽底 B 点
N50	G04 X1.	（至 B 点），暂停 1 s
N60	G01 X28 Z – 20 F0.2	（至 A 点），X 向退刀至 A 点
N70	G00 X100 Z100	（至 C 点），快速退刀至换刀点 C
N80	M30	程序结束

知识要点提示

(1) 安装切槽刀，其主切削刃应平行于工件轴线，主刀刃与工件轴线同一高度。

(2) 切槽刀一定要垂直于工件的轴线，刀体不能倾斜，以免发生摩擦。

(3) 车槽和切断刀伸出长度大于吃刀量的 2～3 mm 即可。

(4) 对刀时要注意与程序中的工件坐标系一致。

(5) 切槽刀 Z 轴对刀时，如果以刀具的右端面对刀，Z 方向的试切长度值不再为 0，而是刀具的刀宽值。

2. 宽槽加工

对于较宽的凹槽,可用多次直进法切削,如图 5-17 所示,并在槽底留一定的精车余量,然后精车至尺寸。

【例题 5-4】 如图 5-17 所示,要求用刀宽为 4 mm 的切槽刀加工宽度为 6 mm 的凹槽,凹槽的加工步骤如图 5-18 所示,加工参考程序如表 5-4 所示。

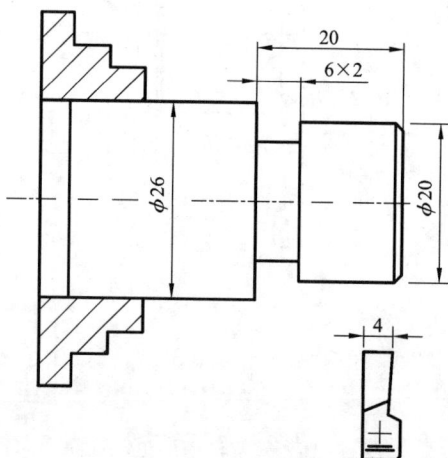

图 5-17 宽槽零件图

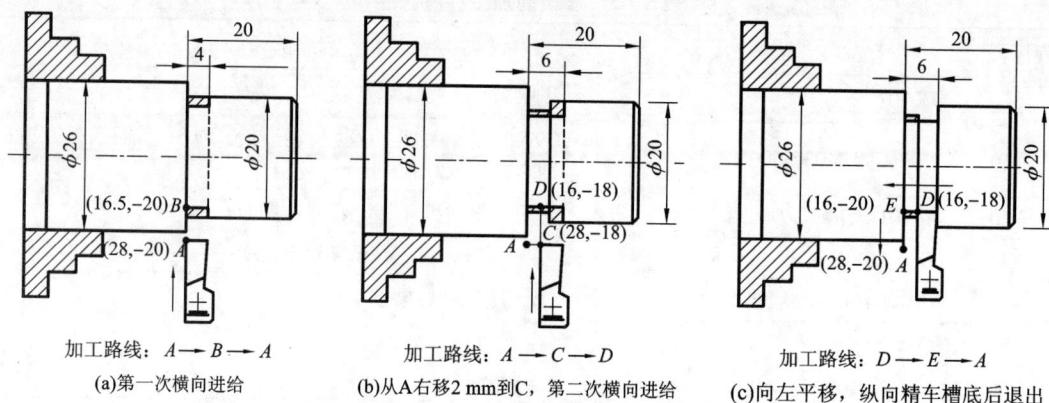

加工路线:$A \rightarrow B \rightarrow A$
(a)第一次横向进给

加工路线:$A \rightarrow C \rightarrow D$
(b)从A右移2 mm到C,第二次横向进给

加工路线:$D \rightarrow E \rightarrow A$
(c)向左平移,纵向精车槽底后退出

图 5-18 多次直进法切削宽槽

表 5-4 宽槽的加工参考程序

程序段号	程序	程序解释
	O0001	程序名
N10	G97 G99 M03 S300	G97 恒线速关闭;G99 每转进给;M03 主轴正转;设置主轴转速为 300 r/min
N20	T0101(切槽车刀)	调用 1 号切槽车刀,刀宽为 4 mm
N30	G00 X28 Z-20	(至 A 点),快速移至切削起点 A,见图 5-18(a)
N40	G01 X16.5 Z-20 F0.1	(至 B 点),切至槽底 B 点,X 向留 0.5 mm 加工余量,见图 5-18(a)

程序段号	程序	程序解释
N50	X28	（至 A 点），退出工件至 A 点
N60	Z - 18	（至 C 点），右移 2 mm 至 C 点，见图 5 - 18(b)
N70	X16 Z - 18	（至 D 点），切至槽底 D 点，见图 5 - 18(b)
N80	X16 Z - 20	（至 E 点），左移动至 E 点，见图 5 - 18(c)
N90	X28	（至 A 点），退出工件至 A 点，见图 5 - 18(c)
N100	G00 X100 Z100	快速退刀至换刀点
N110	M05	主轴停止
N120	M30	程序结束

知识要点提示

(1) 加工中注意所选择的刀具要与程序选择刀具以及它们的安装位置保持一致。

(2) 尽量使刀头宽度和槽宽一致（窄槽），若切宽槽（槽宽尺寸大，切槽刀刀头宽度小），一次完成不了，在 Z 向移动切刀时，移动距离应小于刀头宽度。

(3) 切径向槽时，刀具从槽底退出时，一定要先沿 X 轴完全退出后，才能发生 Z 向移动，否则将发生碰撞。

(4) 因切槽刀有两个刀尖，必须在刀具说明中注明 Z 向基准为左刀尖还是右刀尖，以免编程时发生 Z 向尺寸错误。

(5) 切断实心工件时，工件半径应小于切断刀刀头长度；切断空心工件时，工件壁厚应小于切断刀刀头长度；在切断较大工件时，不能将工件直接切断，以防发生事故。

练　习

1. G04 代码为程序_____功能。【延时、结束、暂停、计时】

2. "G04 X2.0" 和 "G04 P2000" 含义不同。【是、否】

3. 切槽时，进给速度越小越好。【是、否】

4. 要在距离工件右端面 30 mm 处切削宽为 4 mm 的沟槽，选用刀宽为 4 mm 刀具切槽，以零件右端面中心 O 作为原点建立工作坐标系，以切槽刀左刀尖为刀位点，进行 Z 轴对刀，在刀补表中应输入的 Z 值为（　　）。

A. 30　　　　B. - 30　　　　C. - 34　　　　D. 34

实训操作练习

1. 加工如图 5 - 19 所示零件的沟槽，切槽刀刀宽为 4 mm，毛坯为 φ40 mm × 50 mm 的棒材，材料为 45 钢。

2. 请用宽为 3 mm 切槽刀加工如图 5 - 20 所示零件的宽槽，毛坯为 φ30 mm × 40 mm 的棒材，材料为 45 钢。

图 5 – 19　实训练习图

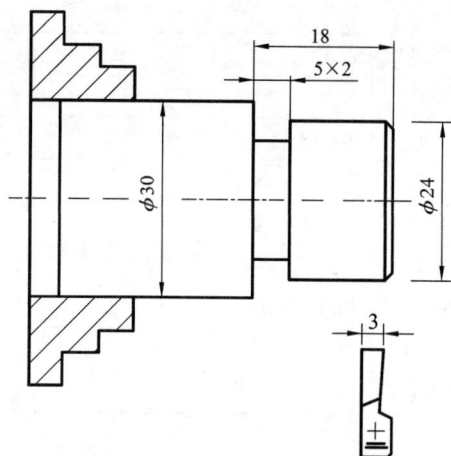

图 5 – 20　实训练习图

5.1.5　外圆切削循环指令(G90)

当零件的直径差比较大、加工余量大时,需要多次重复同一路径循环加工才能去除全部余量。这样造成程序内存大,为了简化编程,数控系统提供了不同形式的固定循环功能,以缩短程序长度。固定切削循环通常是用同一个含 G 代码的程序完成多个程序段指令的加工操作,使程序简化。

圆柱面切削循环 G90 指令用于加工毛坯径向余量小、轴向余量大的工件。

1. 圆柱切削循环

1)指令格式

```
格式 ①:　G90　X___　Z___　F___
              (终点绝对坐标)　(进给速度)

格式 ②:　G90　U___　W___　F___
              (终点相对坐标)　(进给速度)
```

各参数解释:

(1)X、Z——绝对坐标编程时,切削终点绝对坐标值(X 为直径值)。

(2)U、W——切削终点相对于循环起点的增量坐标值,即切削终点相对坐标值(U 为直径值)。

(3)F——切削进给速度。

2)指令说明

(1)如图 5 – 21 所示,每执行一次外圆切削循环指令 G90,刀具一次性连续完成四个动作:①快速进刀→②切削加工→③退刀→④快速返回,刀具运动轨迹形成一个闭合回路。

(2)G90 为模态指令,指令的起点和终点相同。加工圆柱面时,从循环起点开始,系统在执行完一个切削加工指令后会自动回到加工循环起点位置,接着循环下一指令,直到加工完成为止。

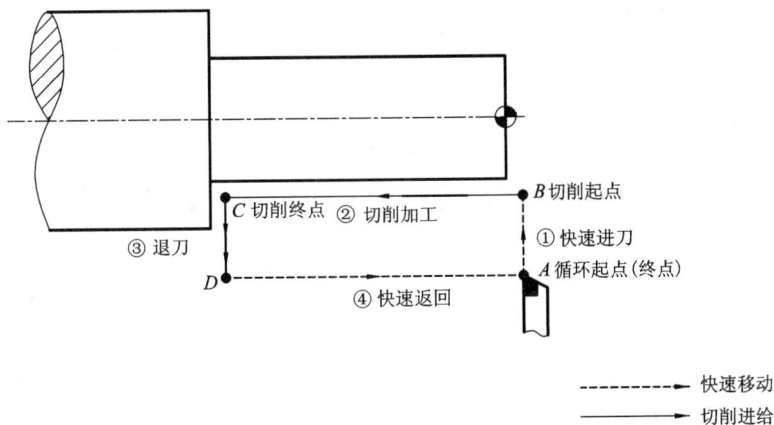

图 5 - 21　G90 指令的运动轨迹

（3）如图 5 - 22 所示，刀具按照 $A \rightarrow B \rightarrow C \rightarrow D \rightarrow A$ 运行一个闭合回路，如果用 G01、G00 的命令来编程，需要书写四行，而用 G90 编程只需写一行即可，G90 指令缩短了程序长度，提高了程序编写效率。

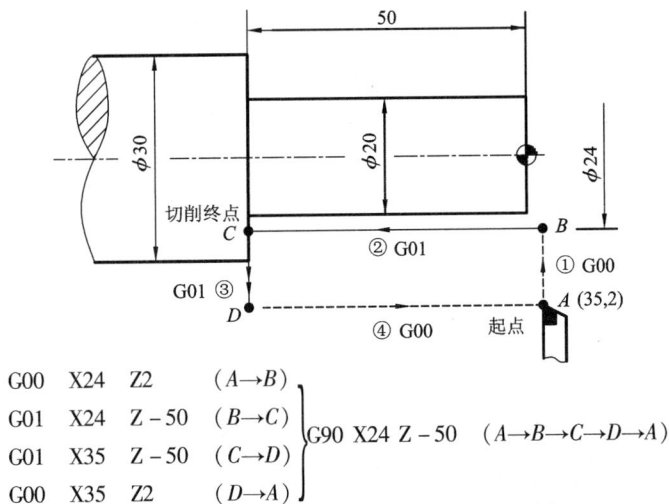

图 5 - 22　加工外圆用 G01、G00 与用 G90 的编程比较

3）编程举例

【例题 5 - 5】　用 G90 指令加工如图 5 - 23 所示的 $\phi 20$ mm 轴，毛坯尺寸为 $\phi 50$ mm。用 G90 指令加工工件的过程如图 5 - 23 所示，参考程序如表 5 - 5 所示。

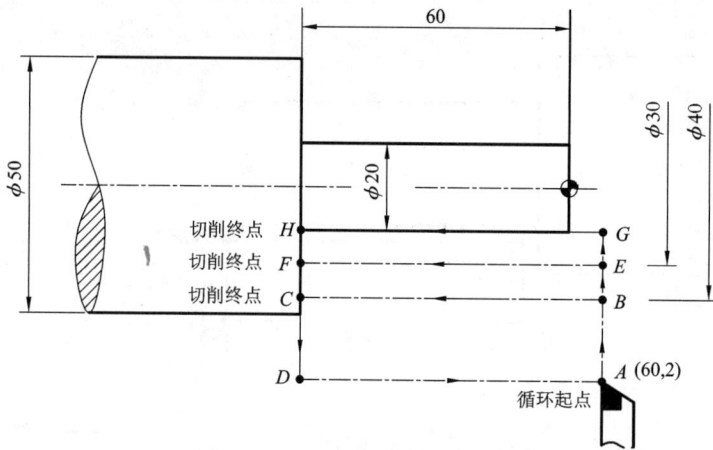

图 5-23　G90 指令切削循环示例

表 5-5　G90 指令加工 ϕ20 mm 轴参考程序

程序段号	程序	程序解释
	O0001	程序名
N10	G97 G99 M03 S600	G97 恒线速关闭；G99 每转进给；M03 主轴正转；设置主轴转速为 600 r/min
N20	T0101(外圆车刀)	调用 1 号外圆车刀
N30	G00 X60 Z2	刀具快速移至循环起点 A，如图 5-23 所示
N40	G90 X40 Z-60 F0.2	(切削终点为 C 点)A→B→C→D→A
N50	X30	(切削终点为 F 点)A→E→F→D→A
N60	X20	(切削终点为 H 点)A→G→H→D→A
N70	G00 X100 Z100	快速退刀至换刀点
N80	M05	主轴停止
N80	M30	程序结束

知识要点提示

(1)自动加工时，一定要关好防护门。

(2)自动加工期间，人不可以离开机床，如遇到紧急情况立即按急停按钮。

2.圆锥切削循环

1)指令格式

各参数解释：

(1)X、Z——绝对坐标编程时切削终点绝对坐标值(X 为直径值)。

(2)U、W——切削终点相对于循环起点的增量坐标值，即终点相对坐标值(U 为直径值)。

```
格式 ①：  G90  X___   Z___      R___     F___
              (终点绝对坐标)    (半径差)  (进给速度)

格式 ②：  G90  U___   W___      R___     F___
              (终点相对坐标)    (半径差)  (进给速度)
```

（3）R——圆锥面切削起点相对于切削终点的半径差，即 R 为切削起点 X 坐标减去切削终点 X 坐标的差值（半径值）。

（4）F——切削进给速度。

2）指令说明

（1）如图 5-24 所示，每执行一次圆锥面切削循环指令 G90，刀具一次性连续完成四个动作：①快速进刀→②切削加工→③退出→④快速返回，刀具运动轨迹形成一个闭合回路。

（2）如图 5-25 所示，G90 指令的起点和终点相同。加工圆锥面时，从循环起点开始，单一循环指令执行完一个程序段后，刀具返回到循环起点位置。

图 5-24　G90 指令切削循环示例

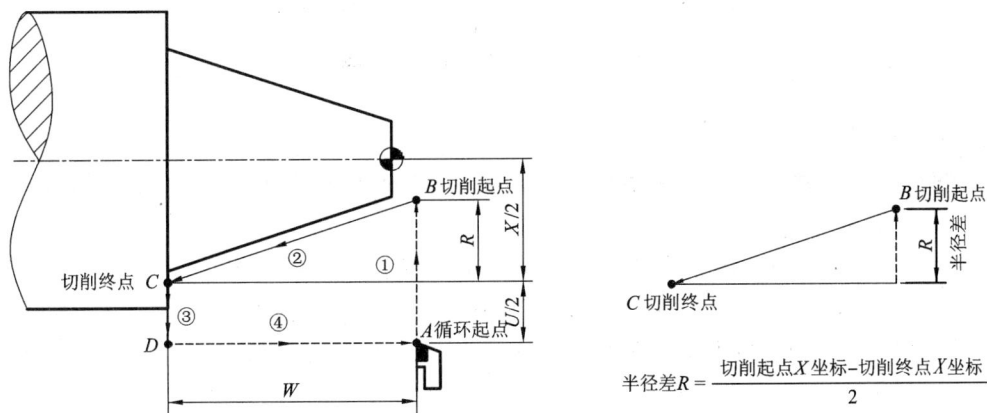

$$半径差 R = \frac{切削起点 X 坐标 - 切削终点 X 坐标}{2}$$

图 5-25　圆锥切削循环 G90 指令各参数之间的尺寸关系

（3）圆锥切削循环 G90 各参数之间的尺寸关系如图 5 - 25 所示。

（4）如图 5 - 26 所示，车削外圆锥度如果是从小端车到大端，半径差 R 为负值，车削内锥度如果是从大端车到小端，半径差 R 为正值。

车正锥：$R = \dfrac{d-D}{2} = $ 负值　　　　车倒锥：$R = \dfrac{D-d}{2} = $ 正值

图 5 - 26　车正锥和车倒锥的半径差的计算

（5）车削正锥的加工路线。

车削正锥常见的加工路线为平行锥度路线和趋近锥度路线两种，如图 5 - 27 所示。

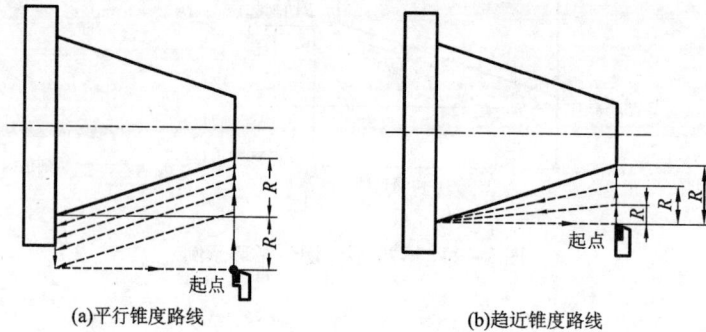

(a)平行锥度路线　　　　　　(b)趋近锥度路线

图 5 - 27　车削正锥的加工路线

3）编程举例

【例题 5 - 6】　用 G90 指令采用平行锥度路线加工如图 5 - 28(a)所示的圆锥轴面。

（1）尺寸计算。

如图 5 - 28(a)所示，因为 G90 循环路线的 H、G 之间的半径差 R 为 2.7，在设置循环起点 A 的位置时，锥轴大端的循环起点 A 的位置应设在轴大端尺寸加上半径差之和的外部，即 $20 + 2.7 \times 2 = 25.4$ mm，也就是说循环起点 A 的 X 坐标值应大于 $\phi 25.4$ mm。该题的循环起点设在 A 点($X30$，$Z2$)。

因该题的循环起点设在 A 点($X30$，$Z2$)，该刀具加工路线的半径差 R 的计算为：

如图 5 - 28(b)所示，根据相似三角形原理得

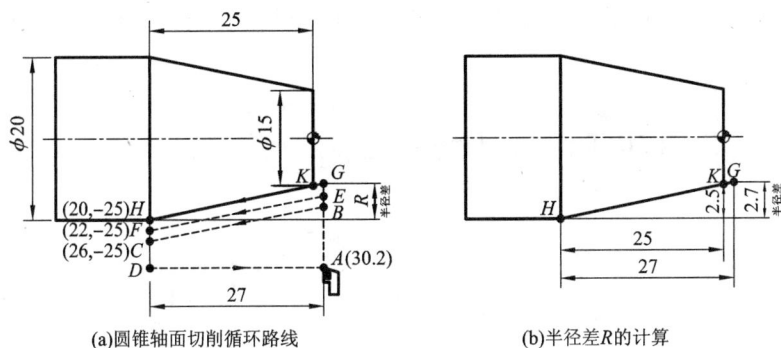

(a)圆锥轴面切削循环路线　　　　(b)半径差 R 的计算

图 5-28　圆锥面切削循环示例

$$\frac{KL}{HL} = \frac{GM}{HM}$$

$$\frac{2.5}{25} = \frac{GM}{27}$$

$$GM = 2.7$$

所以，GM(即半径差 R)为 2.7。

(2)编写程序。

该例题用 G90 指令编程的参考程序如表 5-6 所示。

表 5-6　G90 指令加工圆锥轴面参考程序

程序段号	程序	程序解释
	O0001	程序名
N10	G97 G99 M03 S600	G97 恒线速关闭；G99 每转进给；M03 主轴正转；设置主轴转速为 600 r/min
N20	T0101(外圆车刀)	调用 1 号外圆车刀
N30	G00 X30 Z2	刀具快速移至循环起点 A，如图 5-28 所示
N40	G90 X26 Z-25 R-2.7 F0.1	(切削终点为 C 点)A→B→C→D→A
N50	X22	(切削终点为 F 点)A→E→F→D→A
N60	X20	(切削终点为 H 点)A→G→H→D→A
N70	G00 X100 Z100	快速退刀至换刀点
N80	M05	主轴停止
N90	M30	程序结束

【例题 5 - 7】 用 G90 指令采用趋近锥度路线加工如图 5 - 29 所示圆锥轴面。

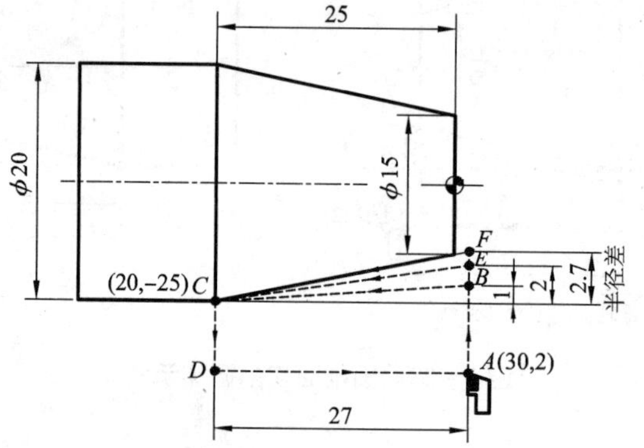

图 5 - 29 圆锥轴面切削循环示例

用 G90 指令加工工件的过程如图 5 - 29 所示,参考程序如表 5 - 7 所示。

表 5 - 7 G90 加工圆锥轴面参考程序

程序段号	加工程序	程序解释
	O0001	程序名
N10	G97 G99 M03 S600	G97 恒线速关闭;G99 每转进给;M03 主轴正转;设置主轴转速为 600 r/min
N20	T0101(外圆车刀)	调用 1 号外圆车刀
N30	G00 X30 Z2	刀具快速移至循环起点 A,如图 5 - 29 所示
N40	G90 X20 Z - 25 R - 1 F0.1	(切削终点为 C 点)A→B→C→D→A
N50	R - 2	(切削终点为 C 点)A→E→C→D→A
N60	R - 2.7	(切削终点为 C 点)A→F→C→D→A
N70	G00 X100 Z100	快速退刀至换刀点
N80	M05	主轴停止
N90	M30	程序结束

练 习

1. 每执行一次切削循环指令 G90,刀具返回到____,G90 第一步移动为____轴方向移动。

A. 循环起点　　　　　B. 换刀点　　　　　C. X　　　　　D. Z

2. 程序段"G90 X20 Z - 25 R - 1 F0.1"中"R - 1"的含义是( )。

A. 半径值　　　　　　　　　　B. 进刀量

C. 圆锥大、小端的半径差　　　D. 圆锥大、小端的直径差

3. 若用 G90 指令加工如图 5-30 所示的锥体，正确的程序段是(　　)。

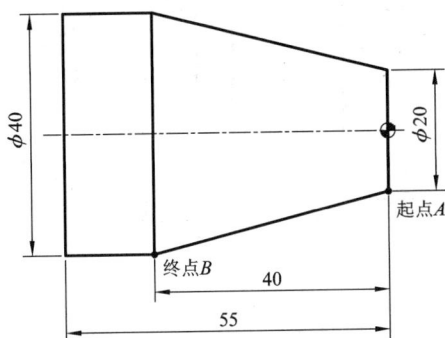

图 5-30　习题图

A. G90 X40 Z-40 R20 F0.2　　　　B. G90 X40 Z-40 R10 F0.2

C. G90 X40 Z-40 R-20 F0.2　　　　D. G90 X40 Z-40 R-10 F0.2

实训操作练习

1. 请在图 5-14 已加工的工件上，继续对此工件的左端运用 G90 命令加工成如图 5-31 所示的轴类零件。

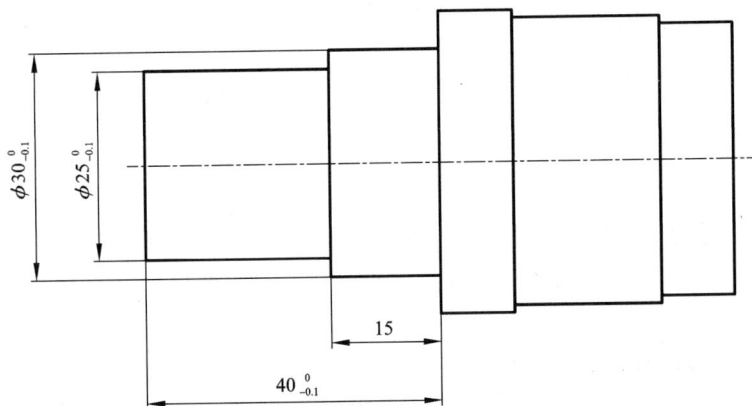

图 5-31　实训练习图

2. 请在图 5-31 已加工的工件上，继续对此工件的右端运用 G90 命令加工成如图 5-32 所示的轴类零件。

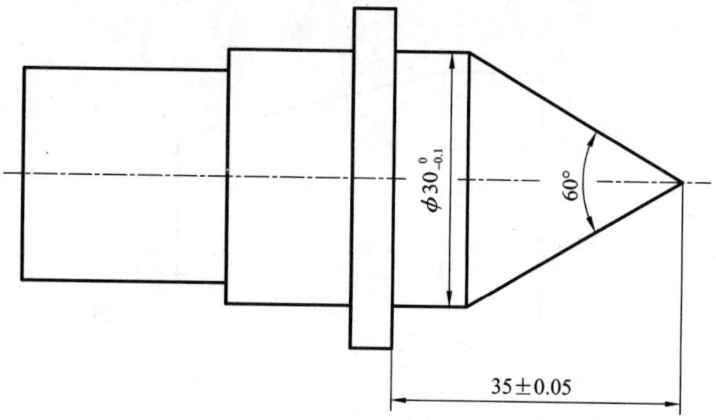

图 5 - 32　实训练习图

5.1.6　端面切削循环指令(G94)

端面切削循环指令 G94 主要用于加工大小径之差较大、轴向台阶长度较短的盘类工件的端面。G94 与 G90 指令的使用方法类似。

1. G94 圆柱切削循环

1)指令格式

格式 ①：　G94　X___　Z___　F___
　　　　　　　(终点绝对坐标)　(进给速度)

格式 ②：　G94　U___　W___　F___
　　　　　　　(终点相对坐标)　(进给速度)

各参数解释：

(1)X、Z——绝对坐标编程时切削终点绝对坐标值(X 为直径值)。

(2)U、W——切削终点相对于循环起点的增量坐标值,即切削终点相对坐标值(U 为直径值)。

(3)F——切削进给速度。

2)指令说明

(1)如图 5 - 33 所示,每执行一次端面切削循环指令 G94,刀具一次性连续完成四个动作：①快速进刀→②切削加工→③退刀→④快速返回,刀具运动轨迹形成一个闭合回路。

(2)G94 为模态指令,刀具按照 $A→B→C→D→A$ 运行一个闭合回路,指令的起点和终点相同。加工圆柱面时,从循环起点开始,系统在执行完一个切削加工指令后会自动回到加工循环起点位置,接着循环下一指令,直到加工完成为止。

(3)G94 的特点是选用刀具的端面切削刃作为切削刃,以车端面的方式进行循环加工。

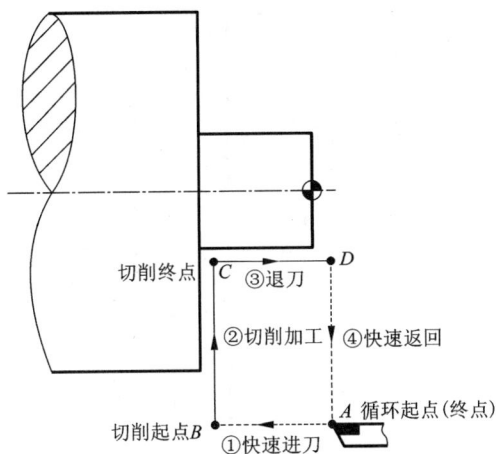

图 5 – 33　G94 指令的运动轨迹

如图 5 – 34 所示，G90 与 G94 的区别是：G90 指令是在工件径向进行分层粗加工，而 G94 指令是在工件轴向进行分层粗加工，G94 指令第一步是先沿 Z 轴方向移动，而 G90 指令则是先沿 X 轴方向移动。

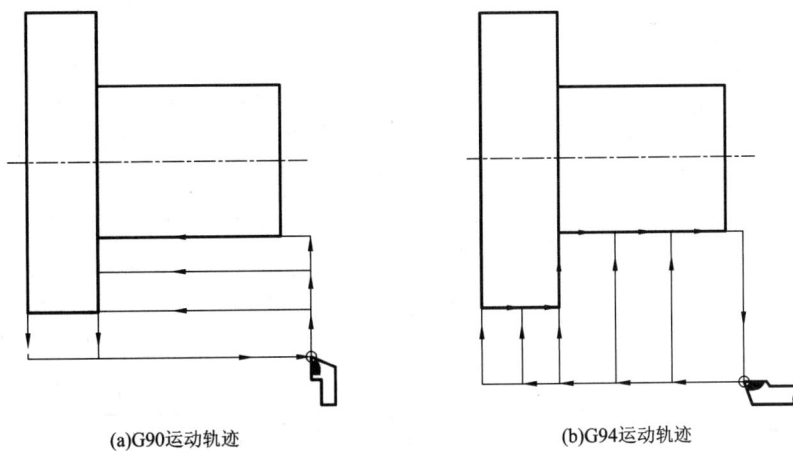

(a)G90运动轨迹　　　　　　　　　　(b)G94运动轨迹

图 5 – 34　G94 指令与 G90 指令的运动轨迹比较

3）编程举例

【例题 5 – 8】　用 G94 循环指令编写如图 5 – 35 所示圆柱的端面切削程序，设刀具加工起点为 A 点($X54$，$Z2$)。

用 G94 加工轴端面的刀具运动路线如图 5 – 35 所示，其程序如表 5 – 8 所示。

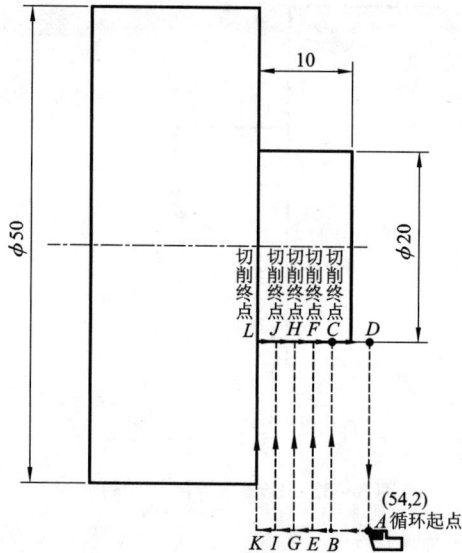

图 5 – 35　G94 指令切削循环示例

表 5 – 8　G94 加工 $\phi20$ 轴参考程序

程序段号	程序	程序解释
	O0001	程序名
N10	G97 G99 M03 S500	G97 恒线速关闭；G99 每转进给；M03 主轴正转；设置主轴转速为 500 r/min
N20	T0101（外圆车刀）	调用 1 号外圆车刀
N30	G00 X54 Z2	刀具快速移至循环起点 A，如图 5 – 35 所示
N40	G94 X20.2 Z – 2 F0.2	粗车第一刀，$A \to B \to C \to D \to A$。（切削终点为 C 点。）Z 向切深 2 mm，X 向留 0.2 mm 的精车余量
N50	Z – 4	粗车第二刀，$A \to E \to F \to D \to A$（切削终点为 F 点）
N60	Z – 6	粗车第三刀，$A \to G \to H \to D \to A$（切削终点为 H 点）
N70	Z – 8	粗车第四刀，$A \to I \to J \to D \to A$（切削终点为 J 点）
N80	Z – 9.8	粗车第五刀，$A \to K \to L \to D \to A$（切削终点为 L 点）
N90	X20 Z – 10 F0.3 S800	精加工，去除 X 向 0.2 mm 的精车余量，进给速度减为 F0.3，主轴转速增为 800 r/min
N100	G00 X100 Z100	快速退刀至换刀点
N110	M05	主轴停止
N120	M30	程序结束

知识要点提示

（1）车削台阶平面或大端面时，为了使车刀准确地横向进给，应将大溜板紧固在床身上，用小刀架调整切削深度。

（2）工件端面质量要求较高时，最后一刀应由中心向外切削。

---

2. G94 圆锥切削循环

1）指令格式

```
格式 ①：  G94  X___   Z___      R___         F___
               (终点绝对坐标)   (Z轴绝对       (进给速度)
                               坐标差值)

格式 ②：  G94  U___   W___      R___         F___
               (终点相对坐标)   (Z轴绝对       (进给速度)
                               坐标差值)
```

各参数解释：

（1）X、Z——绝对坐标编程时切削终点绝对坐标值（X 为直径值）。

（2）U、W——切削终点相对于循环起点的增量坐标值，即终点相对坐标值（U 为直径值）。

（3）R——圆锥面切削起点相对于切削终点的 Z 轴绝对坐标的差值。

（4）F——切削进给速度。

2）指令说明

（1）如图 5 - 36 所示，每执行一次端面切削循环指令 G94，刀具一次性连续完成四个动作：①快速进刀→②切削加工→③退刀→④快速返回，刀具运动轨迹形成一个闭合回路。

（2）如图 5 - 36 所示，G94 指令的起点和终点相同。加工圆锥面时，从循环起点开始，单一循环指令执行完一个程序段后，刀具返回到循环起点位置。

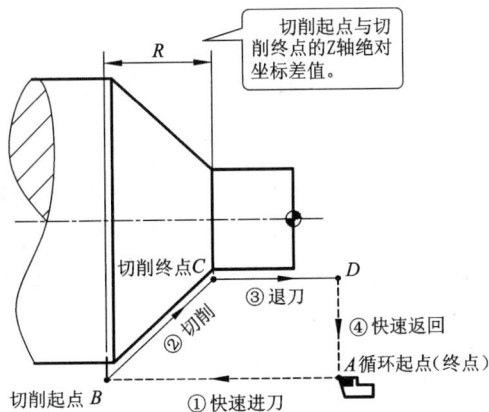

图 5 - 36　G94 指令的运动轨迹

3）编程举例

【例题 5 - 9】 用 G94 指令加工如图 5 - 37 所示圆锥轴面，毛坯为 ϕ42 mm × 45 mm。

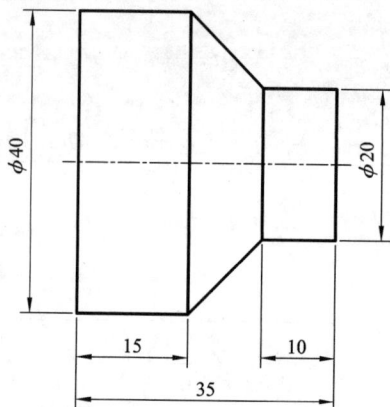

图 5-37   G94 指令切削循环示例

分析：该零件分三步加工。

第一步：切削右端面，加工路线为 $A \rightarrow B \rightarrow C \rightarrow D \rightarrow A$，如图 5-38 所示。

第二步：切削 $\phi 40$ mm 外圆表面，加工路线为 $A \rightarrow E \rightarrow F \rightarrow G \rightarrow A$，如图 5-38 所示。

第三步：切削锥面和 $\phi 20$ mm 外圆表面，共分五次加工，如图 5-39 所示。车第一刀的加工路线为 $A \rightarrow B \rightarrow C \rightarrow D \rightarrow A$。车第二刀的加工路线为 $A \rightarrow E \rightarrow F \rightarrow G \rightarrow A$。车第三刀的加工路线为 $A \rightarrow H \rightarrow I \rightarrow J \rightarrow A$。车第四刀的加工路线为 $A \rightarrow K \rightarrow L \rightarrow M \rightarrow A$。车第五刀的加工路线为 $A \rightarrow N \rightarrow O \rightarrow P \rightarrow A$。

用 G94 指令加工工件的过程如图 5-39 所示，参考程序如表 5-9 所示。

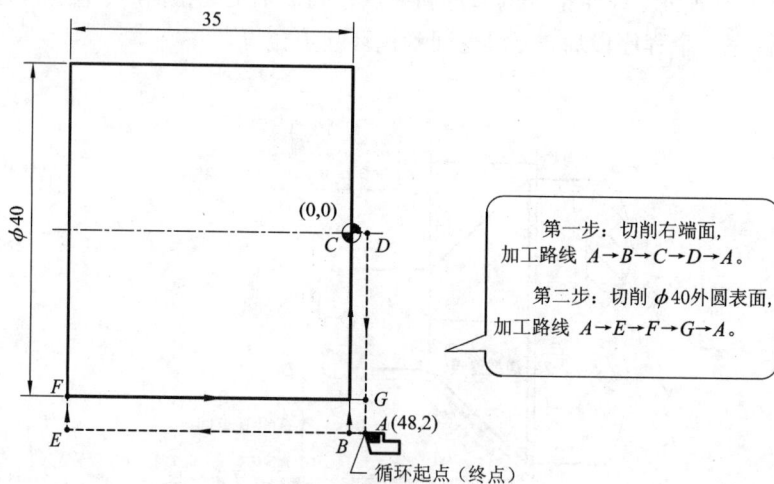

图 5-38   G94 指令切削端面和轴面

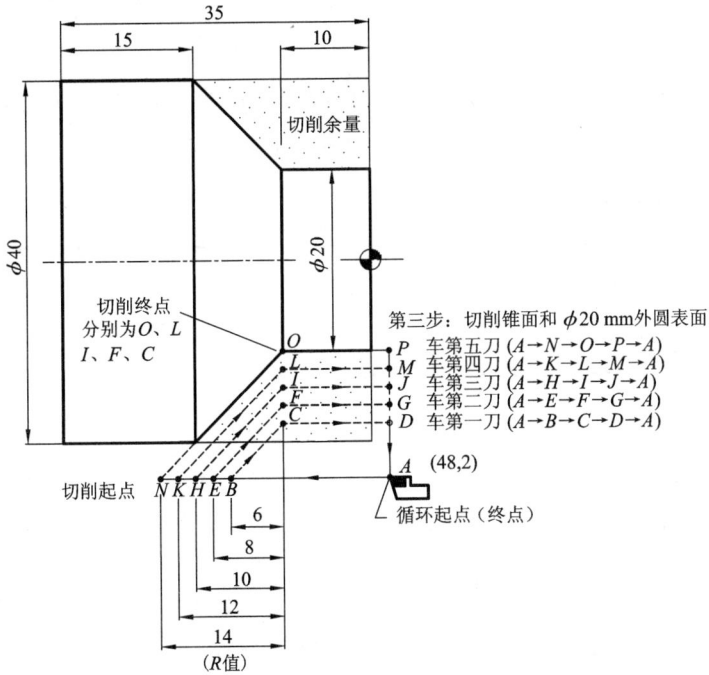

图 5 - 39 G94 指令加工过程

表 5 - 9 G94 加工圆锥轴面参考程序

程序段号	程序	程序解释
	O0001	程序名
N10	G97 G99 M03 S500	G97 恒线速关闭；G99 每转进给；M03 主轴正转；设置主轴转速为 500 r/min
N20	T0101（外圆车刀）	调用 1 号外圆车刀
N30	G00 X48 Z2	刀具快速移至循环起点 A，如图 5 - 38 所示
N40	G94 X0 Z0 F0.2	切削右端面，如图 5 - 38 所示 A→B→C→D→A（切削终点为 C 点）
N50	G94 X40 Z - 35 F0.3	切削 φ40 外圆表面，如图 5 - 38 所示 A→E→F→G→A（切削终点为 F 点）
N60	G94 X36 Z - 10 R - 6 F0.2	车第一刀，切削锥面和 φ20 外圆表面，如图 5 - 39 所示 A→B→C→D→A（切削终点为 C 点）
N70	X32 R - 8	车第二刀 A→E→F→G→A（切削终点为 F 点）
N80	X28 R - 10	车第三刀 A→H→I→J→A（切削终点为 I 点）
N90	X24 R - 12	车第四刀 A→K→L→M→A（切削终点为 L 点）

续表 5－9

程序段号	程序	程序解释
N100	X20 R－14	车第五刀 $A \to N \to O \to P \to A$(切削终点为 O 点)
N110	G00 X100 Z100	快速退刀至换刀点
N120	M05	主轴停止
N130	M30	程序结束

练 习

1. G90 指令与 G94 指令的区别在于 G90 指令是在工件_____进行分层粗加工，主要用于_____类零件的内孔、外圆切削，而 G94 指令是在工件_____进行分层粗加工，主要用于大小径之差较大而轴向台阶长度较短的_____类工件的端面切削。

A. 径向   B. 轴向   C. 轴   D. 盘

2. 程序段"G94 X30 Z－10 R－3 F0.2"中，_____的含义是端面车削的终点。

A. X30   B. Z－10   C. X30, Z－10   D. R－3

3. 在 GSK980TDb 数控系统中，若将单程序段开关开启，则下列说法中错误的是____。

A. 执行一个程序段后，机床停止。

B. 执行 G90 或 G94 时，在一个循环中每段都停止。

C. 每按一次循环启动按钮，CNC 就执行一个程序段的程序。

实训操作练习

1. 如图 5－40 所示毛坯规格为 ϕ34 mm × 35 mm 的棒材，材料为 45 钢，要求用 G94 指令编制程序并加工。

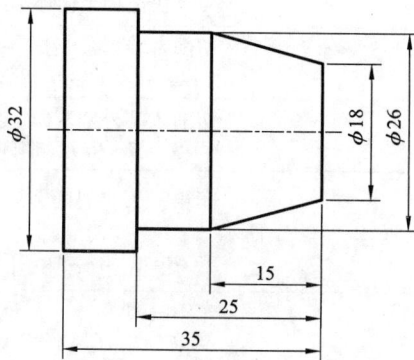

图 5－40   实训练习图

2. 请在图 5－40 已加工的工件上，继续对此工件运用 G94 命令加工成如图 5－41 所示的轴类零件。

3. 请在图 5-41 已加工的工件上, 继续对此工件运用 G94 命令加工成如图 5-42 所示的轴类零件。

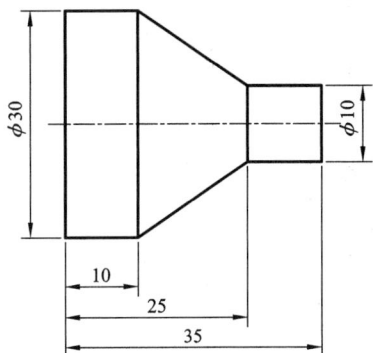

图 5-41　实训练习图

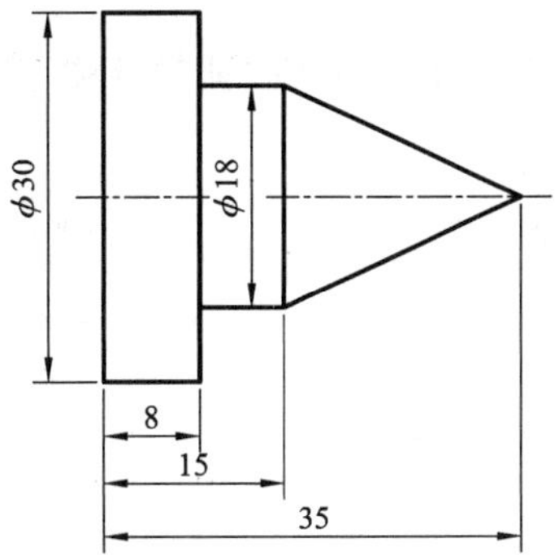

图 5-42　实训练习图

5.2　圆弧面加工

刀具沿着构成工件圆弧轨迹运动的功能, 称为圆弧插补功能。

圆弧插补的顺、逆时针方向判定按右手直角迪卡尔坐标系确定, 如图 5-43(a) 所示, 观察者从与圆弧所在平面相垂直的坐标轴的正向往负向看去, 即从 Y 轴的正方向往负方向看去 (也就是 Y 轴箭头指向观察者), 在 ZX 平面内若圆弧为顺时针移动的称为顺时针圆弧插补, 用 G02 表示; 若为逆时针移动的称为逆时针圆弧插补, 则用 G03 表示。

图 5-43(b)、(c) 分别表示了车床前置刀架和后置刀架对圆弧顺时针与逆时针方向的判断。

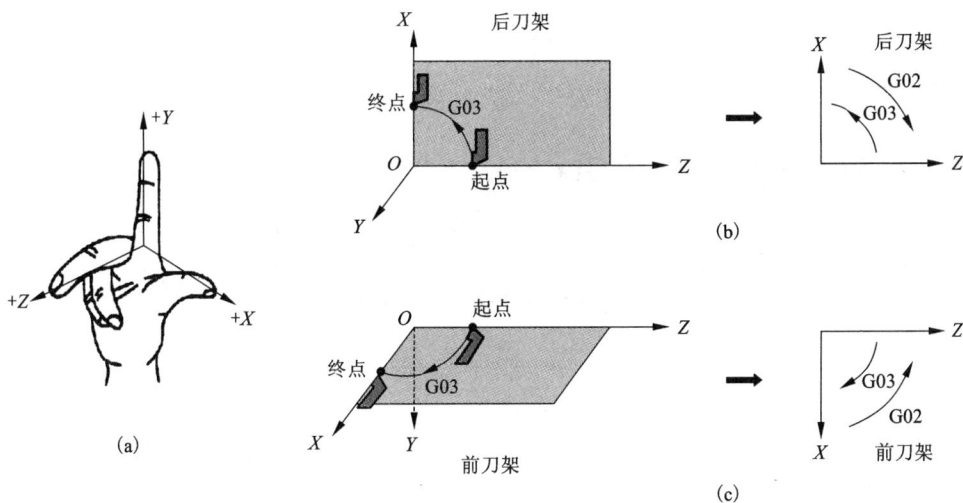

图 5-43　圆弧插补方向的判断

GSK980TDb 车床数控系统的《使用手册》所提及的刀架为后刀架，G02 为顺时针，G03 为逆时针。本书是以前刀架来讲述圆弧加工指令，则 X 轴坐标方向相反，即 G02 为逆时针，G03 为顺时针。

5.2.1　顺时针圆弧插补指令（G03）

1. 格式
用圆弧半径 R 指定圆心的方式编程，采用格式①或格式②。

```
格式 ①：  G03  X___   Z___        R___        F___
          (终点绝对坐标)      (圆弧半径)   (进给速度)

格式 ②：  G03  U___   W___        R___        F___
          (终点相对坐标)      (圆弧半径)   (进给速度)
```

用 I、K 指定圆心的方式编程，采用格式③或格式④。

```
格式 ③：  G03  X___  Z___    I___         K___          F___
          (终点绝对坐标)  (起点到圆心   (起点到圆心    (进给速度)
                          的X向距离)    的Z向距离)
格式 ④：  G03  U___  W___    I___         K___          F___
          (终点相对坐标)  (起点到圆心   (起点到圆心    (进给速度)
                          的X向距离)    的Z向距离)
```

2. 参数解释
（1）X、Z——绝对坐标编程时切削终点坐标（X 为直径值）。

（2）U、W——终点相对坐标（U 为直径值）。

（3）R——圆弧半径（半径值指定）。圆弧圆心角小于 180 度时，R 为正值，否则 R 为负值。

（4）I——从始点到圆心在 X 轴方向的距离。

（5）K——从始点到圆心在 Z 轴方向的距离。

（6）F——切削进给速度。

5.2.2　逆时针圆弧插补指令（G02）

1. 指令格式
用圆弧半径 R 指定圆心的方式编程，采用格式①或格式②。

```
格式 ①：  G02  X___   Z___        R___        F___
          (终点绝对坐标)      (圆弧半径)   (进给速度)

格式 ②：  G02  U___   W___        R___        F___
          (终点相对坐标)      (圆弧半径)   (进给速度)
```

用 I、K 指定圆心的方式编程，采用格式③或格式④。

格式 ③：　G02　X___　Z___	I ___	K___	F___
（终点绝对坐标）	（起点到圆心的X向距离）	（起点到圆心的Z向距离）	（进给速度）
格式 ④：　G02　U___　W___	I ___	K___	F___
（终点相对坐标）	（起点到圆心的X向距离）	（起点到圆心的Z向距离）	（进给速度）

2. 参数解释

(1)X、Z——绝对坐标编程时切削终点坐标(X 为直径值)。

(2)U、W——终点相对坐标(U 为直径值)。

(3)R——圆弧半径(半径值指定)。圆弧圆心角小于 180 度时，R 为正值，否则 R 为负值。

(4)I——从始点到圆心在 X 轴方向的距离。

(5)K——从始点到圆心在 Z 轴方向的距离。

(6)F——切削进给速度。

3. 指令说明

(1)圆弧插补指令 G02、G03 为模态指令。

(2)刀具在指定平面内按给定的进给速度 F 做圆弧运动，切削圆弧轮廓。

(3)R 编程只适于非整圆的圆弧插补的情况，不适于整圆加工。

(4)R 与 I、K 值同时使用时，R 值有效，I、K 值无效。

4. 编程举例

【例题 5 – 10】　用圆弧指令加工如图 5 – 44 所示的 AB 圆弧段。

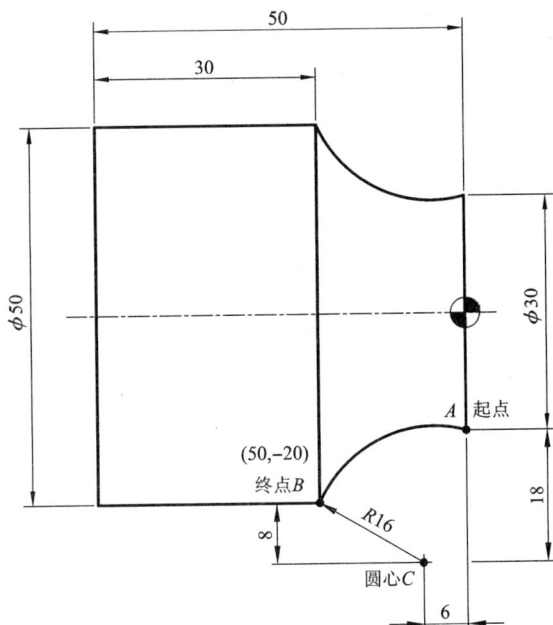

图 5 – 44　圆弧面加工

该圆弧采用 G02 逆时针圆弧插补指令加工,可以采用以下四种格式表达:

G02 X50 Z – 20 R16 F0.2　　　　　(格式1)

G02 U20 W – 20 R16 F0.2　　　　　(格式2)

G02 X50 Z – 20 I18 K – 6 F0.2　　　(格式3)

G02 U20 W – 20 I18 K – 6 F0.2　　　(格式4)

【例题 5 – 11】　加工如图 5 – 45 所示工件,已粗加工,要求编写精加工程序。

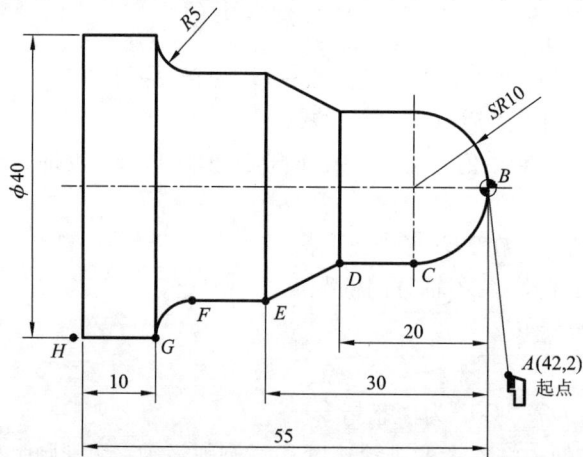

图 5 – 45　G02 和 G03 指令加工圆弧面

用 G02、G03 指令加工工件的过程如图 5 – 45 所示,参考程序如表 5 – 10 所示。

表 5 – 10　用 G00、G01、G02 和 G03 指令加工工件参考程序

程序段号	程序	程序解释
	O0001	程序名
N10	G97 G99 M03 S800	G97 恒线速关闭;G99 每转进给;M03 主轴正转;设置主轴转速为 800 r/min
N20	T0101(外圆车刀)	调用 1 号外圆车刀
N30	G00 X42 Z2	至 A 点,刀具快速定位到工件边缘,如图 5 – 45 所示
N40	G01 X0 Z0 F0.2	至 B 点
N50	G03 X20 Z – 10 R10 F0.2	至 C 点,加工圆弧 R10
N60	G01 X20 Z – 20 F0.2	至 D 点
N70	G01 X30 Z – 30	至 E 点
N80	G01 Z – 40	至 F 点
N90	G02 X40 Z – 45 R5 F0.2	至 G 点,加工圆弧 R5
N100	G01 X40 Z – 56 F0.2	至 H 点
N110	G00 X100 Z100	退刀
N120	M05	主轴停止
N130	M30	程序结束

练　习

1. G02 为＿＿＿＿时针＿＿＿＿插补指令，G03 为＿＿＿＿时针＿＿＿＿插补指令。

A. 顺　　　　　　B. 逆　　　　　　C. 直线　　　　D. 圆弧

2. 圆弧插补指令"G02 X60 Z－40 R5 F0.2"中，"X60 Z－40"表示圆弧的(　　)值。

A. 圆心坐标　　B. 起点坐标　　C. 终点坐标　　D. 圆心相对圆弧起点坐标

3. 程序段"G02 X50 Z－20 I18 K－6 F0.2"中 I、K 表示(　　)。

A. 圆弧起点坐标　　　　　　　B. 圆弧起点坐标

C. 圆心相对圆弧起点的增量　　D. 圆心相对圆弧终点的增量

4. 指令"G02 X＿＿＿ Z＿＿＿ R＿＿＿ F＿＿＿"不能用于(　　)加工。

A. 1/2 圆　　　B. 整圆　　　C. 3/4 圆　　　D. 1/4 圆

5. 编制如图 5－46 所示的零件精加工程序。

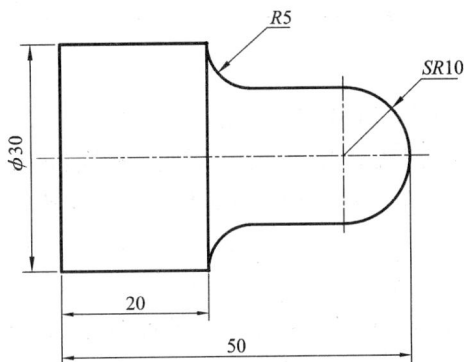

图 5－46　编程练习图

6. 编制如图 5－47 所示的零件精加工程序。

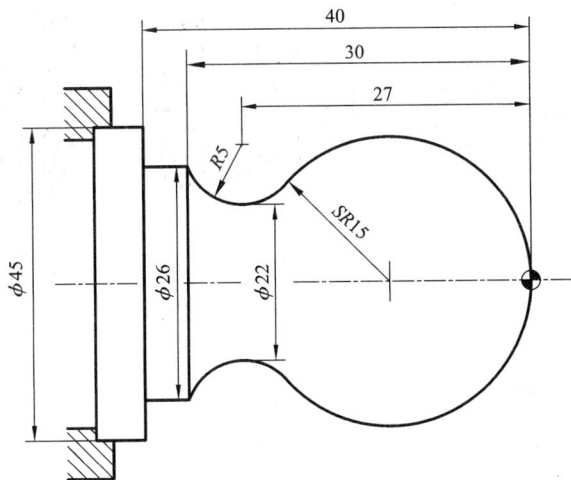

图 5－47　编程练习图

5.3　普通螺纹加工

5.3.1　单行程螺纹切削指令(G32)

用 G32 指令可加工固定导程的圆柱螺纹、圆锥螺纹和端面螺纹。

1. 指令格式

使用绝对坐标编程采用格式①,使用增量坐标编程采用格式②。

```
格式 ①：    G32   X___   Z___      F___
                  (终点绝对坐标)      (导程)

格式 ②：    G32   U___   W___      F___
                  (终点相对坐标)      (导程)
```

各参数解释:

(1)X、Z——绝对坐标编程时螺纹切削终点的绝对坐标值(X 为直径值)。

(2)U、W——螺纹切削终点相对切削起点的增量坐标值(U 为直径值)。

(3)F——公制螺纹导程,即主轴每转一圈,刀具在轴线方向的进给量。加工单线螺纹时,螺纹导程 L 等于螺距 P。

2. 指令说明

(1)用 G32 指令加工的固定导程的圆柱螺纹、圆锥螺纹和端面螺纹如图 5 – 48 所示。但是,刀具的切入、切削、切出、返回都靠编程完成,所以加工程序较长,一般多用于小螺距螺纹的加工。

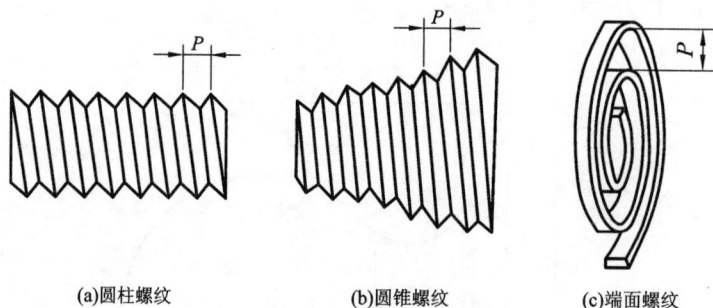

(a)圆柱螺纹　　　　　　(b)圆锥螺纹　　　　　　(c)端面螺纹

图 5 – 48　用 G32 指令可加工的螺纹

(2)加工圆柱螺纹时如图 5 – 49 所示,每一次加工分四步:①快速进刀→② 螺纹切削→③快速退刀→④快速返回。

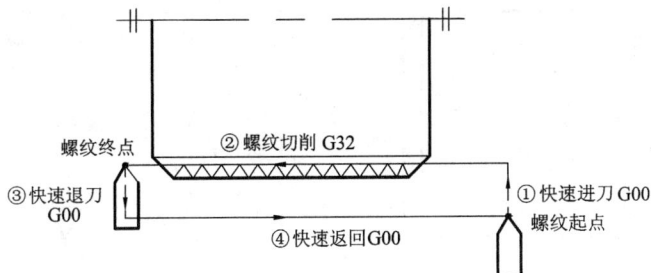

图 5 – 49　加工螺纹的四个步骤

知识链接

1. 螺纹加工参数的计算

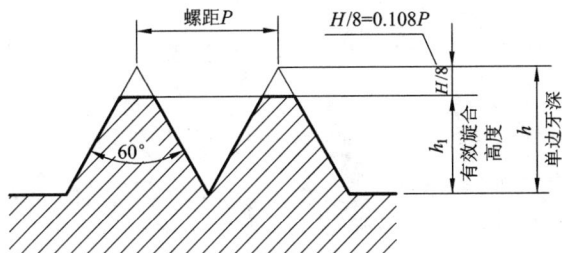

图 5 – 50　螺纹的参数

分析：螺纹的各个参数之间的关系如图 5 – 50 所示，单边牙深 h 计算公式如下：

单边牙深

$$h = 有效旋合高度 h_1 + H/8$$
$$= 0.541P + 0.108P$$
$$= 0.649P$$

即，单边牙深　　　　　　　　　　　　$h \approx 0.65P$

双边牙深　　　　　　　　　　$2h \approx 2 \times 0.65P \approx 1.3P$

【例题 5 – 12】 螺纹 M20×1 如图 5 – 51(a) 所示，要求计算单边牙深 h、双边牙深 $2h$ 及外螺纹小径 d_1。

该螺纹 M20×1，20 为螺纹公称直径，1 为螺纹螺距，其参数计算如下：

(1) 单边牙深 $h = 0.65 \times$ 螺距 $P = 0.65 \times 1 = 0.65$ mm

(2) 双边牙深 $2h = (0.65 \times$ 螺距 $P) \times 2$ 倍 $= (0.65 \times 1) \times 2 = 1.3$ mm

(3) 外螺纹小径 $d_1 =$ 公称直径 d — 双边牙深 $2h$

　　　　　　　　　 $=$ 公称直径 $d -$ (单边牙深 h) $\times 2$ 倍

　　　　　　　　　 $\approx$ 公称直径 $d -$ (0.65 $\times$ 螺距 P) $\times 2$ 倍

　　　　　　　　　 $\approx 20 -$ (0.65 $\times 1$) $\times 2$

　　　　　　　　　 $\approx 20 - 1.3$

　　　　　　　　　 ≈ 18.7 mm

螺纹 M20×1 各参数的尺寸关系如图 5 – 51(b) 所示。

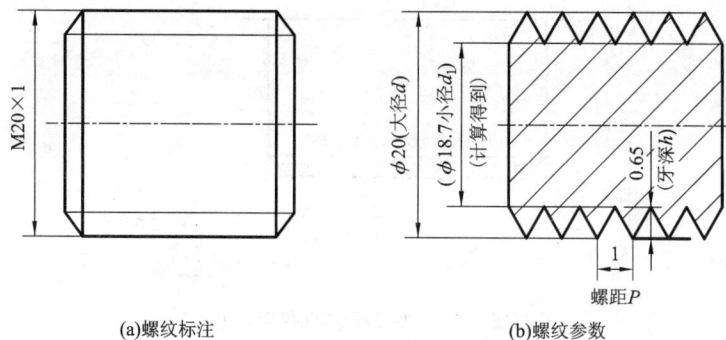

(a)螺纹标注　　　　　　　　　　　(b)螺纹参数

图 5–51　螺纹 M20×1 各参数的尺寸关系

知识要点提示

（1）在数控车上加工螺纹，一般只需计算螺纹大径、小径即可，大、小径经验计算公式如下：

外螺纹小径 $d_1 =$ 公称直径 $-2×0.6495P ≈ d-1.3P$

外螺纹大径 $d =$ 公称直径 $-2×H/8 ≈$ 公称直径 $-0.15P$

（2）上述例题的螺纹 M20×1，按照经验公式计算如下。

小径 $d_1 =$ 公称直径 $-1.3P = 20-1.3×1 = 18.7$ mm

大径 $d =$ 公称直径 $-2×H/8 = 20-0.2 = 19.8$ mm

---

2. 螺纹切削进给次数与背吃刀量确定

如果螺纹牙型较深，螺距较大，要分几次进给，每次进给的背吃刀量为螺纹深度减去精加工背吃刀量所得的差按递减规律分配，常用螺纹加工的进给次数与背吃刀量见表 5–11。在实际加工中，一般通过试切来满足加工要求。

表 5–11　常用螺纹切削的进给次数与背吃刀量　　　　　（单位：mm）

公制螺纹							
螺　距	1.0	1.5	2.0	2.5	3.0	3.5	4.0
牙深(半径值)	0.649	0.975	1.3	1.625	1.95	2.274	2.6
切深(直径值)	1.3	1.95	2.6	3.25	3.9	4.55	5.2
切削次数及背吃刀量(直径值) 第1次	0.7	0.8	0.9	1.0	1.2	1.5	1.5
第2次	0.4	0.5	0.6	0.7	0.7	0.7	0.8
第3次	0.2	0.5	0.6	0.6	0.6	0.6	0.6
第4次		0.15	0.4	0.4	0.4	0.6	0.6
第5次			0.1	0.4	0.4	0.4	0.4
第6次				0.15	0.4	0.4	0.4
第7次					0.2	0.2	0.4
第8次						0.15	0.3
第9次							0.2

3. 螺纹起点与螺纹终点轴向尺寸确定

由于车削螺纹起始需要一个加速过程，结束前有一个减速过程，为了避免在加速和减速过程中切削螺纹而影响螺距的精度，因此车螺纹时，两端必须设置足够的加速段 L_1 和减速段 L_2，刀具实际轴向行程 $(L + L_1 + L_2)$ 包括螺纹有效长度 L 以及加、减速段距离 L_1、L_2。

加速段 L_1 和减速段 L_2 距离的一般取值情况如图 5 – 52 所示，若螺纹收尾处没有退刀槽时，一般按 45° 退刀收尾。

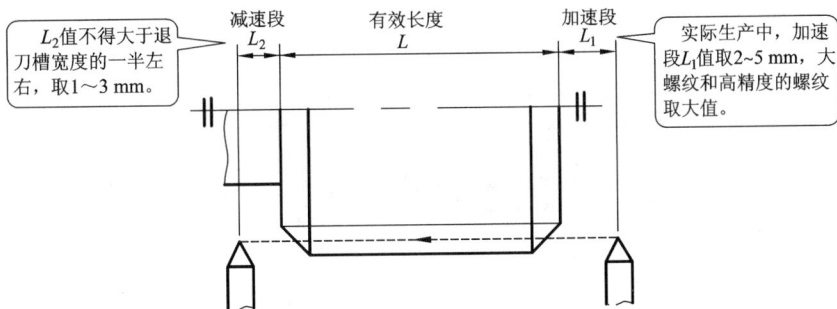

图 5 – 52　螺纹升速段和减速段距离的取值

【例题 5 – 13】　如图 5 – 53(a)所示，要求用 G32 指令加工螺纹 M20 × 1。

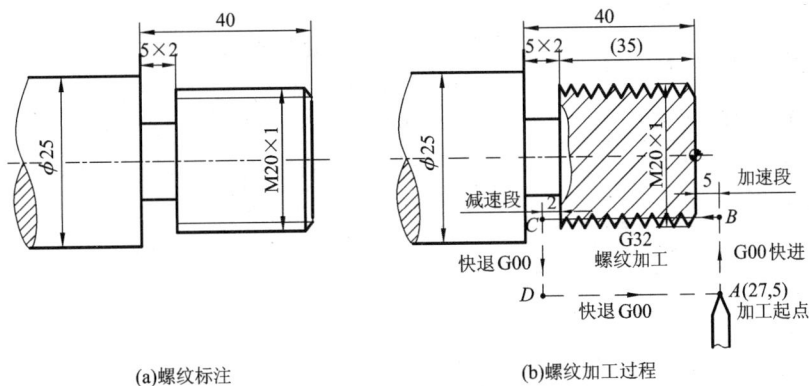

(a)螺纹标注　　　　　　　　(b)螺纹加工过程

图 5 – 53　用 G32 指令加工螺纹

分析：该螺纹 M20 × 1，20 为螺纹公称直径，1 为螺纹螺距，查表 5 – 11 可得螺纹 M20 × 1 的双边牙深，即切深（直径值）为 1.3 mm，螺纹分三次加工，每次吃刀量分别为 0.7 mm、0.4 mm、0.2 mm，该螺纹加工的进给次数、背吃刀量及每次进给螺纹应达到的尺寸分配情况如表 5 – 12 所示，螺纹分次加工情况如图 5 – 54 所示。

用 G32 指令加工螺纹的参考程序如表 5 – 13 所示。

表 5 – 12　加工螺纹的进给次数及背吃刀量的分配情况

切深(直径值)/mm	走刀次数	背吃刀量(直径值)/mm	刀具切削达到的尺寸/mm
1.3	第 1 次	0.7	$\phi20 - 0.7 = \phi19.3$
	第 2 次	0.4	$\phi19.3 - 0.4 = \phi18.9$
	第 3 次	0.2	$\phi18.9 - 0.2 = \phi18.7$

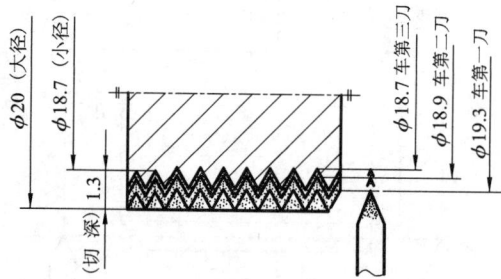

图 5 – 54　分三次加工螺纹

表 5 – 13　用 G32 指令加工螺纹参考程序

程序段号	程序	程序解释
	O0001	程序名
N10	G97 G99 M03 S600	G97 恒线速关闭；G99 每转进给；M03 主轴正转；设置主轴转速为 600 r/min
N20	T0101(螺纹车刀)	调用 1 号螺纹车刀
N30	G00 X27 Z5	快速移至切削起点 A，如图 5 – 53(b)所示
N40	X19.3	X 向进刀，快速移至 B 点，如图 5 – 53(b)所示
N50	G32 X19.3 Z – 37 F1	螺纹切削，车第一刀，如图 5 – 53(b)所示
N60	G00 X27	X 向退刀，快速移至 D 点，如图 5 – 53(b)所示
N70	Z5	Z 向退刀，快速移至 A 点，如图 5 – 53(b)所示
N80	X18.9	
N90	G32 X18.9 Z – 37 F1	车第二刀，如图 5 – 54 所示
N100	G00 X27	
N110	Z5	
N120	X18.7	
N130	G32 X18.7 Z – 37 F1	车第三刀，如图 5 – 54 所示
N140	G00 X27	
N150	X100 Z100	快速退至换刀点
N160	M05	主轴停转
N170	M30	程序结束

> 知识要点提示
>
> 　　(1)安装螺纹车刀,刀尖与工件轴线同一高度。
> 　　(2)螺纹车刀的刀尖对称线一定要垂直于工件的轴线,否则加工出来的螺纹会倒牙。
> 　　(3)安装螺纹车刀时,可以借助于螺纹对刀板找正。螺纹车刀的中心高度可以通过尾座顶尖找正。
> 　　(4)螺纹切削过程中,螺纹车刀会产生较大的径向切削力,容易使工件产生松动现象。对于螺纹类零件的装夹,建议采用软卡爪且增大夹持面或者一夹一顶的装夹方式,以保证螺纹切削过程中不会出现因工件松动导致螺纹乱牙现象。

练　习

　　1.加工螺纹的实际长度除了包括螺纹的有效长度外,还应包括_____和_____的距离。【加速段、速度递增段、减速段、匀速段】

　　2.G32 不可加工_____。【圆柱螺纹、圆锥螺纹、端面螺纹、变导程螺纹】

　　3.G32 是封闭的螺纹切削循环指令,可加工圆柱螺纹和圆锥螺纹。【是、否】

　　4.螺纹加工为避免崩刀等现象,每次切深一般都选择递减型。【是、否】

　　5.程序段"G32 X19.3 Z - 35 F1.5"中,"F1.5"是指(　　　)。

　　A.螺距　　　　　　　　　　　　　B.导程

　　C.进给速度　　　　　　　　　　　D.进给量

　　6.如图 5 - 55 所示零件,请用 G32 指令仅对螺纹的加工进行编程。

　　7.如图 5 - 56 所示零件,请用 G32 指令仅对螺纹的加工进行编程。

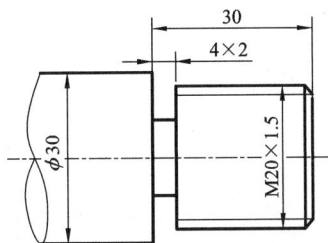

图 5 - 55　编程练习图

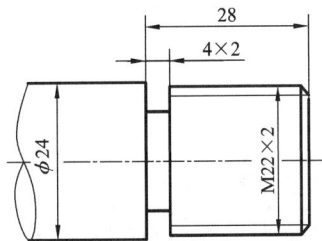

图 5 - 56　编程练习图

5.3.2　螺纹循环切削指令(G92)

1.圆柱螺纹切削循环(G92)

该指令是螺纹加工单一循环,其行程是封闭的循环轨迹。

1)指令格式

使用绝对坐标编程采用格式①,使用增量坐标编程采用格式②。

```
格式 1)：  G92   X___   Z___      F___
                 (终点绝对坐标)      (导程)

格式 2)：  G92   U___   W___      F___
                 (终点相对坐标)      (导程)
```

各参数解释：

(1)X、Z——绝对坐标编程时螺纹切削终点的绝对坐标值(X 为直径值)。

(2)U、W——螺纹切削循环终点相对切削循环起点的增量坐标(U 为直径值)。

(3)F——螺纹导程 L，即主轴每转一圈，刀具在轴线方向的进给量。加工单线螺纹时，螺纹导程 L 等于螺距 P。

2)指令说明

(1)G92 为模态指令，指令的起点和终点相同。螺纹加工时，从循环起点开始，系统在执行完一个螺纹加工指令后会自动回到螺纹加工循环起点位置，接着循环下一指令，直到加工完成为止。

(2)如图 5 - 57 所示，每执行一次圆柱螺纹加工 G92 命令，刀具一次性连续完成四个动作：①快速进刀→②螺纹切削→③快速退刀→④快速返回，刀具运动轨迹形成一个闭合回路。

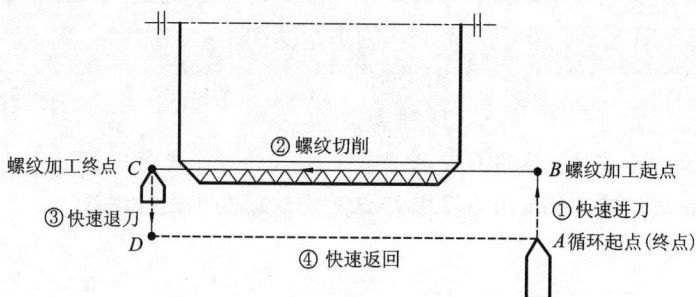

图 5 - 57　圆柱螺纹 G92 的加工过程

💡知识要点提示

G32 和 G92 编程格式比较：

按照图 5 - 57 分别用螺纹加工指令 G32 和 G92 编程，进行比较，如图 5 - 58 所示，可以看出，当刀具运行一个闭合回路，对于 G32 指令需要书写四行，而 G92 指令只需书写一行。与 G32 指令相比，G92 指令简化了程序的编制，提高了程序编写效率。

```
G00  X___  Z___        (A点→B点) ⎫
G32  X___  Z___  F___   (B点→C点) ⎪ ⟹ G92  X___  Z___  F___  (A点→B点→C点→D点→A点)
G00  X___  Z___        (C点→D点) ⎪
G00  X___  Z___        (D点→A点) ⎭
```

图 5 - 58　螺纹 G32 与 G92 的编程比较

（3）如图 5 - 59 所示，G92 指令的螺纹可用于加工没有退刀槽的螺纹，但仍需要在实际的螺纹起点前留出螺纹引入长度。

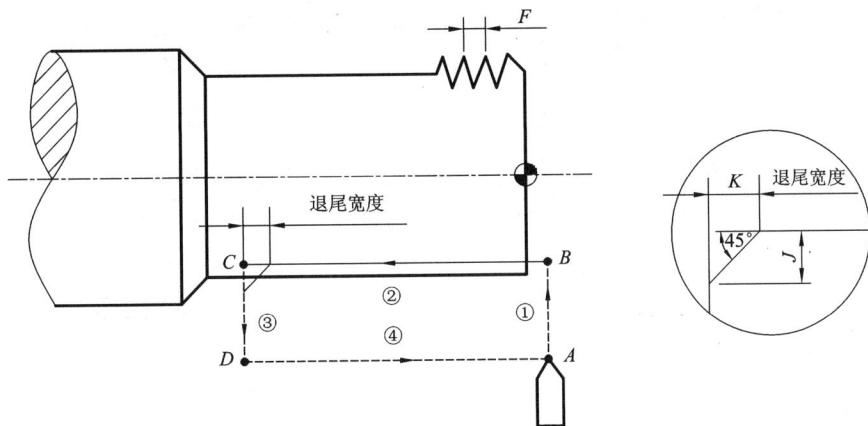

图 5 - 59 G92 指令加工没有退刀槽的螺纹

（4）螺纹切削时，X 轴、Z 轴移动速度由主轴转速决定，与切削进给速度倍率无关。

（5）螺纹切削过程中，不要进行主轴转速调整，以免乱扣，也不要中途停止主轴旋转，否则，将导致刀具和工件损坏。

知识链接

1. 普通螺纹车刀的选择

数控螺纹车刀如图 5 - 60 所示，普通螺纹加工刀具刀尖角通常为 60°，螺纹车刀刀片的形状应和螺纹牙型一致。要保证螺纹牙型的精度，必须正确地刃磨和安装车刀。一般情况下，螺纹车刀切削部分的材料有高速钢和硬质合金两种。

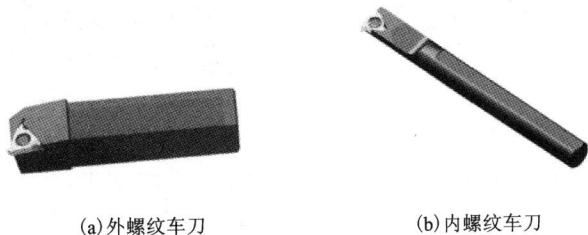

(a)外螺纹车刀   (b)内螺纹车刀

图 5 - 60 数控螺纹车刀

2. 螺纹加工切削方式

在数控车床上加工螺纹的切削方式有直进式和斜进式。

直进式切削方式如图 5 - 61 所示，由于两侧刃同时工作，容易保证牙型的正确性，但是因两侧刃同时工作，切削力较大，排削困难，两切削刃容易磨损。在切削螺距较大的螺纹时，由于切削深度较大,刀刃磨损较快,易造成螺纹中径产生误差,因此一般多用于小螺距(螺距 $P < 3$ mm)的螺纹加工。

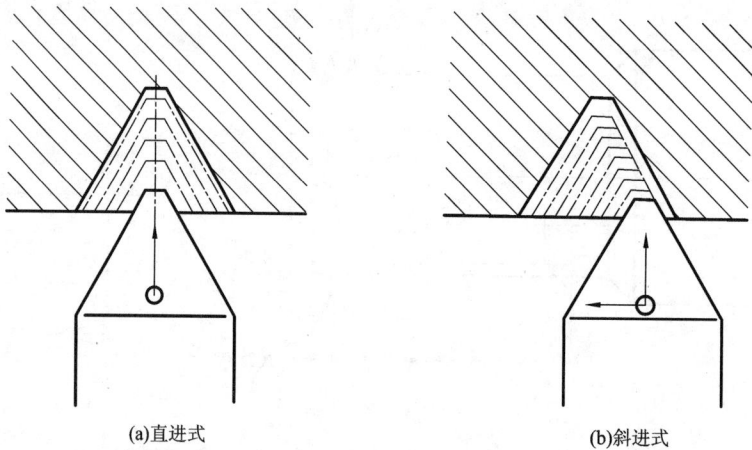

(a)直进式　　　　　　(b)斜进式

图 5 - 61　螺纹加工切削方式

斜进式切削方法,由于为单侧刃加工,使加工的螺纹面不直,而造成牙形精度较差。但由于其为单侧刃工作,刀具负载较小,排屑容易,不易扎刀,在螺纹精度要求不高的情况下,一般用于大螺距(螺距 $P \geq 3$ mm)的螺纹加工。

【例题 5 - 14】　请将如图 5 - 62(a)所示的螺纹用 G92 指令加工。

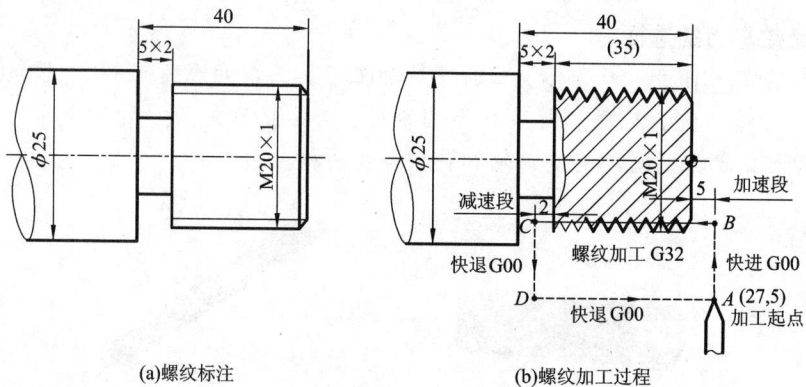

(a)螺纹标注　　　　　　(b)螺纹加工过程

图 5 - 62　用 G92 指令加工圆柱螺纹

该螺纹加工的背吃刀量进给次数及每次进给螺纹应达到的尺寸分配情况在【例题 5 - 2】已经详细分析过,可参看表 5 - 11,这里不再重复叙述。用 G92 指令加工螺纹的过程如图 5 - 62(b)所示,其程序如表 5 - 14 所示。

表 5 – 14　用 G92 指令加工螺纹参考程序

程序段号	程序	程序解释
	O0001	程序名
N10	G97 G99 M03 S600	G97 恒线速关闭；G99 每转进给；M03 主轴正转；设置主轴转速为 600 r/min
N20	T0101（螺纹车刀）	调用 1 号螺纹车刀
N30	G00 X27 Z5	快速移至切削起点 A，如图 5 – 62(b) 所示
N40	G92 X19.3 Z – 37 F1	第一次螺纹切削循环，加工终点坐标为（X19.3 Z – 37），螺距为 1
N50	X18.9	第二次螺纹切削循环，加工终点坐标为（X18.9 Z – 37），螺距为 1
N60	X18.7	第三次螺纹切削循环，加工终点坐标为（X18.7 Z – 37），螺距为 1
N70	G00 X100 Z100	快速退刀至换刀点
N80	M05	主轴停止
N90	M30	程序结束

由此可见，同一个例题，用 G92 指令编程比用 G32 指令编程简化，提高了程序编写效率。

2. 圆锥螺纹切削循环（G92）

1）指令格式

格式 ①：　G92　X____　Z____　　R____　　F____
　　　　　　　　（终点绝对坐标）　（半径差）　（导程）

格式 ②：　G92　U____　W____　　R____　　F____
　　　　　　　　（终点相对坐标）　（半径差）　（导程）

各参数解释：

（1）R：锥螺纹半径差，即螺纹切削起点与终点的半径差，公式为"切削起点半径 – 切削终点半径"，加工圆锥螺纹时，当 X 向切削起点坐标小于切削终点坐标时，R 为负值，反之为正值。

（2）其余参数参照圆柱螺纹的 G92 规定。

（3）如图 5 – 63 所示，与加工圆柱螺纹相同，每执行一次锥螺纹加工 G92 命令，刀具一次性连续完成四个动作：①快速进刀→②螺纹切削→③快速退刀→④快速返回，

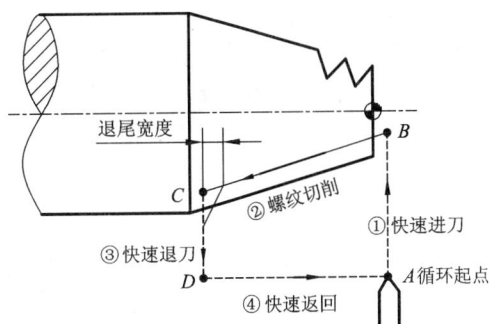

图 5 – 63　用 G92 指令加工锥螺纹的过程

刀具运动轨迹形成一个闭合回路。

2）编程举例

【例题 5 -15】　运用 G92 加工如图 5 -64 所示的锥螺纹。

（1）计算小端直径 X。

如图 5 -65 所示，设加工锥螺纹的刀具循环起点为（42，5），应先计算出锥螺纹小端 $\phi35$ 假想延长 5 mm 时的小端直径，运用相似锥形比例关系"（大端直径 - 小端直径）/长度"，设该小端直径为 X，计算如下。

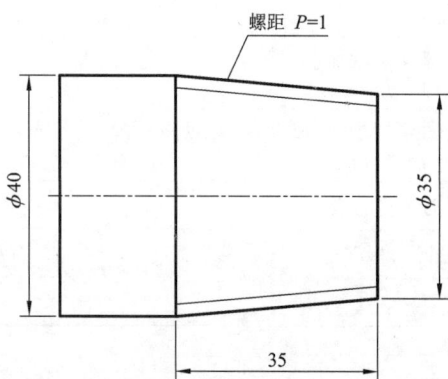

图 5 -64　用 G92 指令加工锥螺纹　　　　图 5 -65　锥螺纹的计算

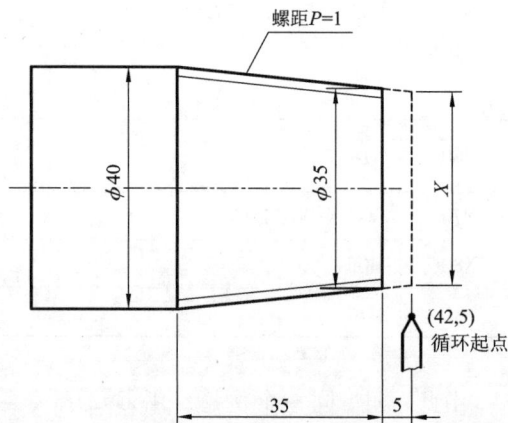

$$\frac{\phi40 - \phi35}{35} = \frac{\phi40 - X}{35 + 5}$$

$$X = \phi34.29$$

（2）计算半径差 R。

半径差 R 值的计算公式为"（切削起点直径 - 切削终点直径）/2"。

$$R = \frac{\phi34.29 - \phi40}{2} = -2.855$$

> **知识要点提示**
>
> 该题的刀具加工循环起点设为（42，5），锥体在实际加工时，刀具应在锥度的延长线位置上开始加工，算出半径差 R 值。假想锥螺纹小端按锥度方向延长 5 mm 时的小端直径 $\phi34.29$ mm 计算半径差 R，而不能按题目给的小端直径 $\phi35$ mm 计算。两种半径差 R 的计算方法比较如下：
>
> $$错误：R = \frac{\phi35 - \phi40}{2} = -2.5$$
>
> $$正确：R = \frac{\phi34.29 - \phi40}{2} = -2.855$$

（3）该螺纹的螺距为 1，查表 5 -11 可得螺纹的双边牙深，即切深（直径值）为 1.3 mm，螺纹分三次加工，每次吃刀量分别为 0.7 mm、0.4 mm、0.2 mm，锥螺纹按螺纹大端 $\phi40$ 进行计算，螺纹加工的背吃刀量进给次数及每次进给螺纹应达到的尺寸分配情况如表 5 - 15 所示。用 G92 指令加工锥螺纹参考程序如表 5 - 16 所示。

表 5 - 15　加工螺纹的进给次数及背吃刀量的分配情况

切深(直径值)	走刀次数	背吃刀量(直径值)	刀具切削达到的尺寸
	第 1 次	0.7 mm	$\phi40 - 0.7 = \phi39.3$ mm
1.3 mm	第 2 次	0.4 mm	$\phi39.3 - 0.4 = \phi38.9$ mm
	第 3 次	0.2 mm	$\phi38.9 - 0.2 = \phi38.7$ mm

表 5 - 16　用 G92 指令加工锥螺纹参考程序

程度段号	程序	程序解释
	O0001	程序名
N10	G97 G99 M03 S600	G97 恒线速关闭；G99 每转进给；M03 主轴正转；设置主轴转速为 600 r/min
N20	T0303(螺纹车刀)	调用 3 号螺纹车刀
N30	G00 X42 Z5	快速移至循环起点，如图 5 - 65 所示
N40	G92 X39.3 Z - 35 R - 2.86 F1	锥螺纹车削第一刀，加工终点坐标为($X39.3$，$Z - 35$)，螺距为 1
N50	X38.9	锥螺纹车削第二刀，加工终点坐标为($X38.9$，$Z - 35$)
N60	X38.7	锥螺纹车削第二刀，加工终点坐标为($X38.7$，$Z - 35$)
N70	G00 X100 Z100	快速退至换刀点
N80	M05	主轴停止
N90	M30	程序结束

知识链接

螺纹加工的质量问题分析

(1)螺纹牙尖呈刀口状。

　　原因是螺纹外径尺寸过大、螺纹切削过深等。

(2)螺纹牙型过平。

　　原因是螺纹切削深度不够、刀具牙型角度过小、螺纹外径尺寸过小等。

(3)螺纹牙型底部过宽。

　　原因是刀具磨损严重、螺纹有乱牙现象、刀具选择错误等。

(4)螺纹表面质量差。

　　原因是刀具中心过高、切削速度过低、刀尖产生积屑瘤、进刀方式及切深选择不合理等。

练　习

1. 设置的主轴转速对螺纹切削速度没有影响。【是、否】

2. 为了提高螺纹生产效率,加工时主轴转速越高越好。【是、否】

3. _____是螺纹切削循环指令。【G94、G92、G90、G32】

4. 一般情况下,高速钢螺纹车刀适合_____切削螺纹,硬质合金螺纹车刀适合_____
切削螺纹。【匀速、低速、高速】

5. 程序段"G92 X38 Z − 35 R − 2 F1"中的"R − 2"为圆锥螺纹始点与终点的半径差。【是、
否】

6. 程序段"G92 X38 Z − 35 R − 2 F1"的含义是车削_____。【内螺纹、外螺纹、圆锥螺
纹】

7. 程序段"G92 X38 Z − 35 F1"中的"X38 Z − 35"含义是(　　　)。

A. 内孔终点坐标　　　　　　B. 外圆终点坐标

C. 螺纹起点坐标　　　　　　D. 螺纹终点坐标

8. 如图 5 − 66 所示零件,请用 G92 指令仅对螺纹加工进行编程。

9. 如图 5 − 67 所示零件,请用 G92 指令仅对螺纹加工进行编程。

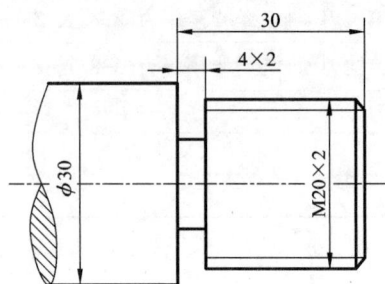

图 5 − 66　编程练习图　　　　　　　　　　图 5 − 67　编程练习图

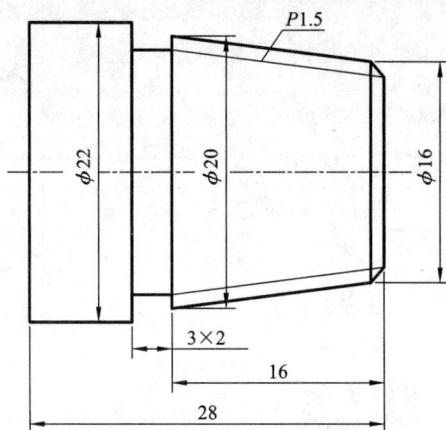

5.3.3　螺纹切削复合循环指令(G76)

G76 指令用于多次自动循环切削螺纹,切深和进刀次数等设置后可自动完成螺纹的加
工,经常用于不带退刀槽的圆柱螺纹和圆锥螺纹的加工。

1. 指令格式

当使用绝对坐标编程选用格式①。

格式①：
$$
\begin{cases}
\text{G76} \quad \text{P\_(m)} \quad \underline{\quad}\text{(r)} \quad \underline{\quad}\text{(a)} \quad \text{Q}(\Delta\text{dmin}) \quad \text{R}\underline{\text{(d)}} \\
\qquad\quad \text{(精车} \quad \text{(螺纹尾端} \quad \text{(刀尖} \quad \text{(粗车最小} \quad \text{(精加工余量)} \\
\qquad\quad \text{重复次数)} \quad \text{倒角量)} \quad \text{角度)} \quad \text{背吃刀量)} \\[6pt]
\text{G76} \quad \text{X\_\_\_} \quad \text{Z\_\_\_} \quad \text{R}\underline{\text{(i)}} \quad \text{P}\underline{\text{(k)}} \quad \text{Q}(\Delta\text{d}) \quad \text{F}\underline{\text{(f)}} \\
\qquad\quad \text{(终点绝对坐标)} \quad \text{(锥螺纹} \quad \text{(螺纹牙} \quad \text{(第一次车} \quad \text{(导程)} \\
\qquad\qquad\qquad\qquad \text{半径差)} \quad \text{型高度)} \quad \text{削深度)}
\end{cases}
$$

当使用增量坐标编程选用格式②。

格式②：
$$
\begin{cases}
\text{G76} \quad \text{P\_(m)} \quad \underline{\quad}\text{(r)} \quad \underline{\quad}\text{(a)} \quad \text{Q}(\Delta\text{dmin}) \quad \text{R}\underline{\text{(d)}} \\
\qquad\quad \text{(精车} \quad \text{(螺纹尾端} \quad \text{(刀尖} \quad \text{(粗车最小} \quad \text{(精加工余量)} \\
\qquad\quad \text{重复次数)} \quad \text{倒角量)} \quad \text{角度)} \quad \text{背吃刀量)} \\[6pt]
\text{G76} \quad \text{U\_\_\_} \quad \text{W\_\_\_} \quad \text{R}\underline{\text{(i)}} \quad \text{P}\underline{\text{(k)}} \quad \text{Q}(\Delta\text{d}) \quad \text{F}\underline{\text{(f)}} \\
\qquad\quad \text{(终点增量坐标)} \quad \text{(锥螺纹} \quad \text{(螺纹牙} \quad \text{(第一次车} \quad \text{(导程)} \\
\qquad\qquad\qquad\qquad \text{半径差)} \quad \text{型高度)} \quad \text{削深度)}
\end{cases}
$$

各参数解释：

(1) X、Z——绝对坐标编程时螺纹切削终点的绝对坐标值，单位为毫米(mm)。

(2) U、W——螺纹切削循环终点相对于螺纹切削循环起点的增量坐标值，单位为毫米(mm)。

(3) m——精车重复次数。为 1~99 次。该值为模态值。

(4) r——螺纹尾部倒角量(斜向退刀)。是螺纹导程(L)的 0.1~9.9 倍，其范围是(0.1~9.9)L，以 0.1L 为一挡，可以用 00~99 两位整数指定。

例如，$r=12$，则倒角量 $=12\times0.1\times$导程。如果有退刀槽的话 r 可以为 0。

(5) α——刀尖角度。可从 0°、29°、30°、55°、60° 和 80° 六个角度中选择，用两位数表示，常用 30°、55° 和 60° 三个角度。

用地址 $P(m)(r)(a)$ 同时表达，例如：$m=2$，$r=1.2L$，$a=60°$，表示为 P021260。

(6) $Q(\Delta\text{dmin})$——螺纹粗车的最小背吃刀量，用半径值表示，单位为微米(μm)。

当螺纹加工到底径时，最后一次切削的最小值，设置 $\Delta d_{\min}$ 是为了避免由于螺纹粗车切削量递减造成粗车切削量过小、粗车次数过多。

(7) $R(\text{d})$——精车余量，用半径编程，单位为微米(μm)。

(8) $R(\text{i})$——螺纹半径差，与 G92 中的 R 相同；i 为 0 时，为圆柱螺纹，单位为毫米(mm)。

(9) $P(\text{k})$——螺纹高度(螺纹牙型高度)。用半径值指定，单位为微米(μm)，实际加工取经验值 0.65P。

(10) $Q(\Delta\text{d})$——第一次车削深度。用半径值指定，单位为微米(μm)。

(11) $F(\text{f})$——螺纹导程，单位为毫米(mm)。

2. 指令说明

(1) G76 指令根据地址参数所给的数据自动地计算中间点坐标，控制刀具进行多次螺纹切削循环直至达到编程尺寸。

（2）G76 指令可加工带螺纹退尾的圆柱螺纹和圆锥螺纹，适合加工螺距较大的螺纹。当螺距 $P \geqslant 3$ mm，采用斜进式，可实现单侧刀刃螺纹切削，吃刀量逐渐减少，有利于保护刀具、提高螺纹精度。

（3）G76 指令循环过程如图 5-68 所示。

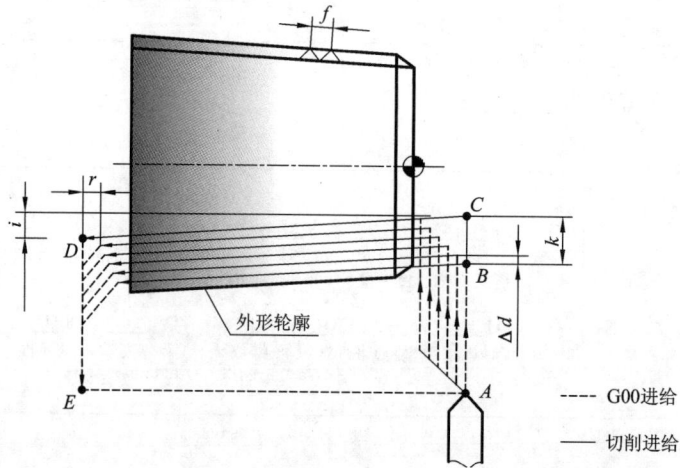

图 5-68　螺纹 G76 的加工过程

3. 编程举例

【例题 5-16】　请将如图 5-69 所示的螺纹用 G76 指令加工。

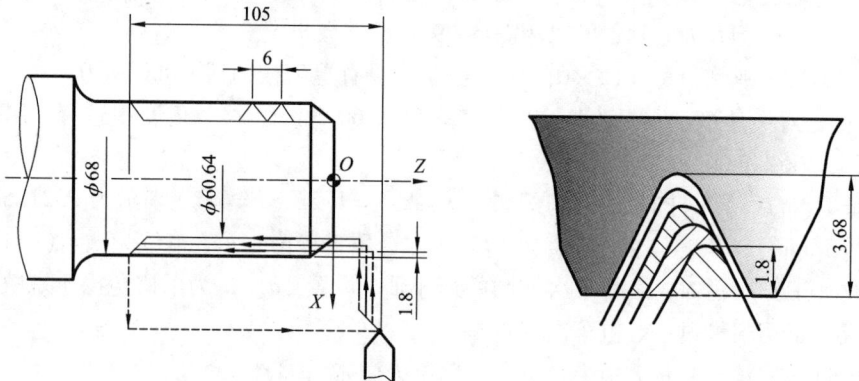

图 5-69　螺纹 G76 的加工过程

1）参数的选择

G76 指令中各参数的选择如下。

G76　P(m)　　　　　(r)　　　　　(a)　　　　Q(Δdmin)　　　　　R(d)
　　　(精车次数　　　(螺纹尾端　　　(公制螺纹　　　(粗车最小背吃　　　(精加工余量
　　　选2次，即　　　倒角量选　　　刀型角选　　　刀量为0.15 mm，　　　选0.1 mm，则
　　　m=02)　　　　r=05)　　　　a=60°)　　　Δdmin=150 μm)　　　d=100 μm)

G76　X＿＿　Z＿＿　R(i)　　　　　P(k)　　　　　Q(Δd)　　　　　F(f)
　　　(终点绝对坐标为　(直螺纹切　　　(螺纹牙型高　　　(第一次车削　　　(导程为6 mm，
　　　X60.64，Z-62)　　削，半径　　　度为3.68 mm，　　深度为1.8 mm，　　即f=6 mm)
　　　　　　　　　　　差i=0)　　　k=3680 μm)　　　Δd=1800 μm)

综上所述，G76 的指令编程如下：

G76 P020560 Q150 R0.1

G76 X60.64 Z-62 P3680 Q1800 F6

2)参考程序

用 G76 指令加工螺纹的参考程序如表 5-17 所示。

表 5-17　用 G76 指令加工螺纹参考程序

程序段号	程序	程序解释
	O0001	程序名
N10	G97 G99 M03 S300	G97 恒线速关闭；G99 每转进给；M03 主轴正转；设置主轴转速为 300 r/min
N20	T0303（螺纹车刀）	调用 3 号螺纹车刀
N30	G00 X80 Z10	快速移至循环起点 A，如图 5-69 所示
N40	G76 P020560 Q150 R100	P 02 05 60 指精加工重复次数为 2，倒角宽度为 0.5 mm，刀具宽度为 60°；Q150 指最小切入深度为 0.15 mm；R100 指精车余量为 0.1 mm
N50	G76 X60.64 Z-62 P3680 Q1800 F6	P3680 指螺纹牙型高度 3.68 mm；Q1800 指第一次螺纹切削深度为 1.8 mm，F6 指导程为 6 mm(这里是单线螺纹也指螺距 6 mm)
N60	G00 X100 Z100	快速退至换刀点
N70	M05	主轴停止
N80	M30	程序结束

练　习

1.需要多次自动循环加工的螺纹，应选择_____指令加工。

A. G92　　　　B. G32　　　　C. G94　　　　D. G76

2.螺纹复合加工循环指令 G76 与 G92、G32 相比，指令格式简洁，可节省程序计算时间。
【是、否】

3. G92 指令加工螺纹时，为直进法进刀方式；G76 指令加工螺纹时，为斜进法进刀方式。

【是、否】

4.如图 5 -70 所示零件,请用 G76 指令仅对螺纹加工进行编程。

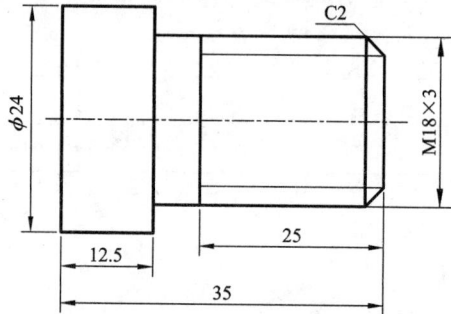

图 5 -70 编程练习图

5.4 复合形状固定循环加工

数控车床上工件的毛坯大多为圆棒料,加工余量较大,一个表面往往需要进行多次反复的加工。如果对每个加工循环都编写若干个程序段,就会增加编程的工作量以及繁琐的计算。为了简化加工程序,在加工时可使用循环加工程序,以方便编程。

复合循环指令包括:外圆粗车循环 G71、端面粗车循环 G72、成形粗车循环 G73、精加工循环 G70、端面切槽循环 G74、径向切槽循环 G75、多重螺纹切削循环 G76。其中,G74、G75、G76 循环指令在其他章节讲述。

使用这些复合循环指令时,只需在程序中编写最终走刀轨迹及每次的背吃刀量等加工参数,机床重复切削,自动完成从粗加工到精加工的全部过程。

5.4.1 外圆粗车复合循环指令(G71)

G71 指令适用于棒料毛坯粗车外圆,以切除毛坯的较大余量。

1.指令格式

格式:
```
G71   U(Δd)      R(e)
      (吃刀深度;    (每次退刀量;
      半径值)      X向单边值)

G71   P(ns)      Q(nf)      U(Δu)        W(Δw)       F(f)        S(s)        T(t)
      (起始段号)   (终止段号)   (X向精车余量;   (Z向精车余量)  (进给速度)   (主轴转速)   (刀具功能)
                            直径值)

N(ns) … ;(起始段号)
       :
N(nf) … ;(终止段号)
```

各参数解释:

(1)$U(\Delta d)$——每次 X 方向的进刀量(半径值)。

(2)$R(e)$——每次 X 方向的退刀量。

(3)$P(ns)$——精加工轮廓的起始程序段号。

(4)$Q(nf)$——精加工轮廓的最后程序段号。

(5)$U(\Delta u)$——X 轴方向精加工预留余量(直径值)。有正负号。

(6)$W(\Delta w)$——Z 轴方向精加工预留余量。有正负号。

(7)$F(f)$——从程序段号 ns 至 nf 的粗加工进给速度。

(8)$S(s)$——粗加工主轴转速

(9)$T(t)$——刀具功能。

2. 指令说明

刀具车削过程见走刀路线示意图 5 - 71 所示。

(1)刀具从起点 A 快速移动到 A' 点,X 轴移动 $\Delta u/2$、Z 轴移动 Δw。

(2)从 A' 点沿 X 轴方向移动一个 $U(\Delta d)$ 的进刀量进刀。

(3)Z 轴负方向粗车切削进给,进给方向与 $B \rightarrow C$ 点 Z 轴坐标变化一致。

(4)X 轴、Z 轴按切削进给速度退刀 e(45°斜线),退刀方向与各轴进刀方向相反。

(5)再进一个进刀值($\Delta d + e$),重复步骤(3)和(4),沿粗车轮廓从 B' 点(ns 程序段)切削进给至 C'(nf 程序段)点。

(6)从 C' 点快速移动到 A 点,G71 循环执行结束,程序跳转到 nf 程序段的下一个程序段执行(紧接着 G70 精车:$A \rightarrow B \rightarrow C$,然后 $C \rightarrow A$,快速返回起点 A)。

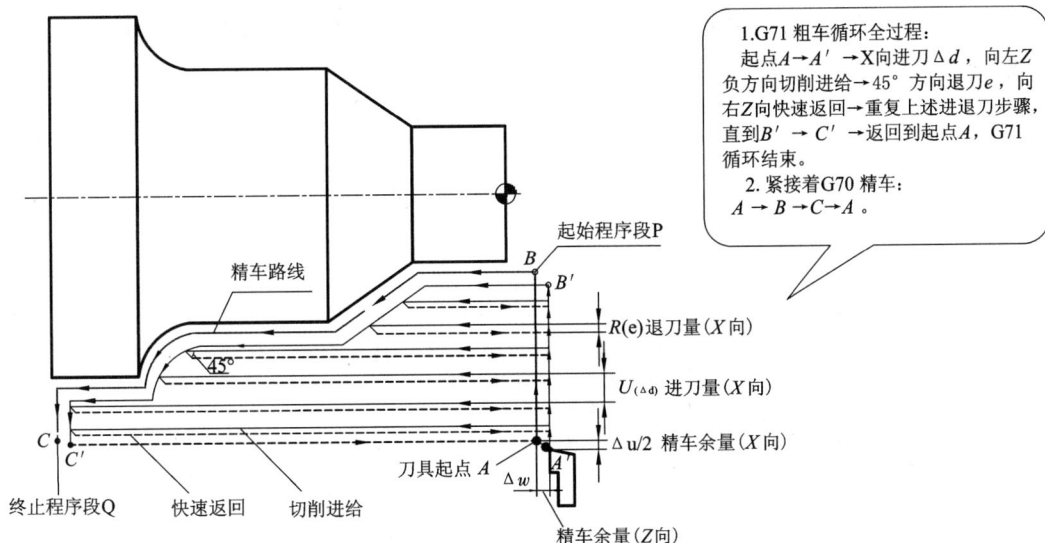

图 5 - 71 G71 和 G70 走刀路线示意图

知识要点提示

G71 指令操作注意事项：

（1）在 G71 循环中，顺序号 $P(ns)$ 至 $Q(nf)$ 之间程序段中的 F、S、T 功能无效，仅在 G70 指令的程序段中有效。

（2）在顺序号 $P(ns)$ 至 $Q(nf)$ 中，X 轴、Z 轴必须都是单调增大或减少。

（3）在顺序号 $P(ns)$ 至 $Q(nf)$ 中，不能调用子程序。

（4）循环起点（ns）段，只能用 G00 或 G01 指令，且不能出现 Z 坐标字。

5.4.2　外圆精加工复合循环指令（G70）

采用 G71、G72 或 G73 粗加工后，用 G70 指令进行精加工，切除粗加工中留下的余量。

```
G70      P(ns)           Q(nf)
         （超始段号）      （终止段号）
```

1. 指令格式

各参数解释：

（1）$P(ns)$——精加工程序的第一个程序段的段号。

（2）$Q(nf)$——精加工程序的最后一个程序段的段号。

2. 指令说明

（1）G71 与 G70 的格式关系如图 5-72 所示，例如 G71 粗加工，G70 精加工的 P、Q 与 G71 中的 P、Q 相同。在精车循环 G70 状态下，ns 至 nf 程序中指定的 F、S、T 有效；如果 ns 至 nf 程序中没有指定 F、S、T 时，粗车循环中指定的 F、S、T 有效。

```
G71      U___      R___

G71      P 60    Q 120    U___    W___    F 0.2    S 300    T___
```
> G71程度段中的F0.2、S300、T仅对粗加工有效。

```
N 60     ... S 600 ；
         ... F 0.1 ；
         ⋮
N 120    ... ；
```
> N(60)~N(120) 为精加工，其中的F0.1、S600仅对精加工有效，对粗加工无效。

```
G70      P 60         Q 120
```

图 5-72　G71 和 G70 的格式关系

（2）G70 指令用在 G71、G72、G73 指令的程序内容之后，不能单独使用。

（3）G70 指令的走刀路线示意图如图 5-71 所示。

（4）执行 G70 循环时，刀具沿工件的实际轨迹进行切削，循环结束后刀具返回循环起点。G70 精加工循环起点应与粗加工循环起点坐标位置一致，否则精加工轨迹会移位。

（5）精加工余量要根据工件材料、刀具材质不同而确定，数控车床通常采用经验估算法或查表修正法确定精加工余量，一般取 0.2 ～ 0.5 mm。

3. 编程举例

【例题 5 - 17】　用 G71 和 G70 指令加工如图 5 - 73 所示的工件，毛坯尺寸为 φ32 mm。

用 G71 和 G70 指令加工的切削余量分布情况如图 5 - 74 所示，其加工编程路线如图 5 - 75 所示。用 G71 和 G70 指令加工工件的参考程序如表 5 - 18 所示。

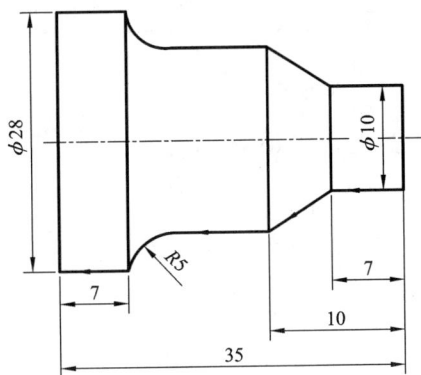

图 5 - 73　用 G71 和 G70 指令加工工件

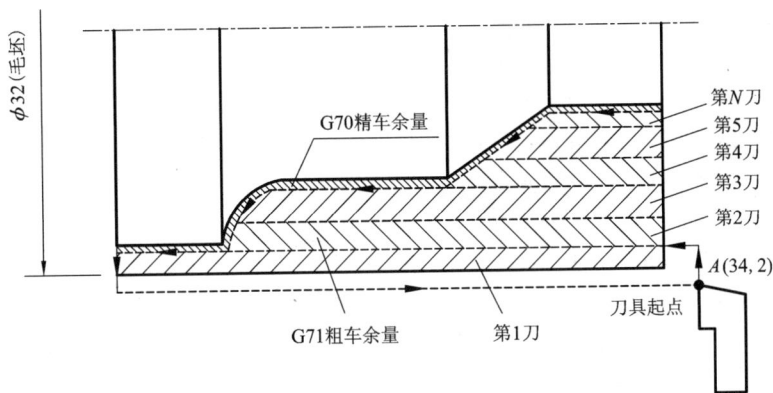

图 5 - 74　用 G71 和 G70 指令加工的切削余量分布情况

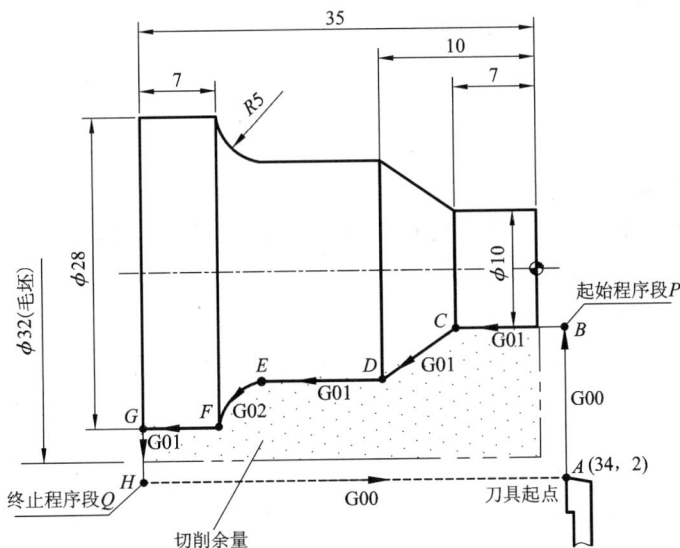

图 5 - 75　用 G71 和 G70 指令加工工件及编程路线示意图

表5-18　G71 加工工件参考程序

程序段号	程序	程序解释
	O00001	程序名
N10	G97 G99 M03 S600	G97 恒线速关闭；G99 每转进给；M03 主轴正转；设置主轴转速为 600 r/min
N20	T0101（外圆车刀）	调用 1 号外圆车刀
N30	G00 X34 Z2（至 A 点）	刀具快速移至切削起点 A，如图 5-75 所示
N40	G71 U2 R0.5	每次 X 方向的单边进刀量为 2 mm，每次 X 方向的单边退刀量为 0.5 mm
N50	G71 P60 Q120 U0.2 W0 F0.2	精加工形状起始程序段号为 P60，终止段号为 Q120，X 轴方向精车预留余量（直径值）为 0.2 mm，Z 轴方向精车预留余量为 0 mm，进给量为 0.2 mm/r
N60	G00 X10 Z2　　　（至 B 点）	
N70	G01 Z-7 F0.15　（至 C 点）	
N80	X18 Z-10　　　（至 D 点）	
N90	Z-23　　　　　（至 E 点）	按精加工形状编写程序
N100	G02 X28 Z-28 R5　（至 F 点）	
N110	G01 X28 Z-35　（至 G 点）	
N120	X34　　　　　　（至 H 点）	
N130	G70 P60 Q120 S1000 F0.1	G70 精加工指令
N140	G00 X100 Z100	快速退刀至换刀点
N150	M05	主轴停止
N160	M30	程序结束

练　习

1. 在粗车循环 G71 时，ns 到 nf 程序段中指定的 F、S、T 有效。【是、否】

2. 在精车循环 G70 状态下，ns 到 nf 程序段中指定的 F、S、T 有效。【是、否】

3. ns 到 nf 程序段必须紧跟在 G71 程序段后编写。【是、否】

4. 在执行 G71 指令过程中，可以停止自动运行并手动移动，但要再次执行 G71 循环时，必须返回到手动移动前的位置。【是、否】

5. "G71 U(Δd) R(e)；

　　G71 P(ns) Q(nf) U(Δu) W(Δw) F(f) S(s) T(t)；"中的 e 表示_____。

A. 进刀量　　　　　　　　　　B. 退刀量

C. X 方向的精加工余量　　　　D. Z 方向的精加工余量

6. "G71 U(Δd) R(e)；

　　G71 P(ns) Q(nf) U(Δu) W(Δw) F(f) S(s) T(t)；"中的 Δd 表示_____。

A. 进刀量　　　　　　　　　　B. 每刀切削深度

C. X 方向的精加工余量　　　　D. Z 方向的精加工余量

7. 程序段"G70 P60 Q120;"中，G70 的含义是_____加工循环指令。

A. 粗　　　　　　　　　　　B. 精

C. 外圆　　　　　　　　　　D. 仿形

8. 用 G71 和 G70 指令编程如图 5 - 76 所示工件。

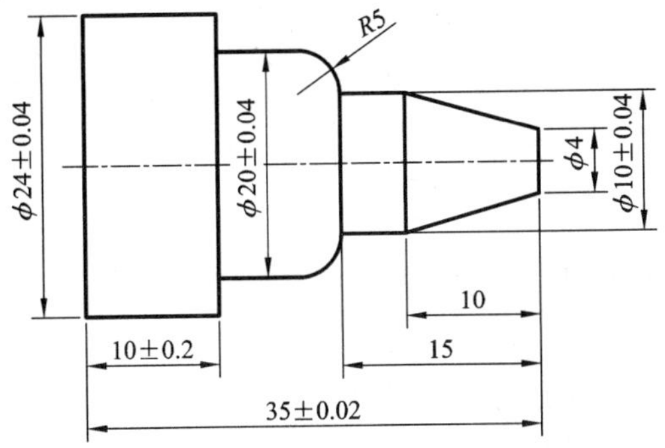

图 5 - 76　编程练习图

实训操作练习

如图 5 - 77 所示的轴类零件。毛坯为 φ35 mm × 60 mm 的棒材，材料为 45 钢。请用 G71 和 G70 指令编程并加工。

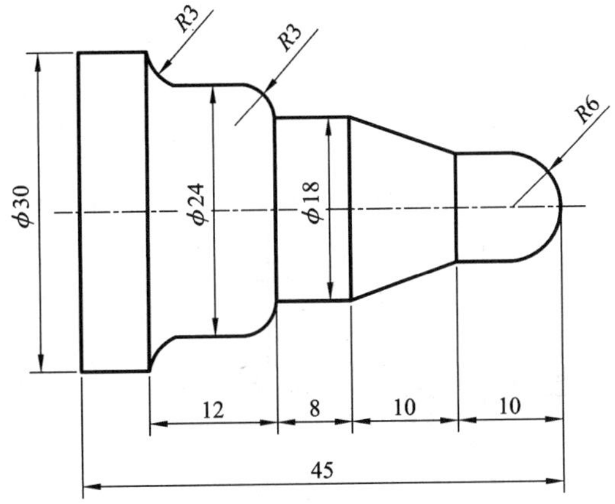

图 5 - 77　实训习题图

5.4.3　端面粗车复合循环指令（G72）

端面粗车循环指令 G72 的含义与 G71 类似，不同之处是 G72 刀具平行于 X 轴方向切削，是从外径方向往轴心方向切削端面的粗车循环。该循环方式适用于对长径比的比值较小的盘类工件端面的粗车。

1. 指令格式

格式：
> G72　W(Δd)　　R(e)
> 　　　(Z向进刀量)　(Z向退刀量)
>
> G72　P(ns)　　Q(nf)　　U(Δu)　　　W(Δw)　　　F(f)　　S(s)　　T(t)
> 　　　(起始段号)(终止段号)(X向精车余量；(Z向精车余量)(进给速度)(主轴转速)(刀具功能)
> 　　　　　　　　　　　　直径值)
>
> N(ns) …；(起始段号)
> 　　⋮
> N(nf) …；(终止段号)

各参数解释：

(1) $W(\Delta d)$——每次粗车时，Z 轴方向的进刀量。

(2) $R(e)$——每次粗车时，Z 轴方向的退刀量。

(3) $P(ns)$——精加工轮廓的起始程序段号。

(4) $Q(nf)$——精加工轮廓的最后程序段号。

(5) $U(\Delta u)$——X 轴方向精车预留余量(直径值)，该加工余量具有方向性，即外圆的加工余量为正值，内孔加工余量为负值。

(6) $W(\Delta w)$——Z 轴方向精车预留余量的大小和方向。

(7) $F(f)$——从程序段号 ns 至 nf 的粗加工进给速度。

(8) $S(s)$——粗加工主轴转速。

(9) $T(t)$——刀具。

2. 指令说明

刀具车削过程见走刀路线示意图，如图 5–78 所示。

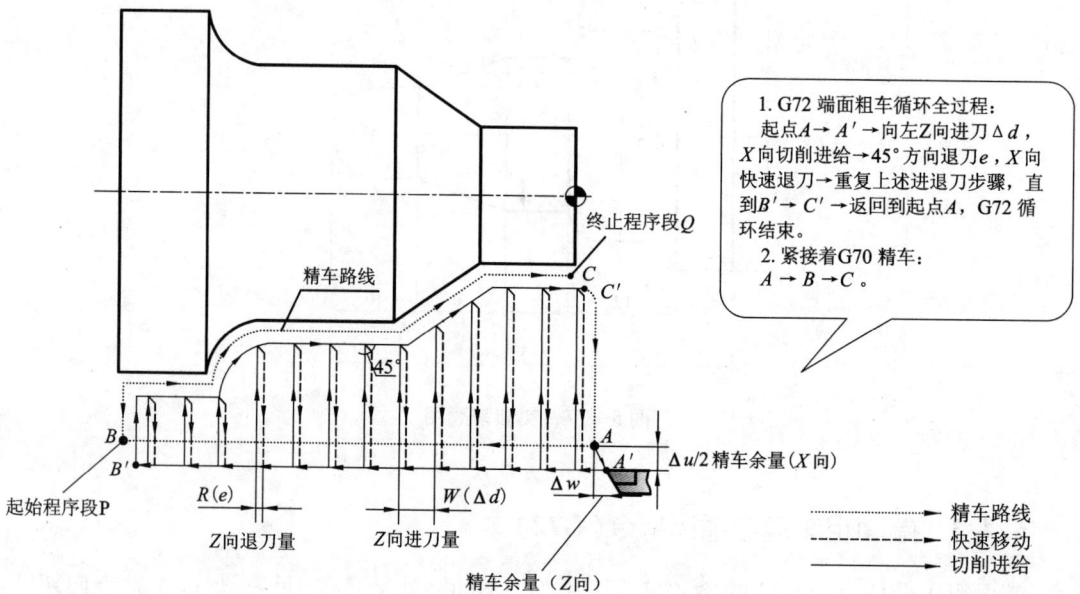

> 1. G72 端面粗车循环全过程：
> 起点 $A \rightarrow A' \rightarrow$ 向左 Z 向进刀 Δd，X 向切削进给 $\rightarrow 45°$ 方向退刀 e，X 向快速退刀 $\rightarrow$ 重复上述进退刀步骤，直到 $B' \rightarrow C' \rightarrow$ 返回到起点 A，G72 循环结束。
> 2. 紧接着 G70 精车：
> $A \rightarrow B \rightarrow C$。

图 5–78　G72 和 G70 走刀路线示意图

（1）刀具从起点 A 快速移动到 A' 点，X 轴移动 $\Delta u/2$，Z 轴移动 Δw。

（2）刀具从 A' 点沿 Z 轴方向移动一个 $W(\Delta d)$ 的进刀量进刀。

（3）向 X 轴方向粗车进给到粗车轮廓，进给方向与 $B \to C$ 点 X 轴坐标变化一致。

（4）X 轴、Z 轴按切削进给速度退一个刀 $R(e)$ 尺寸（45°直线），退刀方向与各轴进刀方向相反。

（5）Z 轴方向再进一个进刀值 $W(\Delta d + e)$，重复步骤（3）和（4），沿粗车轮廓从 B' 点（nS 程序段）切削进给至 C'（nf 程序段）点。

（6）从 C' 点快速移动到 A 点，G72 循环执行结束，程序跳转到 nf 程序段的下一个程序段执行（紧接着 G70 精车：$A \to B \to C$，然后 $C \to A$，快速返回起点 A）。

💡知识要点提示

G72 指令操作注意事项：

（1）G72 是非模态指令。G72 格式中的 P、Q、U、W、F 参数意义和 G71 相同。

（2）P(ns) 程序段必须沿 Z 向进刀，且不能出现 X 坐标字，否则会出现程序报警。

（3）在顺序号 P(ns)～Q(nf) 中，不能调用子程序。

（4）在 G72 循环中，顺序号 P(ns)～Q(nf) 之间程序段中的 F、S、T 功能无效，仅在 G72 指令的程序段中有效。G72 与 G71 和 G70 的格式关系相同，如图 5-79 所示。

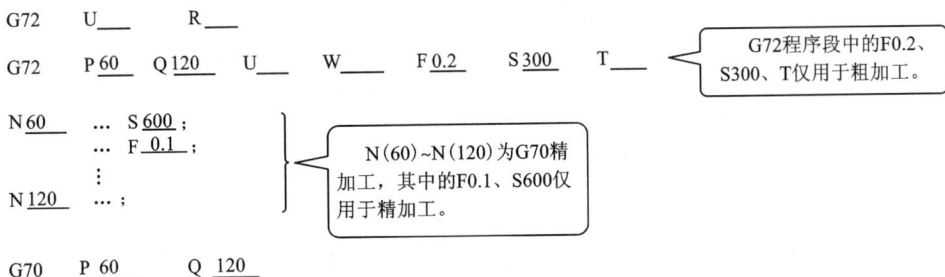

```
G72    U____    R____

G72    P 60    Q 120    U____    W____    F 0.2    S 300    T____     ◁ G72程序段中的F0.2、
                                                                        S300、T仅用于粗加工。

N 60____    ... S 600 ;
            ... F 0.1 ;                    ◁ N(60)~N(120)为G70精
    ⋮                                         加工，其中的F0.1、S600仅
N 120____    ... ;                            用于精加工。

G70    P 60____    Q 120____
```

图 5-79　G72 和 G70 的格式关系

3. 编程举例

【例题 5-18】　用 G72 和 G70 指令加工如图 5-80 所示的工件，毛坯尺寸为 $\phi32$ mm。

用 G72 和 G70 指令加工的切削余量分布情况如图 5-81 所示，其指令加工编程路线如图 5-82 所示。用 G72 和 G70 指令加工工件的程序如表 5-19 所示。

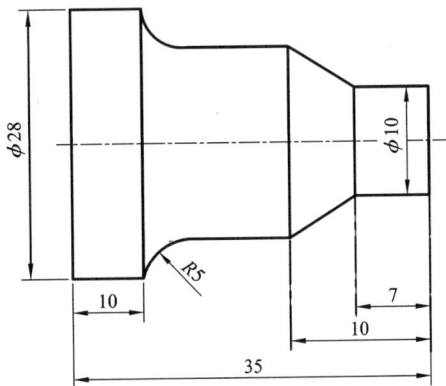

图 5-80　用 G72 和 G70 指令加工工件

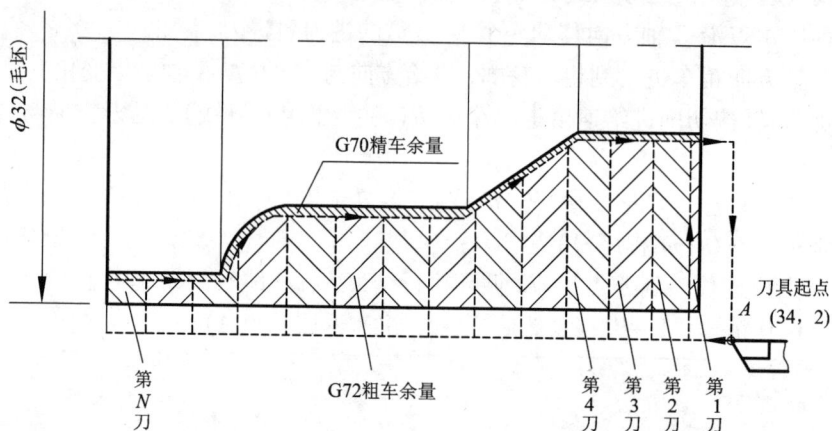

图 5 - 81　用 G72 和 G70 指令加工的切削余量分布情况

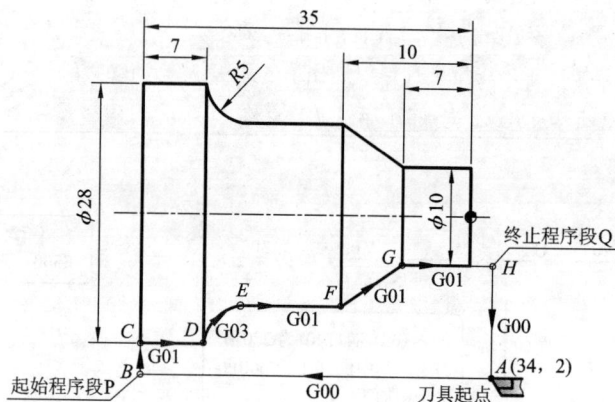

图 5 - 82　用 G72 和 G70 加工编程路线示意图

表 5 - 19　G72 加工工件参考程序

程序段号	程序	程序解释
	O0001	程序名
N10	G97 G99 M03 S500	G97 恒线速关闭；G99 每转进给；M03 主轴正转；设置主轴转速为 500 r/min
N20	T0101（外圆车刀）	调用 1 号外圆车刀
N30	G00 X34 Z2　　　　（至 A 点）	刀具快速移至切削起点 A，如图 5 - 82 所示
N40	G72 W3 R0.5	每次 Z 方向进刀量为 3 mm，每次 Z 方向的退刀量为 0.5 mm
N50	G72 P60 Q120 U0.2 W0 F0.2	精加工形状起始程序段号为 P60，终止段号为 Q120，X 精车预留余量（直径值）为 0.2 mm，Z 向精车预留余量为 0 mm，进给量为 0.2 mm/r

程序段号	程序		程序解释
N60	G00 Z - 35 S800	（至 B 点）	
N70	G01 X28 F0. 1	（至 C 点）	
N80	Z - 28	（至 D 点）	
N90	G03 X18 Z - 23 R5	（至 E 点）	按精加工形状编写程序
N100	G01 X18 Z - 10	（至 F 点）	
N110	X10 Z - 7	（至 G 点）	
N120	Z2	（至 H 点）	
N130	G70 P60 Q120		精加工指令
N140	G00 X100 Z100		快速退刀至换刀点
N150	M05		主轴停止
N160	M30		程序结束

练 习

1. 数控车床的外圆粗车循环指令是_____，端面粗车循环指令是_____。

A. G71　　　　　　　B. G72　　　　　　　C. G73　　　　　　　D. G70

2. 如果径向的切削量远大于轴向切削量，循环指令适合选用_____指令。

A. G71　　　　　　　　　　　　　　B. G72

C. G73　　　　　　　　　　　　　　D. G70

3. "G72 W(Δd) R(e)；

G72 P(ns) Q(nf) U(Δu) W(Δw) F(f) S(s) T(t)；"中的_____表示 X 方向的精加
工余量。

A. Δd　　　　　　　　　　　　　　B. e

C. Δu　　　　　　　　　　　　　　D. Δw

4. "G72 W3 R0. 5；

G72 P60 Q130 U0. 5 W0. 5 F0. 2；"中，W3 的含义表示_____，W0. 5 的含义表示__
____，R0. 5 的含义表示_____。

A. X 轴方向的精车余量　　　　　　B. Z 轴方向的退刀量

C. Z 轴方向的精车余量　　　　　　D. Z 轴方向的背吃刀量

实训操作练习

1. 如图 5 - 83 所示工件，请运用 G94 命令编程并加工。

2. 如图 5 - 84 所示工件，请运用 G94 命令编程并加工。

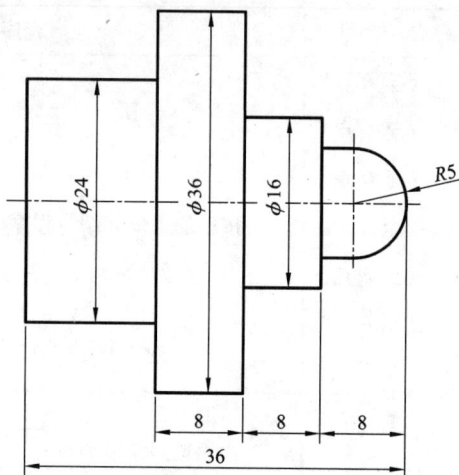

图 5 - 83　实训练习图

图 5 - 84　实训练习图

5.4.4　成形粗车固定循环指令（G73）

G73 指令一般用于粗车毛坯轮廓形状与零件轮廓形状基本接近的铸造、锻造毛坯件，加工效率很高。

1. 指令格式

格式:
```
     ┌ G73    U(Δi)           W(Δk)          R(Δd)
     │        (X轴总退刀量;    (Z轴总退刀量)   (重复加工
     │         半径值)                         次数)
     │
     │  G73    P(ns)      Q(nf)      U(Δu)        W(Δw)       F(f)      S(s)      T(t)
     │        (起始段号)  (终止段号)  (X向精车余量;  (Z向精车余量)  进给速度   主轴转速   刀具功能
     │                              直径值)
     │
     │  N (ns) ...;     (起始段号)
     │         ⋮
     └  N (nf) ...;     (终止段号)
```

各参数解释:

(1) $U(\Delta i)$——粗车时 X 轴方向切除的总余量,即 X 轴总退刀量(半径值)。

(2) $W(\Delta k)$——粗车时 Z 轴方向切除的总余量,即 Z 轴总退刀量。

(3) $R(\Delta d)$——粗车重复加工次数。

(4) $P(ns)$——精加工轮廓的起始程序段号。

(5) $Q(nf)$——精加工轮廓的最后程序段号。

(6) $U(\Delta u)$—— X 向精车预留余量(直径值)。

(7) $W(\Delta w)$—— Z 向精车预留余量的大小和方向。

(8) $F(f)$——从程序段号 ns 至 nf 的粗加工进给速度。

(9) $S(s)$——粗加工主轴转速。

(10) $T(t)$——刀具。

2. 指令说明

刀具车削过程见走刀路线示意图,如图 5-85 所示。

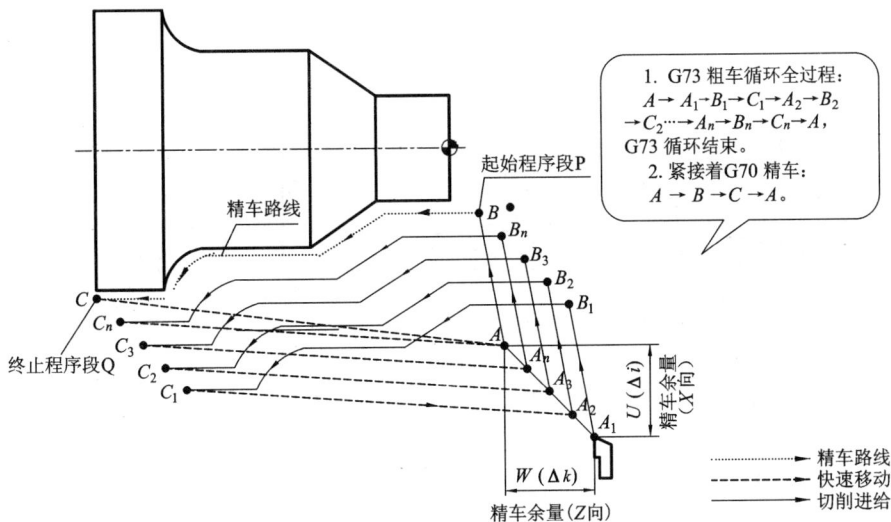

图 5-85　G73 和 G70 走刀路线示意图

（1）$A \rightarrow A_1$，刀具从起点 A 退一个 $U(\Delta i)$、$W(\Delta k)$ 位置到达 A_1 点。

（2）$A_1 \rightarrow B_1 \rightarrow C_1$，第一次粗车。紧接着 $C_1 \rightarrow A_2$，快速退回。

（3）$A_2 \rightarrow B_2 \rightarrow C_2$，第二次粗车。紧接着 $C_2 \rightarrow A_3$，快速退回。

（4）$A_n \rightarrow B_n \rightarrow C_n$，最后一次粗车。紧接着 $C_n \rightarrow A$，从 C_n 点快速退回到 A 点，G73 循环执行结束，程序跳转到 nf 程序段的下一个程序段执行。

（5）最后执行 G70 精车：$A \rightarrow B \rightarrow C$，然后 $C \rightarrow A$，快速返回起点 A。

> **知识要点提示**
>
> G73 指令和 G71 指令参数中的 U、W 和 R，虽然使用的字母代号相同，但在不同的指令中却代表不同的含义，应注意区分。它们的不同意义标记如下。

格式：
```
G71    U(Δd)           R(e)
       (吃刀深度；        (每次退刀量；
        半径值)            X向单边值)
G71    P(ns)    Q(nf)   U(Δu)          W(Δw)         F(f)     S(s)     T(t)
                        (X向精车余量；   (Z向精车余量)
                         直径值)
```

格式：
```
G73    U(Δi)           W(Δk)          R(Δd)
       (X轴总退刀量；     (Z轴总退刀量)   (重复加工
        半径值)                          次数)
G73    P(ns)    Q(nf)   U(Δu)          W(Δw)         F(f)     S(s)     T(t)
                        (X向精车余量；   (Z向精车余量)
                         直径值)
```

知识链接

1. 刀具的选择

成形面根据工件外形来选择刀具，如图 5-86 所示。

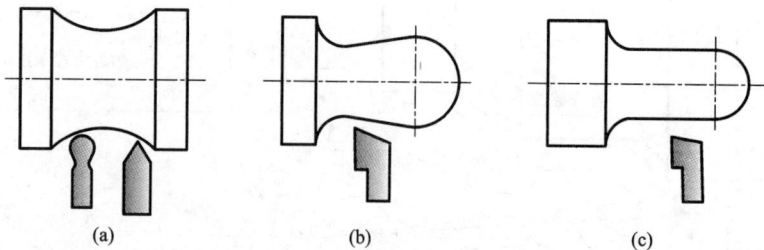

图 5-86　成形面刀具的选择

2. 加工路线的选择

加工进给路线的选择原则为尽量选择最短的空行程路线和最短的切削进给路线，且零件轮廓的精加工进给应连续进行。

（1）如图 5 - 87（a）所示的进给路线为沿轮廓形状等距线循环进给路线。使用数控系统具有的封闭式复合循环功能控制车刀沿着工件的轮廓进行等距线循环进给，适合周边余量较均匀的铸锻坯料的粗车加工，对棒料的粗加工则会有很多空行程进给。

（2）如图 5 - 87（b）所示的进给路线为三角形路线，该路线批量加工时，进给路线更短，即使算上编程计算所需要的准备时间，总时间也合理。

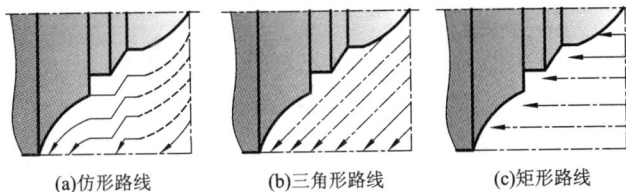

(a)仿形路线　　　　　　(b)三角形路线　　　　　　(c)矩形路线

图 5 - 87　最短加工路线

（3）如图 5 - 87（c）所示的进给路线为矩形循环进给路线，适于切削区轴向余量较大的细长轴套类零件的粗车，使用该方式加工可减少径向分层次数，使走刀路线变短。

3. 编程举例

【例题 5 - 19】　用 G73 和 G70 指令加工如图 5 - 88 所示的工件，毛坯尺寸为 φ32 mm。

分析：用 G73 和 G70 指令加工路线及切削余量分布情况如图 5 - 89 所示，其指令加工编程路线如图 5 - 90 所示。其程序如表 5 - 20 所示。

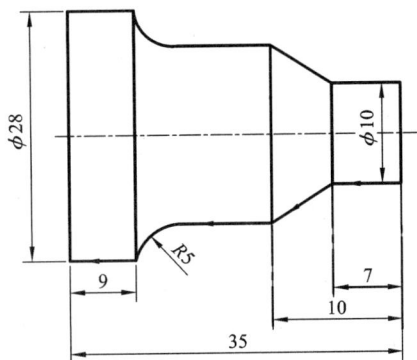

图 5 - 88　用 G73 和 G70 指令加工工件

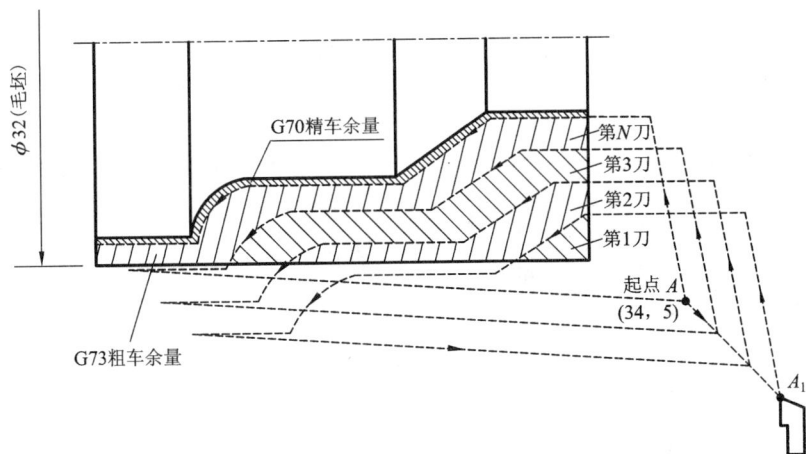

图 5 - 89　用 G73 和 G70 加工的切削余量分布图

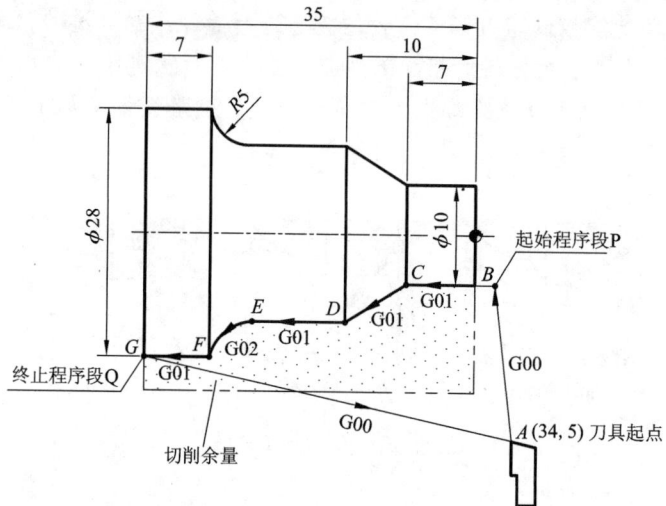

图 5 - 90   用 G73 和 G70 编程路线示意图

表 5 - 20   G73 加工工件参考程序

程序段号	程序	程序解释
	O0003	程序名
N10	G97 G99 M03 S800	G97 恒线速关闭；G99 每转进给；M03 主轴正转；设置主轴转速为 800 r/min
N20	T0101(外圆车刀)	调用 1 号外圆车刀
N30	G00 X34 Z5 （至 A 点）	刀具快速移至切削起点 A，如图 5 - 90 所示
N40	G73 U5 W3 R8	设置 X 向切除的总余量为 5 mm，Z 向总切除余量为 3 mm，循环次数 8 次
N50	G73 P60 Q110 U0.4 W0.1 F0.2	精加工形状起始程序段号为 P60，终止段号为 Q110。设置 X 向精车余量(直径值)为 0.4 mm，Z 向精车余量为 0.1 mm，进给量 0.2 mm/r
N60	G00 X10 Z2 S1000 （至 B 点）	
N70	G01 Z - 7 F100 （至 C 点）	
N80	X18 Z - 10 （至 D 点）	
N90	Z - 23 （至 E 点）	按精加工形状编写程序
N100	G02 X28 Z - 28 R5 （至 F 点）	
N110	G01 X28 Z - 35 （至 G 点）	
N120	G70 P60 Q110	精加工指令
N130	G00 X100 Z100	快速退刀至换刀点
N140	M05	主轴停止
N150	M30	程序结束

知识要点提示

G73 指令注意事项：

(1) $R(d)$ 为粗车切削循环次数，如果循环 3 次，R 为 3。

(2) 在顺序号 $P(ns)$ 程序段中，应有 X 轴、Z 轴的指令。

(3) 加工路线是按精加工形状的轨迹循环加工的。

(4) 在顺序号 $P(ns)$ 至 $Q(nf)$ 中，不能调用子程序。

(5) G73 是非模态指令，上一个程序段有 G73 指令，后面的程序段再次使用 G73 指令时，也不能省略该指令的书写。

(6) G73 一般都在加工余量大致相同和 G71、G72 不能加工的情况下使用。

(7) 第一刀切削时，系统会在循环起点位置通过精加工余量与总退刀量、重复加工次数进行自动计算并定位。

(8) X 向总退刀量 = (待加工外径尺寸 − 工件最小尺寸 − 精加工余量)/2，也可以根据零件毛坯尺寸进行设定。

练　习

1. 对于锻造成形的工件，最适合采用的固定循环指令为_____。

　A. G71　　　　　　　B. G72　　　　　　　C. G73　　　　　　　D. G74

2. _____指令适用于毛坯轮廓形状与零件轮廓形状基本接近的毛坯件的粗车，如一些锻件、铸件的粗车。

　A. G71　　　　　　　B. G72　　　　　　　C. G73　　　　　　　D. G74

3. 执行 G73 功能时，每一刀的切削路线的轨迹形状是相同的，只是位置不同。【是、否】

4. "G73 U5 W3 R8；"中的 R8 表示_____。

　A. 加工循环次数　　　　　　　　　　　B. 退刀量

　C. Z 方向的精加工余量　　　　　　　　D. X 方向的精加工余量

5. "G73 U5 W3 R8；"中的 U5 表示_____。

　A. Z 方向的总加工余量　　　　　　　　B. X 方向的总加工余量

　C. Z 方向的精加工余量　　　　　　　　D. X 方向的精加工余量

6. "G73 P60 Q120 U0.4 W0.2 F0.2；"中的 W0.2 表示_____。

　A. X 轴方向的背吃刀量　　　　　　　　B. X 轴方向的精加工余量

　C. Z 轴方向的精加工余量　　　　　　　D. Z 轴方向的退刀量

实训操作练习

1. 加工如图 5-91 所示工件，毛坯为 ϕ25 mm×50 mm 的棒材，材料为 45 钢。

2. 加工如图 5-92 所示工件，毛坯为 ϕ38 mm×110 mm 的棒材，材料为 45 钢。

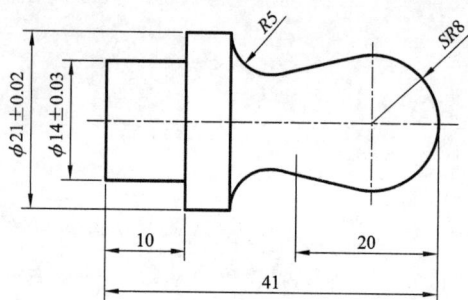

图 5-91　实训练习图　　　　　　　　图 5-92　实训练习图

5.5　复杂槽类加工

5.5.1　径向切槽循环指令(G75)

G75 指令常用于深槽、宽槽、等距多槽的加工,但不用于高精度槽的加工。

1. 指令格式

当使用绝对坐标编程选用格式①。

格式①:
$$
\begin{cases}
\text{G75} & \text{R}\underline{(e)} \\
& \text{(每次切削的} X \text{向退刀量;半径值)} \\
\text{G75} & \text{X\_\_\_\_ \quad Z\_\_\_\_ \quad P}(\Delta i) \quad\quad \text{Q}(\Delta k) \quad\quad\quad \text{R}(\Delta d) \quad\quad \text{F}(f) \\
& \text{(终点绝对坐标)} \quad (X \text{向吃刀量;} \quad (Z \text{向移动长度)} \quad (Z \text{向退刀量)} \quad (\text{进给速度)} \\
& \quad\quad\quad\quad\quad\quad\quad \text{半径值)}
\end{cases}
$$

当使用增量坐标编程选用格式②。

格式②:
$$
\begin{cases}
\text{G75} & \text{R}\underline{(e)} \\
& \text{(每次切削的} X \text{向退刀量;半径值)} \\
\text{G75} & \text{U\_\_\_\_ \quad W\_\_\_\_ \quad P}(\Delta i) \quad\quad \text{Q}(\Delta k) \quad\quad\quad \text{R}(\Delta d) \quad\quad \text{F}(f) \\
& \text{(终点增量坐标)} \quad (X \text{向吃刀量;} \quad (Z \text{向移动长度)} \quad (Z \text{向退刀量)} \quad (\text{进给速度)} \\
& \quad\quad\quad\quad\quad\quad\quad\quad \text{半径值)}
\end{cases}
$$

各参数解释:

(1) X、Z——切槽终点的绝对坐标值,单位为毫米(mm)。

(2) U、W——切槽终点相对于切槽起点的增量坐标值,单位为毫米(mm)。

(3) $R(e)$——退刀量(半径指定,单位 mm)。

（4）$P(\Delta i)$——每次径向（X 轴）进刀时，X 向断续进刀的吃刀量。为半径值，不带小数点，也无正负，单位为微米（μm）。

（5）$Q(\Delta k)$——每次径向循环切削的轴向（Z 轴）进刀量（即移动长度）。为增量值，不带小数点，也无正负，单位为微米（μm）。

（6）$R(\Delta d)$——切削至径向切削终点 X 值后，轴向（Z 轴）的退刀量，Δd 的符号为正。通常情况下，因加工槽时，刀两侧无间隙，无退让距离，所以一般 Δd 取零或省略。

（7）$F(f)$——切槽进给速度。

2. 指令说明

（1）用 G75 指令加工槽的具体过程如图 5-93 所示。

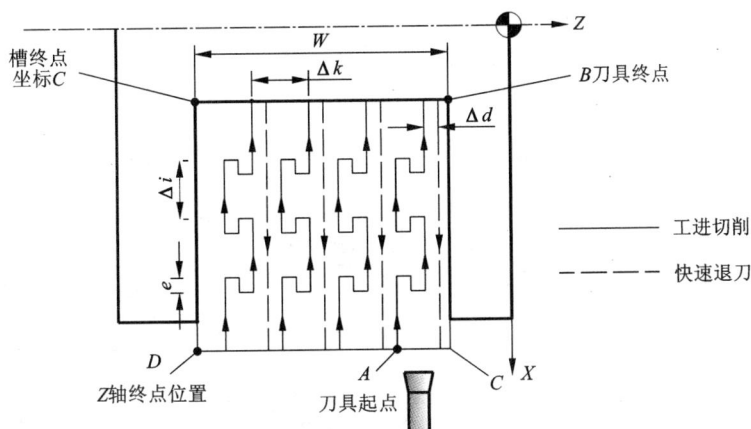

图 5-93　G75 指令切槽的加工过程

（2）G75 指令用于切槽相当于用若干个 G94 指令组成循环加工，Δk 不能大于刀宽。

（3）执行 G75 循环加工指令时，应指定循环起点的位置。即该指令程序段前的 X、Z 坐标就是加工起始位置，也是 G74 循环加工结束后刀具返回的终点位置。

（4）X 向和 Z 向间断切削时，如最后余量小于指定长度值，就按余量值进行间断切削加工。该指令是上述格式的简化，适合于在外圆面上切削沟槽或切断加工，简化的格式如下：

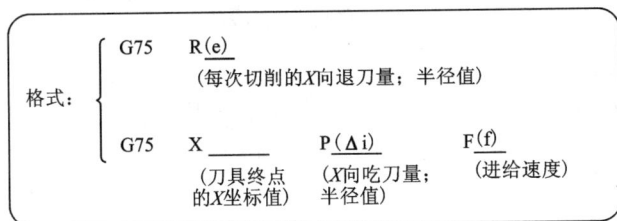

3. 编程举例

【例题 5-20】　运用 G75 指令对如图 5-94 所示的宽槽进行加工。

用 G75 指令对宽槽的加工过程如图 5-95 所示，加工程序如表 5-21 所示。

图 5-94　G75 指令加工宽槽

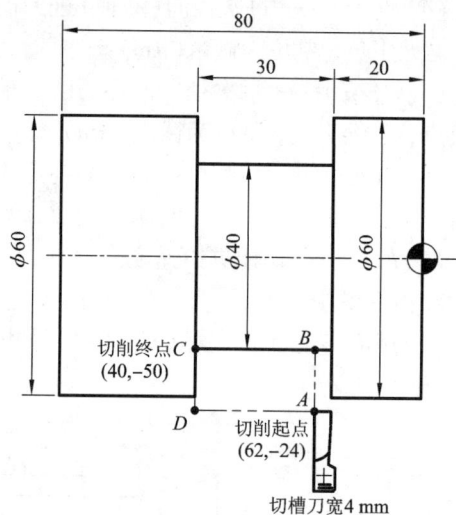

图 5-95　G75 指令加工宽槽过程

表 5-21　G75 加工宽槽参考程序

程序段号	程序	程序解释
	O0001	程序名
N10	G97 G99 M03 S400	G97 恒线速关闭；G99 每转进给；M03 主轴正转；设置主轴转速为 400 r/min
N20	T0101（切槽车刀）	调用 1 号切槽车刀，刀宽为 4 mm（以左刀尖为基准对刀）
N30	G00 X62 Z-24	刀具快速移至切削起点 A，如图 5-95 所示（注："Z-24"指 Z 方向 20 mm 加上刀具宽度 4 mm）
N40	G75 R0.5	每次切削的 X 向退刀量为 0.5 mm
N50	G75 X40 Z-50 P5000 Q3000 F40	X 轴每次进刀 5 mm，退刀 0.5 mm，当进给到 B 点（X40，Z-24）后，快速返回到起点 A（X62，Z-24），再 Z 向左移3 mm，继续循环以上步骤加工 一直加工到切削终点 C 点（X40，Z-50）后，刀具退回到 D 点，最后返回 A 点，循环加工结束，如图 5-95 所示
N60	G00 X100 Z100	快速退刀至换刀点
N70	M30	程序结束

【例题 5-21】　如图 5-96 所示为轴向等距槽工件，要求使用刀宽为 4 mm 的切槽刀运用 G75 指令进行加工，加工程序如表 5-22 所示。

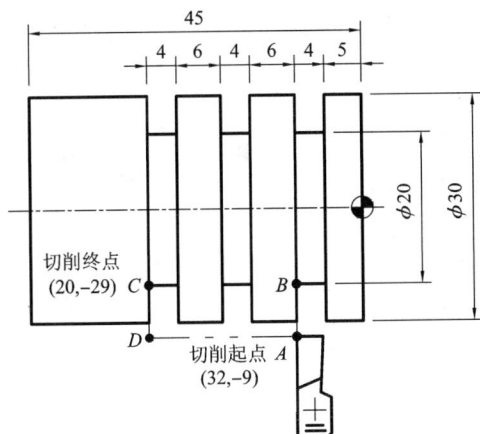

图 5 - 96　G75 指令加工轴向等距槽工件

表 5 - 22　G75 加工轴向等距槽参考程序

程序段号	程序	程序解释
	O00001	程序名
N10	G97 G99 M03 S300	G97 恒线速关闭；G99 每转进给；M03 主轴正转；主轴转速为 300 r/min
N20	T0101（切槽车刀）	调用 1 号切槽车刀，刀宽为 4 mm，左刀尖对刀
N30	G00 X32 Z - 9	刀具快速移至切削起点 A，如图 5 - 96 所示
N40	G75 R0.5	刀具 X 向回退 0.5 mm
N50	G75 X20 Z - 29 P2000 Q10000 F30	X 轴每次进刀 2 mm，退刀 0.5 mm，当进给到 B 点（X20，Z - 9）后，快速返回到起点 A（X28，Z - 9），再 Z 向左移 10 mm，继续循环以上步骤加工 一直加工到切削终点 C 点（X20，Z - 29）后，刀具退回到 D 点，最后返回 A 点，循环加工结束，如图 5 - 96 所示
N60	G00 X100 Z100	快速退刀至换刀点
N70	M30	程序结束

练　习

1. G75 指令执行完毕后，刀具返回到循环起点。【是、否】

2. G75 指令可以加工深槽，但不可以加工宽槽。【是、否】

3. G75 指令的作用是加工端面粗车、外圆粗车和切槽循环。【是、否】

4. 切断实心工件时，切断刀主切削刃必须安装在与车床主轴轴线等高且垂直的位置。【是、否】

5. 以切断刀左刀刃为基准切断工件时，编程长度应是（　　　）。

A. 工件长度　　　　B. 工件长度 + 刀宽　　　　C. 工件长度 - 刀宽　　　　D. 刀宽

6. 在"G75 X20 Z – 30 P2000 Q10000 F30;"程序格式中,(　　)表示阶台长度。

A. 20　　　　　　　B. – 30

C. 10000　　　　　D. 2000

7. 在"G75 X20 Z – 30 P2000 Q10000 F30;"程序格式中,(　　)表示阶台直径。

A. – 30　　　　　　B. 20

C. 10000　　　　　D. 2000

8. 请运用 G75 指令对如图 5 – 97 所示工件的宽槽加工编程。

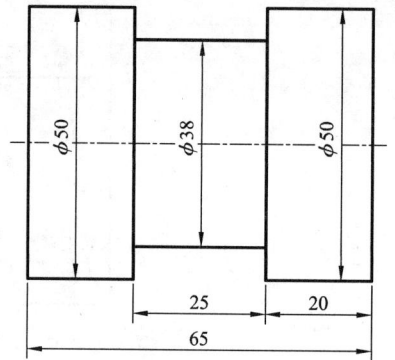

图 5 – 97　编程练习图

实训操作练习

1. 如图 5 – 98 所示工件,毛坯为 φ42 mm × 50 mm 的棒材,材料为 45 钢,请运用 G75 指令对工件的多槽编程并加工。

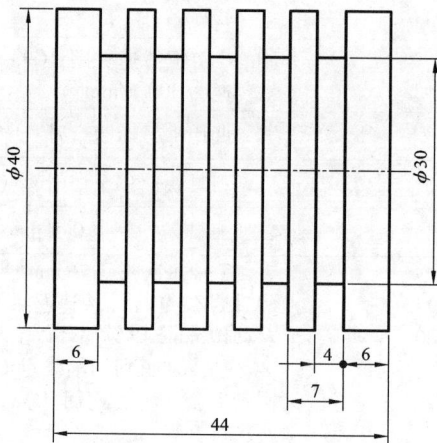

图 5 – 98　实训练习图

2. 如图 5 – 99 所示工件,毛坯为 φ26 mm × 50 mm 的棒材,材料为 45 钢,请运用 G75 指令对工件的多槽编程并加工。

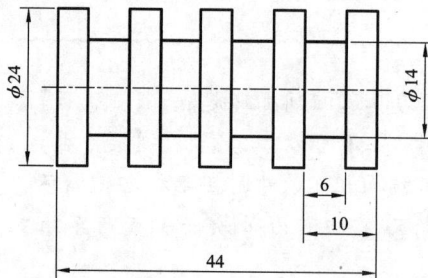

图 5 – 99　实训练习图

5.5.2　主程序(M98)和子程序(M99)

在编程中,当相同或相似的加工轨迹需要多次使用时,为了简化编程,可以把该部分的程序指令编辑为独立的程序调用。调用该程序的程序称为主程序,被调用的程序称为子程序。

在主程序中,用 M98 调用子程序。在子程序中,以 M99 结束子程序,执行 M99 控制返回到上一级程序。

1. 主程序调用(M98)

1)指令格式

```
格式①:　M98 P○○○○　　　　□□□□
                  (重复调用次数)　(调用的子程序名)
```

```
格式②:　M98 P□□□□　　　　L○○○○
                (调用的子程序名)　(重复调用次数)
```

各参数解释:

(1)○○○○——子程序被调用的次数(1~9999)。调用 1 次时,可以不输入。

(2)□□□□——被调用的程序号(0000~9999)。当调用的次数未输入时,子程序号的前导 0 可省略;当输入调用次数时,子程序号必须为 4 位数。

例如,"M98 P30002;"表示在主程序中连续调用 3 次程序名为"O0002"的子程序,如图 5 - 100 所示。如果省略了重复次数,则认为重复次数为 1 次,例如,"M98 P0002;"表示程序名为"O0002"的子程序被调用 1 次。

例如,"M98 P2001 L4;"表示在主程序中连续调用 O2001 的子程序 4 次。

2)M98 指令说明

(1)主程序调用子程序执行的顺序如图 5 - 100 所示。子程序可以被其他任意主程序调用,也可以独立运行,子程序结束后就返回主程序中继续执行。

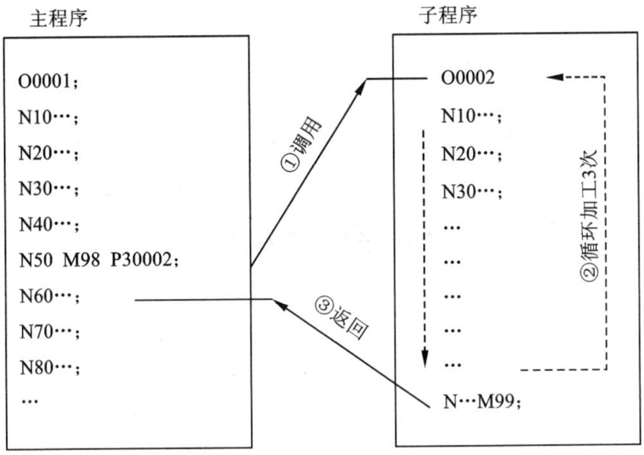

图 5 - 100　程序运行顺序

(2)子程序和主程序一样,是一个独立的程序,拥有独立的程序名。子程序还可以调用另外的子程序,称为子程序嵌套,如图 5 – 101 所示。

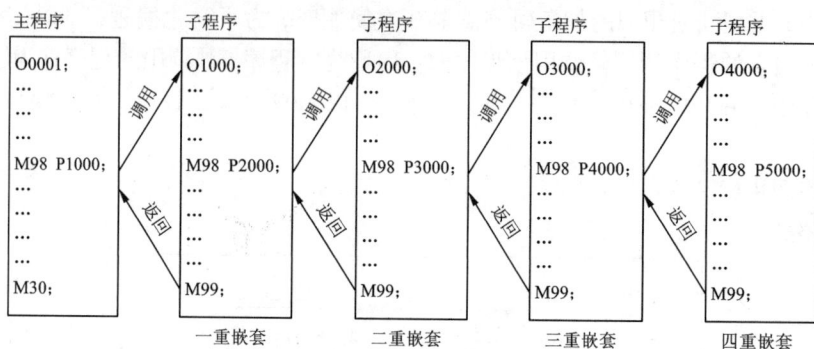

图 5 – 101　子程序嵌套使用

2. 从子程序返回(M99)

1)指令格式

2)指令说明

(1)一般情况下编程,都是以"M99"来表达子程序运行结束后,返回调用此子程序的程序段的下一个程序段,如图 5 – 102 所示。

(2)特殊情况下,如果用 P 指定程序段号,例如"M99 P0090",表示子程序运行结束时,不返回调用此子程序的程序段的下一个程序段,而是返回用 P 指定顺序号的程序段,如图 5 – 102 所示。

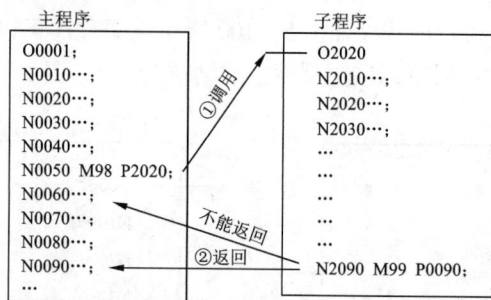

图 5 – 102　子程序特殊的使用方法

知识要点提示

(1)子程序必须用新的文件名。

(2)子程序内所有程序段不能为循环指令,如 G90、G92、G71 等。

(3)加工前一定要检查机床光标是否在主程序头开始加工,暂停加工时,光标必须返回主程序头。

3. 编程举例

1) 多槽的加工

【例题 5 – 22】　如图 5 – 103 所示工件,用主程序 M98 和子程序 M99 编写多槽的加工程序。

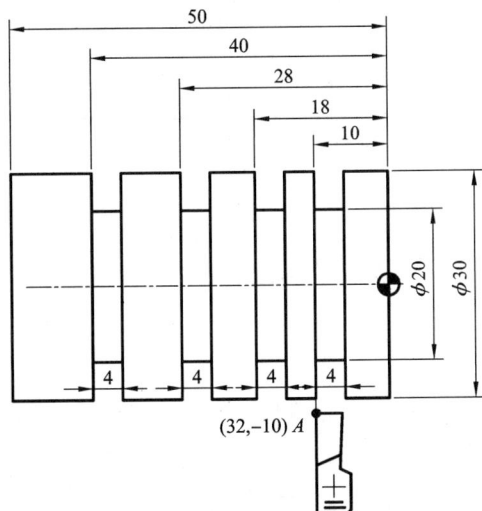

图 5 – 103　多槽工件

分析:该工件的四个槽都是宽为 4 mm、深度为 5 mm,但是槽与槽之间的距离不等,分别为 4 mm、6 mm、8 mm,选用刀宽为 4 mm(刀位点在左刀尖处)、刀头长度大于 17 mm 的车槽刀直接车成即可,故采用调用子程序的方法编程加工。该槽加工的主程序如表 5 – 23 所示,子程序如表 5 – 24 所示。

表 5 – 23　槽加工主程序

程序段号	程序	程序解释
	O00001	程序名
N10	G97 G99 M03 S400 M08	G97 恒线速关闭;G99 每转进给;M03 主轴正转;主轴转速为 400 r/min;打开切削液(M08)
N20	T0202(切槽车刀)	调用 2 号切槽车刀,刀宽为 4 mm,左刀尖对刀
N30	G00 X32 Z – 10	刀具快速定位至第一个槽的切削起点 A,如图 5 – 103 所示
N40	M98 P2000	调用子程序(O2000),加工第一个槽
N50	G00 X32 Z – 18	刀具快速定位至第二个槽的切削起点
N60	M98 P2000	调用子程序(O2000),加工第二个槽
N70	G00 X32 Z – 28	刀具快速定位至第三个槽的切削起点
N80	M98 P2000	调用子程序(O2000),加工第三个槽
N90	G00 X32 Z – 40	刀具快速定位至第四个槽的切削起点
N100	M98 P2000	调用子程序(O2000),加工第四个槽
N110	G00 X100 Z100	刀具快速退刀至换刀点
N120	M05 M09	主轴停止,停切削液
N130	M30	主程序结束

表 5 - 24　切多槽子程序

程序段号	程序	程序解释
	O2000	子程序名
N10	G01 U - 12 F0.08	刀具定位点 $\phi 32$ mm 与槽底 $\phi 20$ mm 的直径增量为 U - 12
N20	G04 X1.	暂停 1 s
N30	G01 U12 F0.2	直线插补退刀，直径增量为 U12
N40	M99	子程序结束，返回主程序

2）V 形槽的加工

【例题 5 - 23】　如图 5 - 104 所示工件，用主程序 M98 和子程序 M99 编写 V 形槽的加工程序。

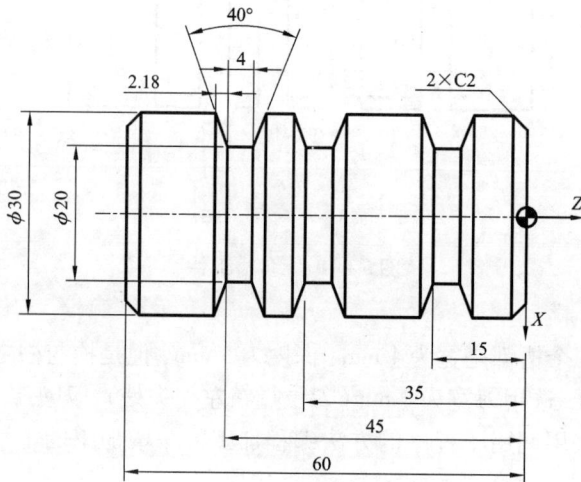

图 5 - 104　V 形槽加工例图

该 V 形槽的加工过程如图 5 - 105 所示，V 形槽的主程序如表 5 - 25 所示，子程序如表 5 - 26所示。

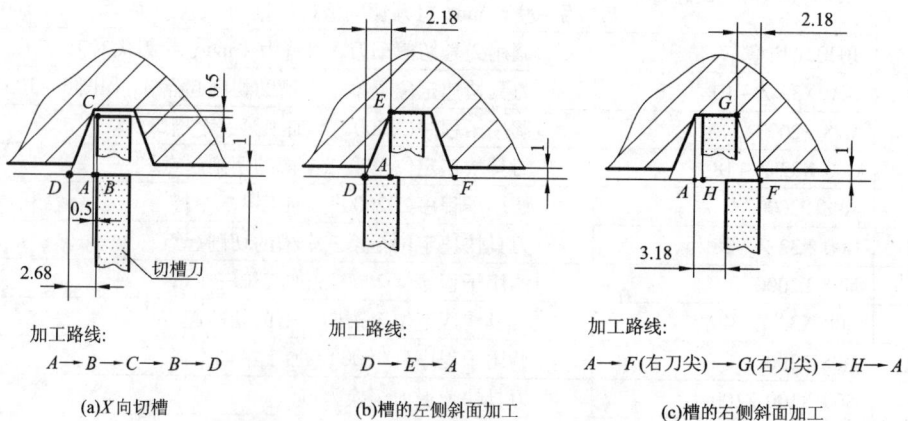

加工路线：
$A \rightarrow B \rightarrow C \rightarrow B \rightarrow D$

(a)X 向切槽

加工路线：
$D \rightarrow E \rightarrow A$

(b)槽的左侧斜面加工

加工路线：
$A \rightarrow F$(右刀尖)$\rightarrow G$(右刀尖)$\rightarrow H \rightarrow A$

(c)槽的右侧斜面加工

图 5 - 105　V 形槽加工过程示意图

表 5 - 25　槽加工主程序

程序段号	程序	程序解释
	O0001	程序名
N10	G97 G99 M03 S300	G97 恒线速关闭；G99 每转进给；M03 主轴正转；主轴转速为 300 r/min
N20	T0202（切槽车刀）	调用 2 号切槽车刀，刀宽为 4 mm，左刀尖对刀
N30	G00 X32 Z - 15 M08	刀具快速定位至第一个槽的切削起点 A。开切削液（M08），如图 5 - 105（a）所示
N40	M98 P2000	调用子程序（O2000），加工第一个槽
N50	G00 Z - 35	刀具快速定位至第二个槽的切削起点 A，如图 5 - 105 所示
N60	M98 P2000	调用子程序（O2000），加工第二个槽
N70	G00 Z - 45	刀具快速定位至第三个槽的切削起点 A，如图 5 - 105 所示
N80	M98 P2000	调用子程序（O2000），加工第三个槽
N90	G00 X100 Z100	快速退刀至换刀点
N100	M05	主轴停止
N110	M30	主程序结束

表 5 - 26　切槽、倒角子程序

程序段号	程序	程序解释
	O2000	子程序名
N10	G01 W0. 5 F100	左刀尖从 A 点到 B 点，Z 向留 0.5 mm 的精加工余量
N20	G00 X21	（至 C 点。）粗加工槽至 $\phi21$，槽底单边留 0.5 mm 的精加工余量，如图 5 - 105（a）所示
N30	G00 X32 M08	（至 B 点。）左刀尖退刀至 B 点
N40	W - 2. 68	（至 D 点。）左刀尖从 B 点至 D 点
N50	G01 X20 W2. 18 F0. 1	（至 E 点。）左侧斜面加工，如图 5 - 105（b）所示
N60	G00 X32	（至 A 点。）左刀尖退刀至 A 点
N70	W3. 18	（至 F 点。）刀具右移 3.18 mm 至右刀尖 F 点，如图 5 - 105（c）所示
N80	G01 X20 W - 2. 18 F0. 1	（至 G 点。）右侧斜面加工，如图 5 - 105（c）所示
N90	G00 X32	（至 H 点。）X 向退刀
N100	W - 1	（至 A 点。）左刀尖左移至 A 点
N110	M99	子程序结束

练 习

1.一个主程序中只能有一个子程序。【是、否 】

2.在调用子程序时,同一子程序可以重复使用。【是、否 】

3.在 GSK980TDb 数控系统中,即使不用 M99 结束子程序,系统也会自动结束子程序。
【是、否 】

4.M98 表示(   )。

A.调用子程序　　　　B.主程序开始　　　　C.主程序结束　　　　D.子程序结束

5.M99 表示(   )。

A.主程序开始　　　　B.调用子程序　　　　C.主程序结束　　　　D.子程序结束

6.M98 P141400 中,子程序名为(   ),调用 14 次。

A.O0014　　　　　　B.O1400　　　　　　C.O1414　　　　　　D.4140

7.在 GSK980TDb 数控系统中,子程序中不允许有(   )指令。

A.G01　　　　　　　B.G71　　　　　　　C.G00　　　　　　　D.G03

8.请使用刀宽为 4 mm 的切断刀运用主程序 M98 和子程序 M99 指令对如图 5 - 106 所示
工件的多槽加工编程。

图 5 - 106　编程练习图

9.请使用刀宽为 4 mm 的切断刀运用主程序
M98 和子程序 M99 指令对如图 5 - 107 所示工件
的多槽加工编程。

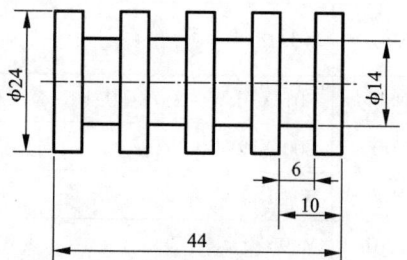

图 5 - 107　编程练习图

5.5.3　端面切槽循环指令(G74)

在端面上车直槽时,端面直槽车刀可由外圆切槽刀刀具刃磨而成,如图 5-108 所示,切槽刀的刀头部分应比槽深长 2~3 mm,刀尖 a 处的副后面的圆弧半径 R_1 必须小于端面直槽的大圆弧半径 R,以防刀具左副后面与工件端面槽孔壁相碰。

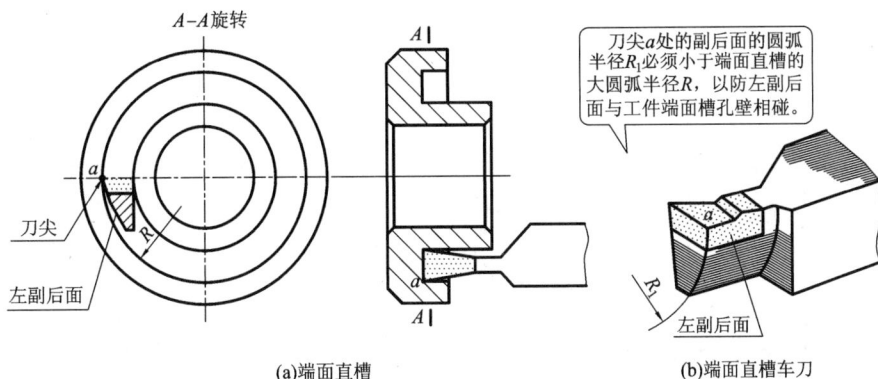

图 5-108　端面直槽车刀的形状

1. 指令格式
当使用绝对坐标编程选用格式①。

当使用增量坐标编程选用格式②。

各参数解释:
(1)X、Z——切槽终点的绝对坐标值,单位为毫米(mm)。
(2)U、W——切槽终点相对于切槽起点的增量坐标值,单位为毫米(mm)。
(3)$R(e)$——每次轴向(Z 轴)进刀后的轴向退刀量,该值为模态值。
(4)$P(\Delta i)$——刀具完成一次轴向切削后,在径向(X 向)的移动量,该值用不带符号的半径值表示。

（5）$Q(\Delta k)$——Z 向每次切削深度，该值用不带符号的值表示。

（6）$R(\Delta d)$——刀具在切削至槽底部的退刀量（直径值），无符号，省略 $R(\Delta d)$ 时，系统默认至轴向切削终点后，径向（X 轴）的退刀量为 0。为了避免刀具的碰撞，该值一般取 0。

（7）F——切槽进给速度。

该循环可实现断屑加工，如果 $X(U)$ 和 $P(\Delta i)$ 都被忽略，则是进行中心孔加工。

2. 指令说明

如图 5 – 109 所示。

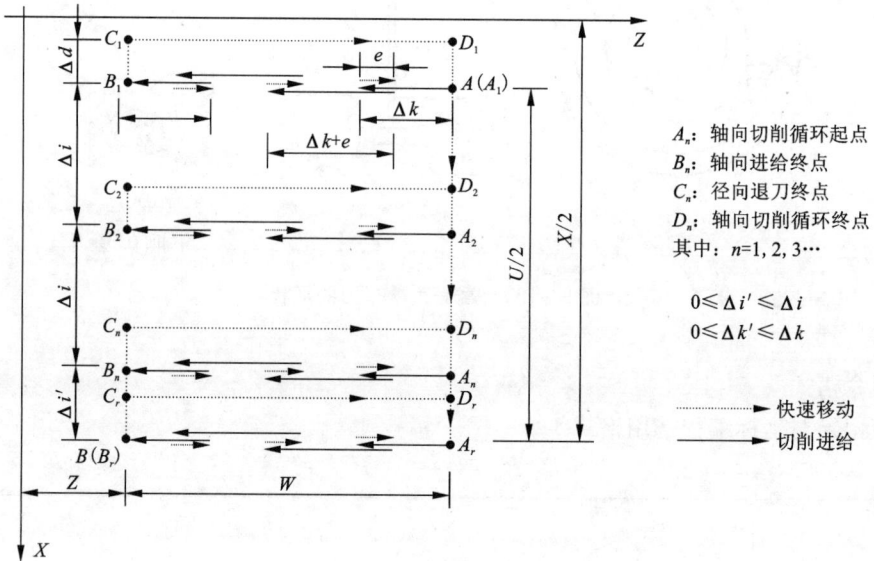

图 5 – 109　G74 指令循环轨迹

3. 编程示例

【例题 5 – 24】　用 G74 指令编写如图 5 – 110 所示工件的槽加工程序（切槽刀的刀宽为 3 mm）。

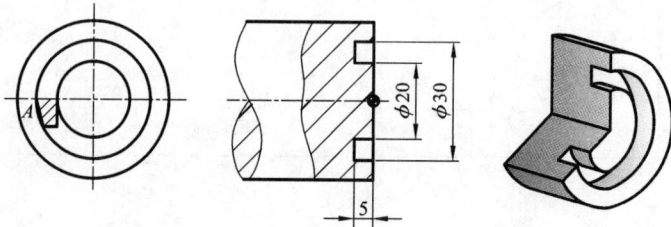

图 5 – 110　用 G74 指令加工端面槽

用 G74 指令加工端面槽的分析过程如图 5 – 111 所示，加工程序如表 5 – 27 所示。

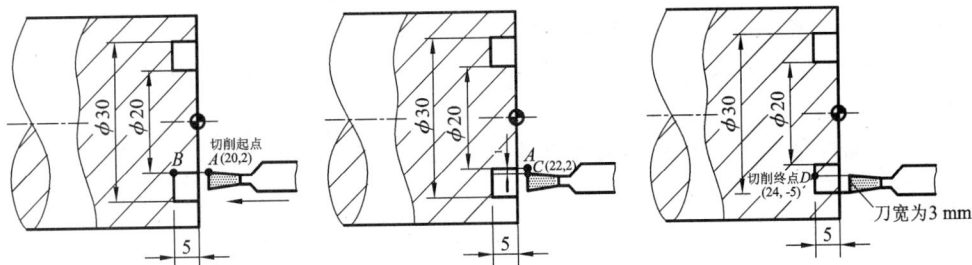

从切削起点 A 每次轴向进刀2 mm，退刀0.5 mm，当进给到 B 点后，快速返回到起点 A

(a)

再从中心向外的 X 向进刀1 mm 至 C 点，循环以上步骤继续运行

(b)

当加工到终点 D(X24,Z-5) 循环加工结束

(c)

图 5 - 111　用 G74 指令加工端面槽的过程

表 5 - 27　端面槽加工程序

程序段号	程序	程序解释
	O0001	程序名
N10	G97 G99 M03 S500	G97 恒线速关闭；G99 每转进给；M03 主轴正转；主轴转速为 500 r/min
N20	T0202（切槽车刀）	调用 2 号切槽车刀，刀宽为 3 mm
N30	G00 X20 Z2	刀具快速定位至切槽循环起点 A，如图 5 - 111(a) 所示
N40	G74 R0.3	每次刀具轴向退刀量为 0.3 mm
N50	G74 X24 Z - 5 P1000 Q2000 F50	用端面槽加工循环指令自中心向外车削端面槽 如图 5 - 111 所示，轴向每次进刀 2 mm，退刀 0.3 mm，当进给到 B 点($X20$，$Z-5$)后，快速返回到起点 A，自中心向外的 X 向进刀1 mm，循环以上步骤继续运行，当加工到终点 D($X24$，$Z-5$)，循环加工结束 （注：终点坐标 D 的 X24 计算如下：因切槽刀的刀宽为 3 mm，所以，孔 $\phi30$ - 刀宽 $3 \times 2 = 24$ mm）
N60	G00 X100 Z100	快速退刀至换刀点
N70	M05	主轴停止
N80	M30	主程序结束

练　习

1. 切槽刀的刀头部分应比槽深长 2～3 mm，刀尖 a 处的副后面的圆弧半径 R_1 必须____端面直槽的大圆弧半径 R，以防止左副后刀面与工件端面槽孔壁相碰。【大于、等于、小于】

2. 端面切槽指令格式"G74 R(e)；G74　X(U)Z(W)P(Δi)Q(Δk)R(Δd)F"中的"R(e)"为(　　　)。

A. 径向退刀量　　　　　B. 轴向退刀量　　　　　C. 径向的移动量　　　　　D. Z 向切削深度

3. 端面切槽指令格式"G74 R(e)；G74 X(U) Z(W) P(Δi) Q(Δk) R(Δd) F"中的"R（Δd）"为（　　）。

A. 径向退刀量　　　　　B. 轴向退刀量　　　　　C. 径向的移动量　　　　　D. Z 向切削深度

4. 在程序段"G74 X25 Z-5 P1000 Q2000 F50；"中,（　　）表示每次 Z 向切削深度。

A. 50　　　　　　　　　　B. 2000　　　　　　　　C. -5　　　　　　　　　　D. 74

5. 请运用 G74 指令对如图 5-112 所示工件的端面槽加工进行编程。

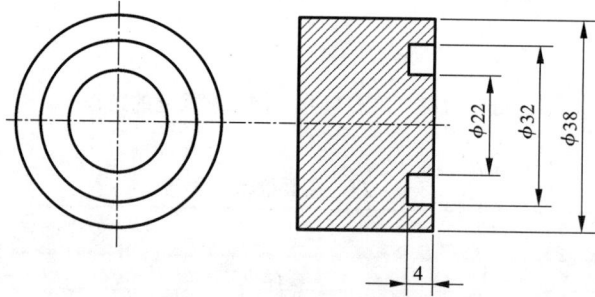

图 5-112　编程练习图

6. 如图 5-113 所示工件,毛坯已加工 $\phi22$ 的孔,请运用 G74 指令对 $\phi34$ 的孔加工进行编程。

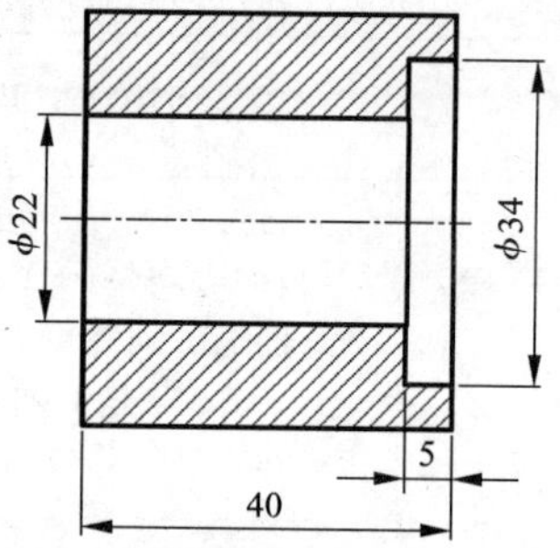

图 5-113　编程练习图

5.6　切断

切断是从棒料上分离出完整的工件,是车床的常见加工操作。常见的切断方法如下:

(1)运用直线插补(G01)的方法切断工件。

即指垂直于工件轴线的方法进给切断。这种方法切断效率高,但对车床和切断刀的刃磨、装夹都有较高要求,否则容易造成刀头折断。

(2)运用切槽循环(G75)的方法切断工件。

这种方法是指垂直于工件轴线方向反复地往返进给切削,直到切断工件。

📝 **知识要点提示**

切断工件的注意事项：

(1)刀具主切削刃应安装在与工件轴线等高并垂直的位置,以保证两副偏角对称。切断刀主切削刃不能高于或低于工件中心,否则会使工件中心形成凸台,并损坏刀头。

(2)工件坯料装夹不能过长,一般为"工件总长 + 切断位置尺寸"。

刀头长度 L 也可用下面公式计算：

$$L = H + (2 \sim 3)\,mm$$

式中, L 为刀头长度; H 为切入深度。

(3)工件应装夹牢固,切断位置应尽可能靠近卡盘,当用一夹一顶方式装夹工件时,工件不应完全切断,而应在工件中心留一细杆,卸下工件后再用榔头敲断。

(4)当切断毛坯或不规则表面的工件时,切断前先用外圆车刀把工件车圆,或开始切断毛坯部分时,尽量减小进给量,以免发生"啃刀"。

(5)切断刀排屑不畅时,切屑易堵塞在槽内,造成刀头负荷增大而折断。故切断时应注意及时排屑,防止堵塞。

5.6.1 用 G01 方式切断

【例题 5-25】 如图 5-114 所示,要求使用刀宽为 4 mm 的切断刀运用 G01 指令进行加工,加工程序如表 5-28 所示。

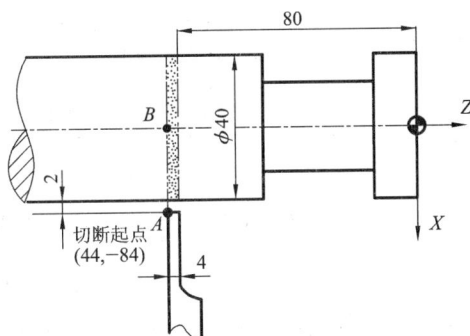

图 5-114 切断示例图

表 5-28 用 G01 切断工件参考程序

程序段号	程序	程序解释
	O0001	程序名
N10	G96 M03 S40	G96 恒线速切削; M03 主轴正转; 线速度为 40 m/min
N20	G50 S1500	限制主轴最高转速
N30	T0404(切断刀)	调用 4 号切断刀, 刀宽为 4 mm
N40	G00 X44 Z-84 M08	快速移动到切断起点 A, 如图 5-114 所示
N50	G01 X0 F0.05	切断(至 B 点)

程序段号	程序	程序解释
N60	G00 X44	X 向快速退刀至起刀点（至 A 点）
N70	G00 X100 Z100	快速退刀至换刀点
N80	M05	主轴停止
N90	M30	程序结束

5.6.2　用 G75 方式切断

如图 5 – 114 所示的工件除了用 G01 指令切断外，还可用 G75 指令切断，用 G75 指令切断工件参考程序见表 5 – 29。

表 5 – 29　用 G75 切断工件参考程序

程序段号	程序	程序解释
	O0001	程序名
N10	G96 M03 S40	G96 恒线速切削；M03 主轴正转；线速度为 40 m/min
N20	G50 S1500	限制主轴最高转速
N30	T0404（切断刀）	调用 4 号切断刀，刀宽为 4 mm
N40	G00 X44 Z – 84 M08	刀具快速移至切断起点 A（左刀尖对刀），如图 5 – 114 所示，M08 切削液开
N50	G75 R1	刀具 X 向退刀量为 0.5 mm
N60	G75 X0 P3000 F50	X 向每次进刀 3 mm，退刀 1 mm，当进给到 B 点（0，–84）后，快速返回到起点 A，循环加工结束，如图 5 – 114所示（注：当 Z 向移动参数 Q 为 0，即"Q0"，可省略不写）
N70	G00 X100 Z100	快速退刀至换刀点
N80	M05	主轴停止
N90	M30	程序结束

还有一种情况就是当工件的左端面有倒角要求时，一般加工方法是先切断，然后掉头装夹车端面，保证 Z 向尺寸，再车倒角。

当工件 Z 向尺寸要求不是很高的情况下，切断工件前，可用切断刀先切倒角，然后切断工件，这样做的好处是可以避免掉头装夹车端面、倒角的麻烦。

【例题 5 – 26】　加工如图 5 – 115 所示工件，要求对工件左端先切倒角，再进行切断加工，切断刀刀宽为 3 mm，毛坯为 φ32 mm。

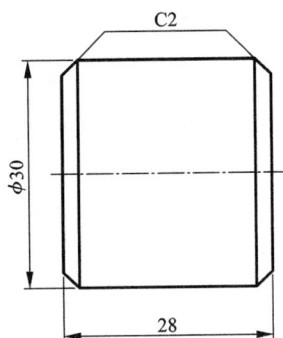

图 5 - 115　切断示例图

1. 加工工艺分析

（1）用三爪自动定心卡盘装夹，伸出长度 = 限位位置尺寸 + 切断刀宽 + 工件长度 = 10 + 8 + 28 = 46 mm。

（2）选择一把外圆刀（T0101），一把切断刀（T0202，刀宽 3 mm）。

（3）选择试切对刀的方法对刀并检查。

（4）外圆选用外圆车削循环（G90）的车削方法粗加工，选用直线插补（G01）的车削方法精加工外圆和右边的倒角 C2；左边的倒角 C2 和切断选用直线插补（G01）的车削方法加工。

（5）切断刀加工左端时，先切倒角，再切断工件的加工过程如图 5 - 116 所示。

（6）编写程序。

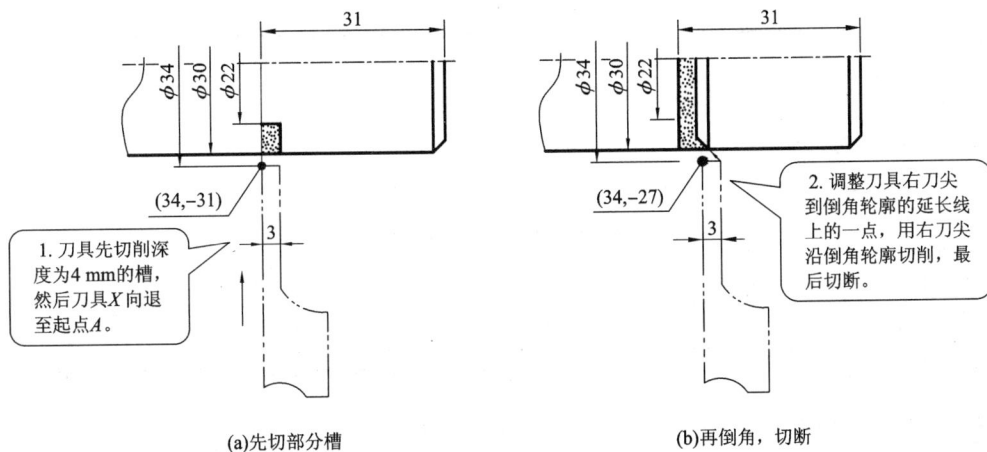

(a)先切部分槽　　　　　　　　(b)再倒角，切断

图 5 - 116　切断刀先切倒角，再切断

2. 加工方案及切削用量的选择

加工方案及切削用量的选择如表 5 - 30 所示。

表 5 – 30　加工方案及切削用量的选择

序号	T 刀具	G 指令	走刀路线	转速 $S/(\text{m·min}^{-1})$	进给速度 $F/(\text{mm·min}^{-1})$	背吃刀量 a_p/mm
			加工方案		切削用量	
1	1 号刀	G90	车削外圆	40	80	1
2	1 号刀	G01	右边的倒角 C2	800	30	2
3	2 号刀	G01	左边的倒角 C2	1500	50	
4	2 号刀	G01	切断	1500	50	

3. 刀具的选择

刀具的选择如表 5 – 31 所示。

表 5 – 31　刀具的选择

刀号	T0101	T0202
形状		
类型	外圆车刀(90°)	切断刀(刀宽 3 mm)
材料	高速钢刀	高速钢刀

4. 编写程序

切断工件的参考程序如表 5 – 32 所示。

表 5 – 32　切断工件参考程序

程序段号	程序	程序解释
	O0001	程序名
N10	G96 M03 S40	G96 恒线速切削；M03 主轴正转；线速度为 40 m/min
N20	G50 S1500	限制主轴最高转速
N30	T0101(外圆车刀)	调用 1 号外圆车刀并调用 1 号刀补偿
N40	G00 X33 Z2	刀具快速移至外圆加工起点
N50	G90 X30.2 Z – 32 F80	粗加工外圆，留有 0.2 mm 的精加工余量
N60	G01 X22 Z2 F80	刀具移至右端倒角加工起点
N70	X30 Z – 2 F30	右端倒角
N80	Z – 29	精加工外圆

程序段号	程序	程序解释
N90	G00 X100 Z100	快速退刀至换刀点
N100	T0404(切断刀)	调用 4 号切断刀,刀宽为 3 mm
N110	G50 S1500	限制主轴最高转速
N120	G00 X34 Z – 31 M08	快速到达切断起点(左刀尖对刀),切削液开,如图 5 – 116 所示
N130	G01 X22 F50	向内切深至 ϕ22 mm,即先切出深度为 4 mm 的槽
N140	X34	X 向退刀至起刀点(34, –31)
N150	Z – 27	左刀尖至 – 27 mm,右刀尖至 – 24 mm
N160	X26 Z – 31	倒角 C2 mm
N170	X0	切断工件
N180	G00 X34	X 向退出工件
N190	X100 Z100 M09	快速退刀至换刀点,切削液关
N200	M05	主轴停止
N210	M30	程序结束

知识要点提示

切断工件容易出现的问题:

(1)工件加工平面产生凹凸现象的原因。

切断刀两侧的刀尖刃磨或磨损不一致造成让刀、车刀安装歪斜或副刀刃不直等,会使工件平面产生凹凸现象。

(2)切槽或切断时产生振动的原因。

切削的工件太长、刀伸出过长、转速过高、进给速度过小、切断刀刀刃太宽等都会使切断时产生振动。

(3)切断刀折断的原因。

①进给速度过快,切断刀前角过大。

②切断刀装夹与工件轴线不垂直,主刀刃与轴线不一样高。

③切断时排屑不良,铁屑堵塞,造成刀头载荷增大,刀头折断。

④切断刀的副偏角、副后角磨得太大,削弱了刀头强度,使刀头折断。

练　习

1.当用一夹一顶方式装夹工件时,工件不应完全切断,而应在工件中心留一细杆,卸下工件后再用榔头敲断。【是、否】

2.当切断不规则表面的工件时,切断前即使不先用外圆车刀把工件车圆,也不会发生"啃刀"现象。【是、否】

3.切断刀排屑不畅时,使切屑堵塞在槽内,造成刀头负荷增大而折断,故切断时应注意及时排屑,防止堵塞。【是、否】

4.切断刀主切削刃太宽,切削时容易产生(　　)。

A.刀头折断　　　　　B.振动现象　　　　　C."啃刀"现象　　　　　D.切屑堵塞

5.切断实心工件时,切断刀主切削刃必须装得(　　)工件轴线。

A.低于　　　　　　　B.高于　　　　　　　C.等高于

6.以切断刀左刀刃为基准切断工件时,编程的长度应是(　　)。

A.工件长度－刀宽　　　B.工件长度＋刀宽　　　C.工件长度

7.如图 5－117 所示,毛坯尺寸为 $\phi45$ mm×60 mm 的棒料,45 钢,试编制该零件的加工程序(包括切断)。

8.如图 5－118 所示,试用 G75 指令在离工件右端面 20 mm 处切断,试编制该零件的切断加工程序。

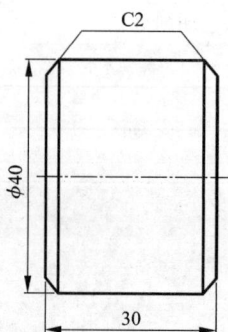

图 5－117　编程练习图　　　　　　　　　图 5－118　编程练习图

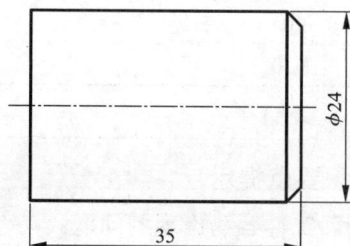

5.7　刀具补偿功能

刀具补偿功能包括刀具偏置补偿、磨损补偿和刀尖圆弧半径补偿。

5.7.1　刀具偏置补偿

编程时设定刀架上各刀在工作位时,其刀尖位置是一致的。但由于刀具的几何形状及安装的不同,其刀尖位置是不一致的,其相对工件原点的距离也是不同的。因此,需要将各刀具的位置值进行比较或设定,称为刀具偏置补偿。刀具偏置补偿可使加工程序不随刀尖位置的不同而改变。刀具偏置补偿有两种形式,即相对补偿形式和绝对补偿形式。

1.相对补偿形式

如图 5－119 所示,在对刀时,确定一把刀为标准刀具,并以其刀尖位置 A 为依据建立坐标系。这样,当其他各刀转到加工位置时,刀尖位置 B 相对标准刀尖位置 A 就会出现偏置,原来建立的坐标系就不再适用,因此应对非标准刀具相对于标准刀具之间的偏置 Δx、ΔZ 进行补偿,使刀尖位置 B 移至位置 A。

标准刀具偏置值为机床回到机床零点时,工件坐标系零点相对于工作位上各刀刀尖位置的有向距离。

2. 绝对补偿形式

即机床回到机床零点时，工件坐标系零点相对于刀架工作位上各刀刀尖位置的有向距离。当执行刀偏补偿时，各刀以此值设定各自的加工坐标系，如图 5 – 120 所示。

刀具使用一段时间后磨损，也会使产品尺寸产生误差，因此需要对其进行补偿。该补偿与刀具偏置补偿存放在同一个寄存器的地址中。各刀的磨损补偿只对该刀有效（包括标准刀具）。

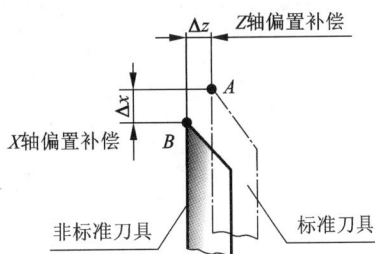

图 5 – 119　刀具偏置的相对补偿形式

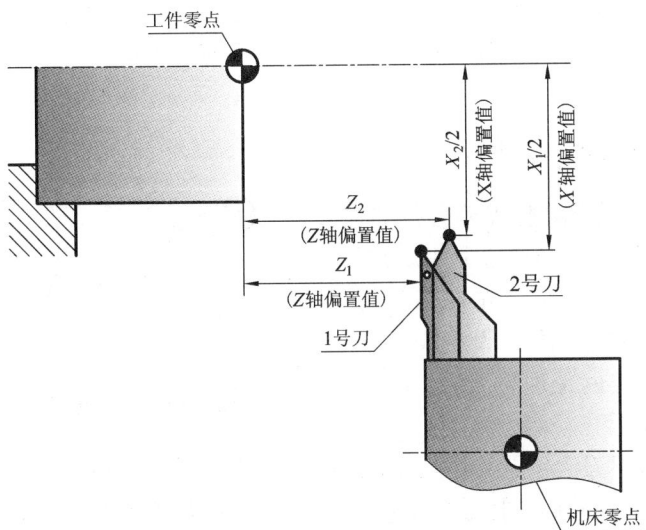

图 5 – 120　刀具偏置的绝对补偿形式

3. 刀具位置补偿代码

刀具位置补偿代码格式如下：

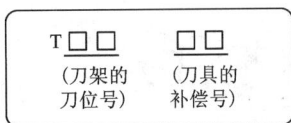

刀具的补偿功能由字母 T 及其后的 4 位数字组成，前两位数字表示刀架的刀位号，后两位数字表示刀具的补偿号，其特点如下：

（1）刀具补偿号是刀具偏置补偿寄存器的地址号，该寄存器存放刀具的 X 轴和 Z 轴偏置补偿值、刀具的 X 轴和 Z 轴磨损补偿值。

（2）加工完成后要将刀补取消，刀补号 00 为取消刀具位置补偿。例如，T 刀具□□00 表示取消号□□刀上的刀具补偿。

（3）系统对刀具的补偿或取消都是通过拖板的移动来实现的。

如果刀具轨迹相对于编程轨迹具有 X、Z 方向上的补偿值（由 X、Z 方向上的补偿分量构成的矢量称为补偿矢量),那么程序段中的终点位置加或减去由 T 代码指定的补偿量(补偿矢量),即为刀具轨迹段终点位置。

如图 5-121 所示,先建立刀具偏置磨损补偿,后取消刀具偏置磨损补偿。

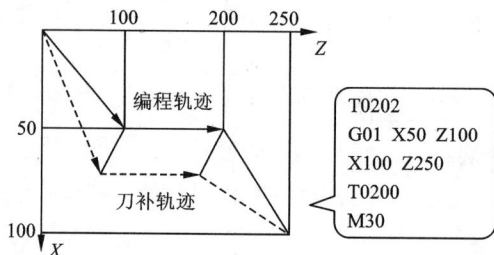

图 5-121　刀具偏置磨损补偿编程

5.7.2　刀尖圆弧半径补偿

任何一把刀具,无论制造或刃磨得如何锋利,在其刀尖部分都存在一个刀尖圆弧,它的半径值是个难以准确测量的值。在理想状态下,我们总是将尖形车刀的刀位点假想成一个点,该点即为假想刀尖,也就是理想刀尖(图中的 O 点),如图 5-122 所示。

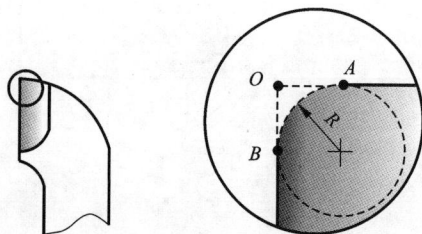

图 5-122　假想刀尖与刀尖圆弧半径

编程时,若以假想刀尖位置为切削点,则编程很简单。但任何刀具都存在刀尖圆弧,当车削外圆柱面或端面时,刀尖圆弧的大小并不起作用,但当车锥面、圆弧、曲面或倒角时,就将影响零件的加工精度,如图 5-123 所示为假想刀尖位置编程时的过切削及欠切削现象。

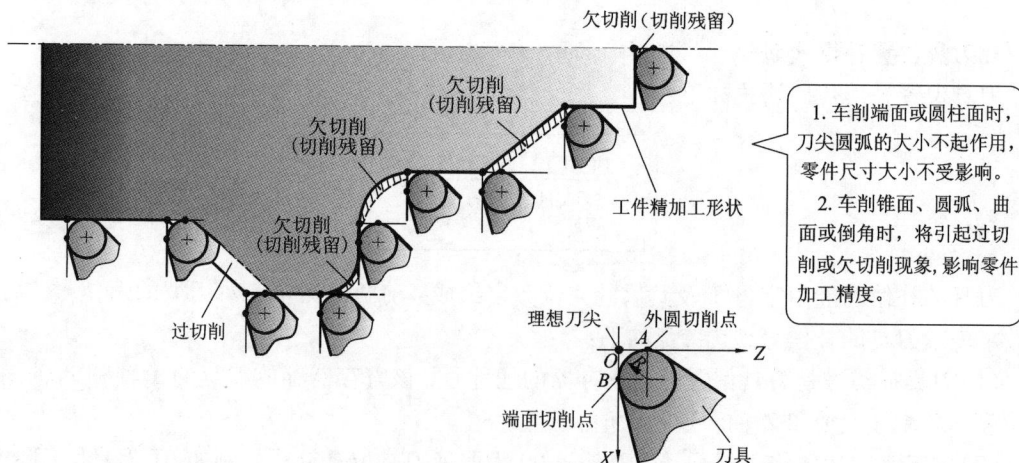

图 5-123　过切削及欠切削现象

编程时若以刀尖圆弧中心编程，可避免过切削及欠切削现象，但计算刀位点比较麻烦，并且如果刀尖圆弧半径值发生变化，还须改动程序。

数控系统的刀具半径补偿功能正是为解决这个问题所设定的。它允许编程者以假想刀尖位置编程，然后给出刀尖圆弧半径，由系统自动计算补偿值，生成刀具路径，完成对工件的合理加工。

5.7.3 刀具半径补偿指令（G41、G42、G40）

刀尖圆弧半径补偿是通过 G41、G42、G40 代码及 T 代码指定的刀尖圆弧半径补偿号，加入或取消半径补偿。以前刀座坐标系为例，G41 为右刀补，G42 为左刀补，G40 为取消刀尖半径补偿。

1. 指令格式

```
格式①：    G41          G00（或G01）    X___ Z___    T_____
          （前刀座      快进（或工进）   （绝对坐标）   （刀具功能）
           右刀补）

格式②：    G42          G00（或G01）    X___ Z___    T_____
          （前刀座      快进（或工进）   （绝对坐标）   （刀具功能）
           左刀补）

格式③：    G40          G00（或G01）    X___ Z___    T_____
          （取消刀补）   快进（或工进）   （绝对坐标）   （刀具功能）
```

各参数解释：

（1）G41——前刀座坐标系右刀补。如果是后刀座坐标系则是指左刀补，根据刀尖与工件的相对位置来确定刀尖半径补偿的方向。如图 5 – 124 和图 5 – 125 所示。

（2）G42——前刀座坐标系左刀补。如果是后刀座坐标系则是指右刀补，根据刀尖与工件的相对位置来确定刀尖半径补偿的方向。如图 5 – 124 和图 5 – 125 所示。

（3）G40——取消刀尖半径补偿。

（4）X、Z——G00、G01 的参数，即建立刀补或取消刀补的终点。

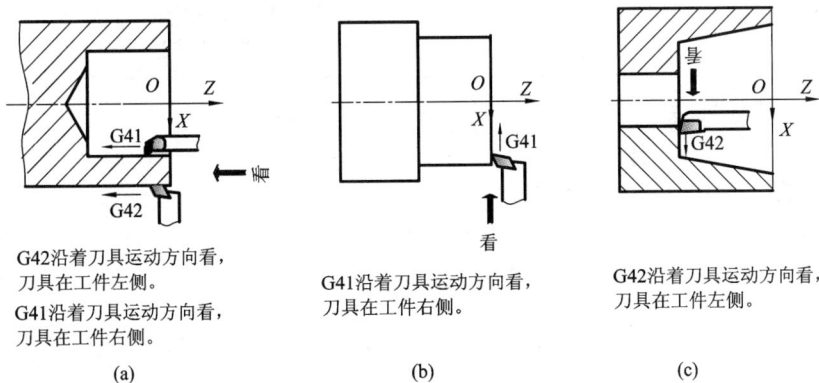

(a)   (b)   (c)

图 5 – 124　前刀座的左刀补 G42 和右刀补 G41

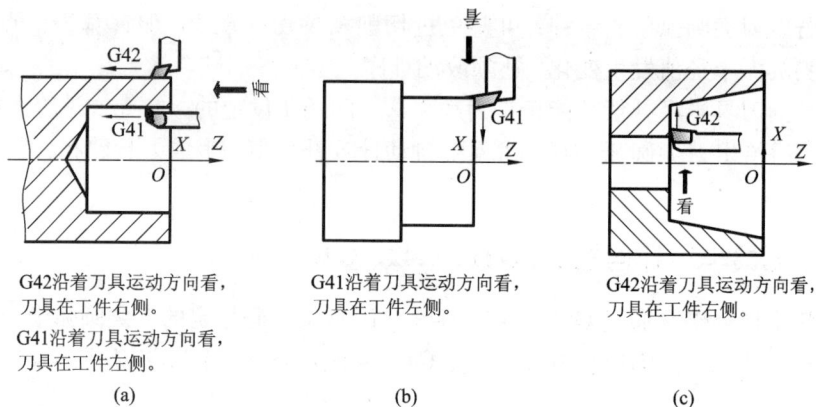

G42沿着刀具运动方向看，
刀具在工件右侧。

G41沿着刀具运动方向看，
刀具在工件左侧。

(a)

G41沿着刀具运动方向看，
刀具在工件左侧。

(b)

G42沿着刀具运动方向看，
刀具在工件右侧。

(c)

图 5－125　后刀座的左刀补 G41 和右刀补 G42

2. 指令说明

（1）G41、G42、G40 都是模态代码，可相互注销。

（2）按 RESET(复位)键，或执行 M30 后，CNC 将取消刀补模式。

（3）在程序结束前，必须用 G40 取消偏置模式，否则，再次执行时刀具轨迹会偏离一个刀尖半径值。

（4）在主程序和子程序中使用刀尖半径补偿，在调用子程序前（即执行 M98 前），CNC 必须补偿取消模式，在子程序中再次建立刀补 C。

> **知识要点提示**
>
> **刀尖半径补偿指令注意事项：**
>
> （1）G41、G42、G40 指令只能和 G01 或 G00 指令一起编程使用，且当轮廓切削完成后要用 G40 指令取消补偿。不允许与圆弧指令（G02、G03）等结合编程，否则报警。
>
> （2）工件有锥度和圆弧时，必须在精车锥度或圆弧前一个程序段建立半径补偿，一般在切入工件时的程序段建立半径补偿。
>
> （3）当执行 G71～G76 固定循环指令时，不执行刀尖半径补偿，刀尖半径补偿暂时取消。在后面程序段中出现 G00、G01、G02、G03 和 G70 指令时，CNC 会将刀尖半径补偿模式自动恢复。

G41、G42 不带参数，其补偿号(代表所用刀具对应的刀尖半径补偿值)由 T 代码指定。其刀尖圆弧补偿号与刀具偏置补偿号对应。

刀尖圆弧半径补偿寄存器中，定义了车刀圆弧半径即刀尖的方向号。

车刀刀尖的方向号定义了刀具刀位点与刀尖圆弧中心的位置关系，从 0～9 有十个方向，如图 5－126 所示。

【例题 5－27】　考虑刀尖半径补偿，编制如图 5－127 所示零件的加工程序。使用刀具号为 T0101，刀尖半径 $R=2$，假想刀尖号 $T=3$。

分析：在偏置取消模式下进行对刀，对刀完成后，通常 Z 轴要偏移一个刀尖半径值，偏移的方向根据假想刀尖方向和对刀点有关，否则在起刀时会过切一个刀尖半径值。

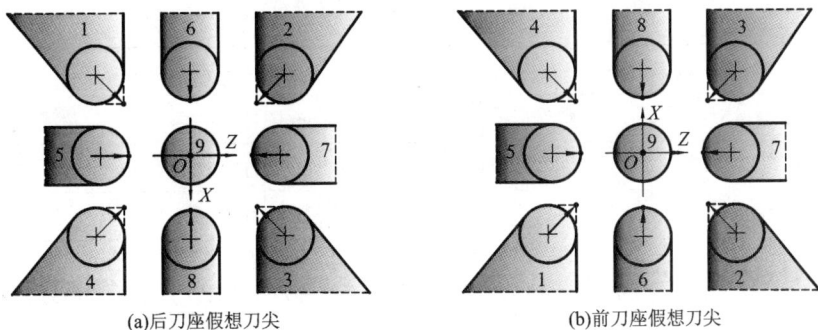

(a)后刀座假想刀尖　　　　　　　　　(b)前刀座假想刀尖

图 5 - 126　车刀刀尖位置码定义

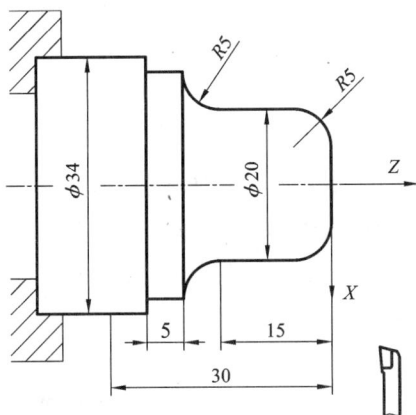

图 5 - 127　刀尖半径补偿编程实例

刀尖半径补偿的参考程序如表 5 - 33 所示。

表 5 - 33　刀尖半径补偿参考程序

程序段号	程序	程序解释
	O0001	程序名
N10	G97 G99 M03 S600	G97 恒线速关闭；G99 每转进给；M03 主轴正转；设置主轴转速为 600 r/min
N20	T0101(外圆车刀)	调用 1 号外圆车刀
N30	G00 X100 Z50	刀具到程序起点位置
N40	G42 G00 X0 Z2	建立刀尖半径补偿 (注意：要在刀具接触工件之前建立刀尖半径补偿)
N50	G01 Z0 F300	切削开始
N60	X10	加工右端面
N70	G03 X20 Z - 5 R5	加工圆弧 R5 mm
N80	G01 Z - 15 F200	加工 ϕ20 mm 圆柱外表面
N90	G02 X30 W - 5 R5	加工圆弧 R5 mm

程序段号	程序	程序解释
N100	G01 W – 5	加工 φ30 mm 圆柱面
N110	X34	加工 φ34 mm 圆柱右台阶
N120	Z – 30	加工 φ34 mm 圆柱面
N130	G40 G00 X100 Z50	取消刀尖半径补偿 （注意：要在刀具离开工件之后取消刀尖半径补偿）
N140	G00 X100 Z100 T0100	取消刀具位置补偿
N150	M30	程序结束

练　习

1. 刀具半径补偿程序段中，不能出现圆弧插补指令 G02、G03。【是、否】

2. G41、G42、G40 是通过 G01 或 G00 来建立或取消刀具补偿。【是、否】

3. G41 是前刀座的刀具半径左补偿，G42 是前刀座的刀具半径右补偿。【是、否】

4. 数控编程时，下列指令正确的是（　　　）。

A. G41 G03 X20 Z – 10　　　　　　　　B. G41 X20 Z – 10

C. G42 G00 X20 Z – 10　　　　　　　　D. G40 G02 Z – 10

5. 刀尖半径左补偿方向的规定是（　　　）。

A. 沿着刀具运动方向看，工件位于刀具左侧

B. 沿着工件运动方向看，工件位于刀具左侧

C. 沿着工件运动方向看，刀具位于工件左侧

D. 沿着刀具运动方向看，刀具位于工件左侧

6. 考虑刀尖半径补偿，编制图 5 – 128 所示的零件加工程序。

7. 考虑刀尖半径补偿，编制图 5 – 129 所示的零件加工程序。

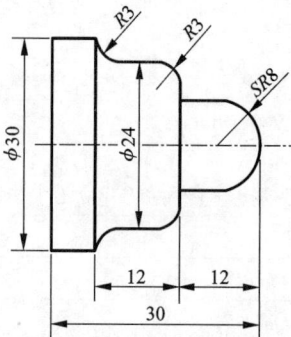

图 5 – 128　编程练习图

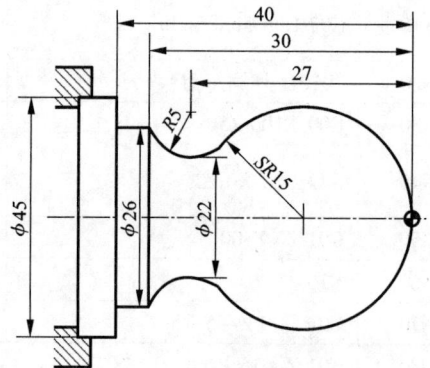

图 5 – 129　编程练习图

5.8　外轮廓加工实例

5.8.1　外轮廓加工训练（一）

【例题 5 - 28】　如图 5 - 130 所示的工件，完成数控车削工艺分析、编程及加工，材料为 45 钢，毛坯为 φ40 mm 的棒料。

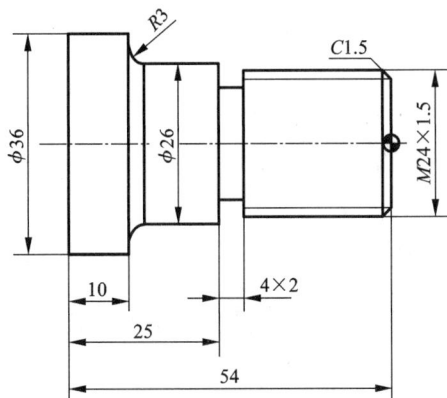

图 5 - 130　外轮廓加工实例

1. 图样分析

综合加工，需完成外轮廓加工、沟槽加工和螺纹加工，最后保证总长，切断加工。

2. 尺寸计算

（1）因考虑到加工螺纹过程中受到刀尖的挤压作用，实际的螺纹大径会偏大，因此，根据实践经验，车螺纹前先将螺纹大径车小 0.2 mm，即外螺纹大径 $d = 24 - 0.2 = 23.8$ mm。

（2）该螺纹 M24 × 1.5，24 为螺纹公称直径，1.5 为螺纹螺距，查表 5 - 11 可得螺纹 M24 × 1.5 的双边牙深，即切深（直径值）为 1.95 mm，螺纹分四次加工，每次吃刀量分别为 0.8 mm、0.5 mm、0.5 mm、0.15 mm，即螺纹小径尺寸逐步加工成 23.2 mm、22.7 mm、22.2 mm、22.05 mm。

3. 加工操作步骤

以毛坯外圆为定位基准，利用三爪自动定心卡盘一次装夹完成加工。编程零点设置在零件右端面的轴心线上。

（1）夹紧毛坯件，伸出卡盘长度 = 限位长度 + 切断位置尺寸 + 工件长度 = 10 + 6 + 54 = 70 mm。

（2）手动车右端面，用试切对刀的方法对刀。

（3）用外圆车削循环指令（G71、G70）粗、精加工零件外形轮廓至尺寸要求，用端面车削循环指令（G94）加工 4 × 2 的螺纹槽，用螺纹切削循环指令（G92）车削螺纹，用端面切削循环指令（G94）切断。

（4）结合图 5 - 130，具体加工方案及切削用量见表 5 - 34。

（5）编写程序，程序检查。

(6)切削加工，修改。

(7)加工完毕，测量检查各部位尺寸，交验。

4. 加工方案及切削用量的选择

加工方案及切削用量的选择见表 5 – 34。

表 5 – 34   加工方案及切削用量

	加工方案			切削用量		
序号	T 刀具	G 指令	走刀路线	转速 $S/(\text{r}\cdot\text{mm}^{-1})$	进给速度 $F/(\text{mm}\cdot\text{r}^{-1})$	吃刀量 a_p/mm
1	T0101 粗车外圆车刀	G71	粗车外圆	600	0.2	1.5
2	T0202 精车外圆车刀	G70	精车外圆	300	0.1	0.25
3	T0303 切断刀	G94	切螺纹退刀槽	300	0.1	
4	T0404 螺纹车刀	G92	车螺纹	500	0.2	0.8、0.5、0.5、0.15
5	T0303 切断刀	G94	切断	500	0.05	

5. 选择刀具

刀具的选择情况如表 5 – 35 所示。

表 5 – 35   刀具的选择

刀号	T0101	T0202	T0303	T0404
形状				
类型	粗车外圆车刀	精车外圆车刀	切断刀(刀宽 3 mm)	螺纹车刀(60°)
材料	高速钢刀	高速钢刀	高速钢刀	高速钢刀

知识要点提示

螺纹加工注意事项：

(1)螺纹精车刀的刀尖圆弧半径不能太大，否则影响螺纹的牙型。

(2)安装螺纹车刀时，必须要使用对刀样板。

(3)螺纹采用直进法加工。

(4)对刀时，要注意编程零点和对刀零点的位置，各把刀要对号输入，必须正确输入刀具的刀头圆弧半径数值及刀具方位号。

(5)机床的长度超程限位为 10 mm。

6. 编写程序

工件加工的参考程序如表 5 – 36 所示。

表 5 – 36　工件加工参考程序

程序段号	程序	程序解释
	O0001	程序名
N10	G97 G99 M03 S600	G97 恒线速关闭；G99 每转进给；M03 主轴正转；设置主轴转速为 600 r/min
N20	T0101（粗车外圆车刀）	调用 1 号粗车外圆车刀
N30	G00 X42 Z2	快速定位，接近工件
N40	G71 U1.5 R0.5	每次 X 方向的单边进刀量为 1.5 mm，每次 X 方向的单边退刀量为 0.5 mm
N50	G71 P60 Q140 U0.5 W0.1 F0.2	精加工形状起始程序段号为 P60，终止段号为 Q140，X 轴方向精车预留余量（直径值）为 0.5 mm，Z 轴方向精车预留余量为 0.1 mm，进给量为 0.2 mm/r
N60	G00 X21	按精加工形状编写程序
N70	G01 Z0 F0.1	
N80	X23.8 W – 1.5	
N90	Z – 29	
N100	X26	
N110	Z – 41	
N120	G02 X32 Z – 44 R3	
N130	X36	
N140	Z – 58	
N150	G00 X100 Z100	快速退刀至换刀点
N160	T0202（精车外圆车刀）	调用 2 号精车外圆车刀
N170	G00 X26 Z2	快速定位，接近工件
N180	G70 P60 Q140	G70 精加工外形轮廓
N190	G00 X100 Z100	快速退刀至换刀点
N200	T0303（切断刀）	调用 3 号切断刀，刀宽 3 mm
N210	G00 X27 Z – 28	快速定位，接近工件
N220	G94 X22 F0.1	切槽
N230	Z – 29	刀具向左进刀 1 mm，继续切槽
N240	G00 X100 Z100	快速退刀至换刀点
N250	T0404（螺纹车刀）	调用 4 号螺纹车刀
N260	G00 X26 Z2	快速定位，接近工件
N270	G92 X23.2 Z – 26 F1.5	螺纹加工
N280	X22.7	
N290	22.2	
N300	22.05	
N310	22.05	

续表 5 – 36

程序段号	程序	程序解释
N320	G00 X100 Z100	快速退刀至换刀点
N330	T0303（切断车刀）	调用 3 号切断刀，刀宽 3 mm
N340	G00 X37 Z – 58	快速定位，接近工件
N350	G94 X18 F0. 05	切槽
N360	G01 Z – 57	刀具右移 1 mm 定位，控制工件总长
N370	G94 X – 0. 1 F0. 05	切断
N380	G00 X100 Z100	快速退刀至换刀点
N390	M05	主轴停止
N400	M30	程序结束

🔍知识要点提示

（1）刀具安装时，要注意多把车刀的安装顺序，尽可能减少刀架回转次数。

（2）刀架的紧固螺钉要逐个锁紧，并检查刀具安装后的主、副偏角是否符合要求。

（3）加工过程中，注意右手食指和中指不要离开"循环开始"和"循环暂停"按钮。

（4）若加工中途遇到紧急情况，立即按下急停按钮或复位键。

（5）工件加工完，要去除毛刺，锐边倒角，工件表面不能用锉刀抛光。

实训操作练习

1. 如图 5 – 131 所示的轴类零件，毛坯为 φ26 mm 的棒材，材料为 45 钢，请完成编程并加工。

2. 如图 5 – 132 所示的轴类零件，毛坯为 φ26 mm 的棒材，材料为 45 钢，请完成编程并加工。

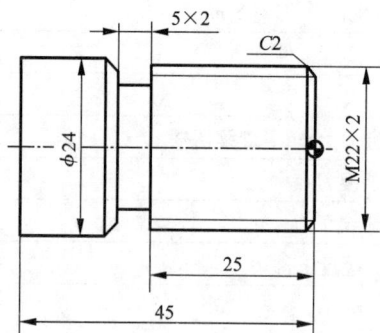

图 5 – 131　实训练习题

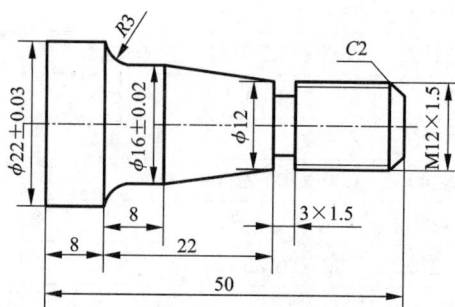

图 5 – 132　实训练习题

5.8.2　外轮廓加工训练(二)

【例题 5 - 29】　加工如图 5 - 133 所示的工件，材料为 45 钢，毛坯为 ϕ30 mm 棒料。

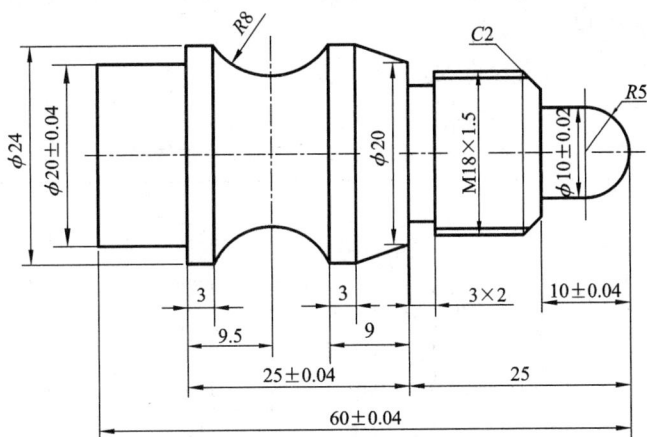

图 5 - 133　外轮廓加工实例

1. 图样分析

综合加工，需完成外轮廓加工、凹弧面加工、沟槽加工和螺纹加工，最后保证总长切断加工。

2. 尺寸计算

(1)因考虑到加工螺纹过程中受到刀尖的挤压作用，实际的螺纹大径会偏大，因此，根据实践经验，车螺纹前先将螺纹大径车小 0.2 mm，即外螺纹大径 $d = 18 - 0.2 = 17.8$ mm。

(2)该螺纹 M18×1.5，18 为螺纹公称直径，1.5 为螺纹螺距，查表 5 - 11 可得螺纹 M18×1.5 的双边牙深，即切深(直径值)为 1.95 mm。螺纹分四次加工，每次吃刀量分别为 0.8 mm、0.5 mm、0.5 mm、0.15 mm，即螺纹小径尺寸逐步加工成 17.2 mm、16.7 mm、16.2 mm、16.05 mm。

3. 加工操作步骤

以毛坯外圆为定位基准，利用三爪自动定心卡盘一次装夹完成加工。编程零点设置在零件右端面的轴心线上。

(1)夹紧毛坯件，伸出卡盘长度 = 限位长度 + 切断位置尺寸 + 工件长度 = 10 + 6 + 60 = 76 mm。

(2)手动车右端面，用试切对刀的方法对刀。

(3)用外圆粗车循环(G71)车削 R5、M18 外圆和 ϕ10 mm、ϕ24 mm 的外圆以及 ϕ10 至 ϕ24 mm 之间的锥面，转速为 600 r/min，刀号为 T0101。

(4)用成形切削循环(G73)车 R8 圆弧面，刀号为 T0202。

(5)用端面车削循环(G94)切螺纹槽和倒角。

(6)车削左边凹入部分，用端面车削循环(G94)切一条槽，用端面粗车循环(G72)车削 ϕ16 mm 位置；用精车循环(G70)精车，刀号为 T0303。

（7）结合图5-133，具体加工方案及切削用量见表5-37。

（8）编写程序，程序检查。

（9）切削加工，修改。

（10）加工完毕，测量检查各部位尺寸，交验。

4. 加工方案及切削用量的选择

加工方案及切削用量的选择见表5-37。

表5-37　加工方案及切削用量的选择

	加工方案				切削用量	
	T 刀具	G 指令	走刀步骤	转速 $S/(\text{r·min}^{-1})$	进给速度 $F/(\text{mm·r}^{-1})$	背吃刀量 a_p/mm
1	T0101 外圆车刀	G71、G70	粗车外轮廓、精车外轮廓	600	0.2	1.5
2	T0202 外圆尖车刀	G73	车 R8 圆弧面	300	0.2	
3	T0303 切槽车刀	G94	车螺纹退刀槽	300	0.1	
4	T0404 螺纹车刀	G92	车螺纹	500	0.2	0.8、0.5、0.5、0.15
5	T0303 切槽车刀	G72、G70	车削外圆 $\phi16$ mm	600	0.1	
6	T0303 切槽车刀	G94	切断	500	0.05	

5. 刀具的选择

刀具的选择如表5-38所示。

表5-38　刀具的选择

刀号	T0101	T0202	T0303	T0404
形状				
类型	外圆车刀(90°)	外圆尖车刀(90°)	切槽车刀(刀宽 3 mm)	螺纹车刀(60°)
材料	高速钢刀	高速钢刀	高速钢刀	高速钢刀

6. 编写程序

工件加工的程序如表5-39所示。

表5-39　工件加工参考程序

程序段号	程序	程序解释
	O0001	程序名
N10	G97 G99 M03 S600	G97 恒线速关闭；G99 每转进给；M03 主轴正转；设置主轴转速为600 r/min

程序段号	程序	程序解释
N20	T0101（外圆车刀）	调用 1 号外圆车刀
N30	G00 X32 Z2	快速移至循环起点
N40	G71 U1.5 R0.5	每次 X 方向的单边进刀量为 1.5 mm，每次 X 方向的单边退刀量为 0.5 mm
N50	G71 P60 Q140 U0.2 W0.1 F0.2	精加工形状起始程序段号为 P60，终止段号为 Q140，X 轴方向精车预留余量（直径值）为 0.2 mm，Z 轴方向精车预留余量为 0.1 mm，进给量为 0.2 mm/r
N60	G00 X0	按精加工形状编写程序
N70	G01 Z0 F0.1	
N80	G03 X10 Z - 5 R5	
N90	G01 Z - 10	
N100	X14	
N110	X17.8 Z - 12	
N120	Z - 25	
N130	X24 Z - 31	
N140	Z - 64	
N150	G00 X100 Z100	
N160	T0202（外圆尖车刀）	调用 2 号外圆尖车刀
N170	G00 X26 Z - 34	刀具快速移至切削起点
N180	G73 U3 W0 R4	设置 X 向切除的总余量为 3 mm，Z 向总切除余量为 0 mm，循环次数 4 次
N190	G73 P200 Q210 U0.3 W0 F0.2	精加工形状起始程序段号为 P200，终止段号为 Q210 设置 X 向精车余量（直径值）为 0.3 mm，Z 向精车余量为 0 mm，进给量 0.2 mm/r
N200	G00 X24 Z - 34	加工圆弧 $R8$ mm
N210	G02 X24 Z - 47 R8 F0.1	
N220	G00 X100 Z100	快速退刀
N230	T0303（切槽车刀）	调用 3 号切槽车刀，刀宽 3 mm
N240	G00 X21 Z - 25	切槽加工
N250	G94 X16 F0.1	
N260	G00 X26	
N270	Z - 53	
N280	G94 X20.1 F0.1	

程序段号	程序	程序解释
N290	G72 W2.8 R0.5	每次 Z 方向的进刀量为 2.8 mm, 每次 Z 方向的退刀量为 0.5 mm
N300	G72 P310 Q330 U0.1 W0 F0.1	精加工形状起始程序段号为 P310, 终止段号为 Q330。X 精车预留余量(直径值)为 0.1 mm, Z 向精车预留余量为 0 mm, 进给量为 0.1 mm/r
N310	G00 Z – 64	按精加工形状编写程序
N320	G01 X20F0.1	
N330	Z – 53	
N340	G70 P310 Q330	精加工指令 G70
N350	G00 X100 Z100	快速退刀
N360	T0202(外圆尖车刀)	调用 2 号外圆尖车刀
N370	G00 X1 Z1	精加工外轮廓
N380	G01 X0 Z0 F0.1	
N390	G03 X10 Z – 5 R5	
N400	G01 Z – 10	
N410	X14	
N420	X17.8 Z – 12	
N430	Z – 25	
N440	X20	
N450	X24 Z – 31	
N460	Z – 34	
N470	G02 X24 Z – 47 R8	
N480	G01 Z – 51	
N490	G00 X100 Z100	快速退刀
N500	T0404(螺纹车刀)	调用 4 号螺纹车刀
N510	G00 X20 Z – 8	加工螺纹
N520	G92 X17.2 Z – 28 F1.5	
N530	X16.7	
N540	X16.2	
N550	X16.05	
N560	X16.05	
N570	G00 X100 Z100	快速退刀

程序段号	程序	程序解释
N580	T0303（切槽车刀）	调用 3 号切槽刀，刀宽 3 mm，切断工件
N590	G00 X26 Z - 64	快速移到加工起点
N600	X18	X 向切削至 ϕ18 mm
N610	G94 X9 F30	X 向继续切削至 ϕ9 mm 后，X 向退至 ϕ18 mm 位置
N620	G01 X18 Z - 63 F0.05	刀具右移 1 mm
N630	X0	切断
N640	G00 X26	退出工件
N650	X100 Z100	快速退刀至换刀点
N660	M05	主轴停止
N670	M30	程序结束

实训操作练习

1. 如图 5 - 134 所示的轴类零件，毛坯为 ϕ30 mm ×70 mm 的棒材，材料为 45 钢，请编程并加工。

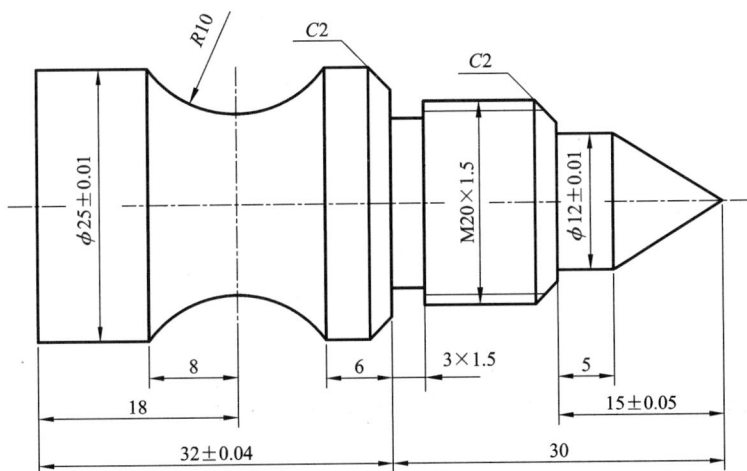

图 5 - 134　实训练习图

2. 如图 5 - 135 所示的轴类零件，毛坯为 ϕ30 mm ×70 mm 的棒材，材料为 45 钢，请编程并加工。

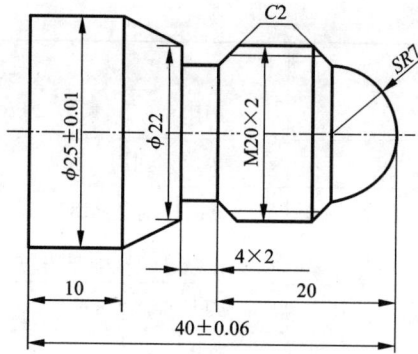

图5-135 实训练习图

5.8.3 外轮廓加工训练(三)

【例题5-30】 如图5-136所示的槽类零件,毛坯为 $\phi 50$ mm $\times 50$ mm,要求加工出合格工件。

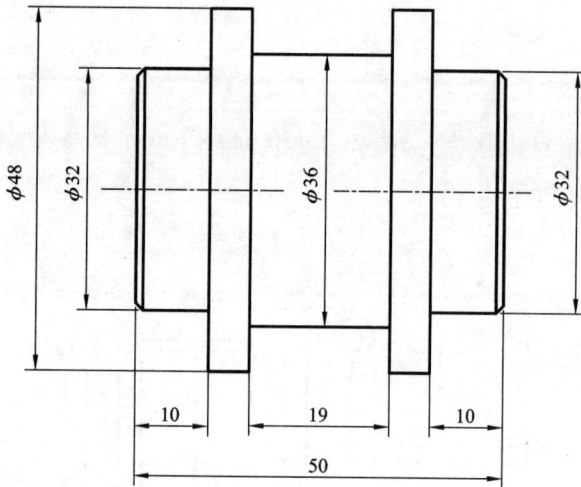

图5-136 外轮廓加工示例

1. 图样分析

毛坯为 $\phi 50$ mm $\times 53$ mm、未注倒角 C1、表面粗糙度 1.6。

2. 加工操作步骤

(1)装夹工件右端,伸出长度大约为 28 mm。

(2)采用试切对刀的方法对刀。

(3)手动车左端端面。

(4)采用内、外圆切削复合循环指令(G71)的方法车削左端外轮廓。

(5)掉头校正,手动车端面,控制总长 50 mm。

(6)采用内、外圆切削循环指令(G71)的方法车削右端外轮廓。

(7)采用切槽循环指令(G75 加工宽槽)。

3. 加工方案及切削用量的选择

加工方案及切削用量的选择见表 5 - 40。

表 5 - 40 加工方案及切削用量的选择

序号		加工方案		切削用量		
序号	T 刀具	G 指令	走刀路线	转速 $S/(\text{r} \cdot \text{min}^{-1})$	进给速度 $F/(\text{mm} \cdot \text{r}^{-1})$	背吃刀量 a_p/mm
1	T0101 (外圆车刀)	G71	粗车外圆	800	0.3	1.5
1	T0101 (外圆车刀)	G70	精车外圆	1200	0.3	0.8
2	T0202 (切槽车刀)	G75	粗、精车槽	800	0.2	1

4. 选择刀具

刀具的选择如表 5 - 41 所示。

表 5 - 41 刀具的选择

刀号	T0101	T0202
形状		
类型	外圆车刀(90°)	切槽车刀(刀宽 4 mm)
材料	YT15 硬质合金	YT15 硬质合金

5. 编写程序

(1)左端外轮廓加工程序如表 5 - 42 所示,编程原点选择在左端面与中心线的交点。

表 5 - 42 左端外轮廓加工程序

程序段号	程序	程序解释
	O0001	程序名
N10	G97 G99 M03 S800	G97 恒线速关闭;G99 每转进给;M03 主轴正转;设置主轴转速为 800 r/min
N20	T0101(90°外圆车刀)	调用 1 号 90°外圆车刀并调用 1 号刀具补偿
N30	G00 X52 Z2	刀具快速移至循环切削起点
N40	G71 U1.5 R0.5	采用内、外圆复合循环指令 G71 粗加工外轮廓并设置加工参数(每次背吃刀量 1.5 mm(U1.5),退刀量单边 0.5 mm(R0.5);从 N60(P60)至 N130(Q130)为精加工轨迹;X 向留精加工余量 0.8 mm(U0.8),Z 向留精加工余量 0.03 mm(W0.03);进给量为 0.3 mm/r(F0.3)
N50	G71 P60 Q130 U0.8 W0.03 F0.3	

程序段号	程序	程序解释
N60	G00 X30	零件精加工轨迹
N70	G01 Z0 F0.1	
N80	X32 Z - 1	
N90	Z - 10	
N100	X46	
N110	X48 W - 1	
N120	Z - 26	
N130	X50	
N140	G00 X120 Z60	退刀至安全换刀点
N150	M05	主轴停止
N160	M00	程序无条件暂停(便于测量外轮廓余量与图样上工件实际尺寸误差)
N170	T0101(外圆车刀)	调用1号外圆车刀并调用1号刀具补偿
N180	M03 S1200	M03 主轴正转;设置主轴转速为 1200 r/min
N190	G00 X52 Z2	刀具快速移至循环切削起点
N200	G70 P60 Q130	精加工外轮廓,调用 N60 至 N130 程序段执行精加工
N210	G00 X120 Z60	退刀至安全换刀点
N220	M05	主轴停止
N230	M30	程序结束并返回至程序头

(2)右端外轮廓加工程序如表 5 - 43 所示,编程原点选择在右端面与中心线的交点。

表 5 - 43 右端外轮廓加工程序

程序段号	程序	程序解释
	O0002	程序名
N10	G97 G99 M03 S800	G97 恒线速关闭;G99 每转进给;M03 主轴正转;设置主轴转速为 800 r/min
N20	T0101(90°外圆车刀)	调用1号90°外圆车刀并调用1号刀具补偿
N30	G00 X52 Z2	刀具快速移至循环切削起点
N40	G71 U1.5 R0.5	采用内、外圆复合循环指令 G71 粗加工外轮廓并设置加工参数[每次背吃刀量 1.5 mm($U1.5$)],退刀量单边 0.5 mm($R0.5$);从 N60($P60$)至 N130($Q130$)为精加工轨迹;X 向留精加工余量 0.8 mm($U0.8$),Z 向留精加工余量 0.03 mm($W0.03$);进给量为 0.3 mm/r($F0.3$)
N50	G71 P60 Q130 U0.8 W0.03 F0.3	

程序段号	程序	解释
N60	G00 X30	零件精加工轨迹
N70	G01 Z0 F0.1	
N80	X32 Z - 1	
N90	Z - 10	
N100	X46	
N110	X48 W - 1	
N120	Z - 26	
N130	X50	
N140	G00 X120 Z60	退刀至安全换刀点
N150	M05	主轴停止
N160	M00	程序无条件暂停(便于测量外轮廓余量与图样实际尺寸误差)
N170	T0101(外圆车刀)	调用 1 号外圆车刀并调用 1 号刀具补偿
N180	M03 S1200	M03 主轴正转;设置主轴转速为 1200 r/min
N190	G00 X52 Z2	刀具快速移至循环切削起点
N200	G70 P60 Q130	精加工外轮廓,调用 N60 至 N130 程序段执行精加工
N210	G00 X120 Z60	退刀至安全换刀点
N220	M05	主轴停止
N230	M30	程序结束并返回至程序头

(3)右端槽加工程序如表 5 - 44 所示,编程原点选择在右端面与中心线的交点。

表 5 - 44　右端槽加工程序

程序段号	程序	程序解释
	O0003	程序名
N10	G97 G99 M03 S800	G97 恒线速关闭;G99 每转进给;M03 主轴正转;设置主轴转速为 800 r/min
N20	T0202(切槽车刀)	调用 2 号切槽车刀并调用 2 号刀具补偿(切槽车刀刀宽 4 mm)
N30	G00 X49 Z - 20.5	刀具快速移至循环切削起点
N40	G75 R0.5	采用切槽循环指令(G75)加工槽并设置加工参数。X 方向每次切深单方向为 1 mm(P1000)并退刀 0.5 mm(R0.5),Z 方向每次移动 3.8 mm(Q3800)
N50	G75 X36 Z - 34.5 P1000 Q3800 F0.2	
N60	G00 X120 Z60	退刀至安全换刀点
N70	M05	主轴停止
N80	M30	程序结束并返回至程序头

5.8.4 外轮廓加工训练(四)

【例题 5 –31】 如图 5 –137 所示的槽类零件, 材料采用上一个课题的工件, 要求加工出合格工件。

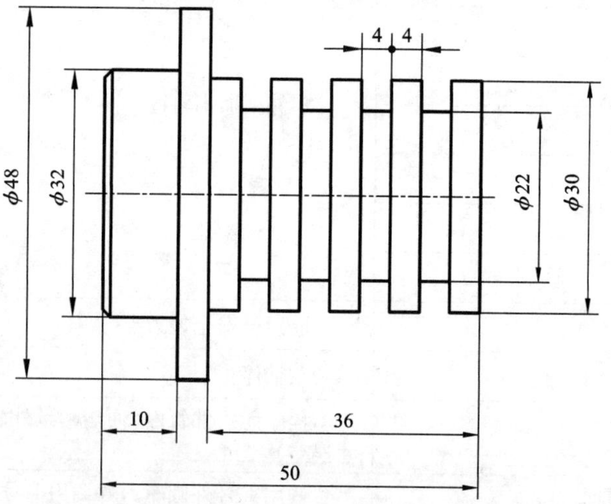

图 5 –137 外轮廓加工示例

1. 图样分析

材料采用上一个课题的工件、未注倒角 $C1$、表面粗糙度 1.6。

2. 加工操作步骤

(1)装夹工件右端, 校正工件。

(2)采用试切对刀的方法对刀。

(3)采用内、外圆切削复合循环指令(G71)的方法车削右端外轮廓。

(4)采用切槽循环指令(G75)加工宽槽。

3. 加工方案及切削用量的选择

加工方案及切削用量的选择如表 5 –45 所示。

表 5 –45　加工方案及切削用量的选择

序号	加工方案			切削用量		
	T 刀具	G 指令	走刀路线	转速 $S/(\text{r}\cdot\text{mm}^{-1})$	进给速度 $F/(\text{mm}\cdot\text{r}^{-1})$	背吃刀量 a_p/mm
1	T0101 (外圆车刀)	G71	粗车外圆	800	0.3	1.5
		G70	精车外圆	1200	0.1	0.4
2	T0202 (切槽车刀)	G75	粗、精车槽	800	0.2	1

4. 选择刀具

刀具的选择如表 5 –46 所示。

表 5 - 46 刀具的选择

刀号	T0101	T0202
形状		
类型	外圆车刀(55°)	切槽车刀(刀宽 4 mm)
材料	YT15 硬质合金	YT15 硬质合金

5. 编写程序

(1)右端外轮廓加工程序,如表 5 - 47 所示,编程原点选择在右端面与中心线的交点。

表 5 - 47 右端外轮廓加工程序

程序段号	程序	解释
	O0001	程序名
N10	G97 G99 M03 S800	G97 恒线速关闭;G99 每转进给;M03 主轴正转;设置主轴转速为 800 r/min
N20	T0101(55°外圆车刀)	调用 1 号 55°外圆车刀并调用 1 号刀具补偿
N30	G00 X52 Z2	刀具快速移至循环切削起点
N40	G71 U1.5 R0.5	采用内、外圆复合循环指令 G71 粗加工外轮廓并设置加工参数:每次背吃刀量 1.5 mm(U1.5),退刀量单边
N50	G71 P60 Q100 U0.8 W0.03 F0.3	0.5 mm(R0.5);从 N60(P60)至 N100(Q100)为精加工轨迹;X 向留精加工余量 0.8 mm(U0.8),Z 向留精加工余量 0.03 mm(W0.03);进给量为 0.3 mm/r(F0.3)
N60	G00 X29	
N70	G01 Z0 F0.1	
N80	X30 Z - 1	零件精加工轨迹
N90	Z - 36	
N100	X50	
N110	G00 X120 Z5	退刀至安全换刀点
N120	M05	主轴停止
N130	M00	程序无条件暂停(便于测量外轮廓余量与图样实际尺寸误差)
N140	T0101(外圆车刀)	调用 1 号外圆车刀并调用 1 号刀具补偿
N150	M03 S1200	M03 主轴正转;设置主轴转速为 1200 r/min
N160	G00 X52 Z2	刀具快速移至循环切削起点
N170	G70 P60 Q100	精加工外轮廓,调用 N60 至 N100 程序段执行精加工
N180	G00 X120 Z5	退刀至安全换刀点
N190	M05	主轴停止
N200	M30	程序结束并返回至程序头

（2）右端槽加工程序如表 5 - 48 所示，编程原点选择在右端面与中心线的交点。

表 5 - 48　右端槽加工程序

程序段号	程序	程序解释
	O0002	程序名
N10	G97 G99 M03 S800	G97 恒线速关闭；G99 每转进给；M03 主轴正转；设置主轴转速为 800 r/min
N20	T0202（切槽车刀）	调用 2 号切槽车刀并调用 2 号刀具补偿（切槽刀刀宽 4 mm）
N30	G00 X38 Z - 8	刀具快速移至循环切削起点
N40	G75 R0.5	采用切槽循环指令（G75）加工槽并设置加工参数 X 方向每次切深单方向为 1 mm（P1000）并退刀 0.5 mm（R0.5），Z 方向每次移动 8 mm（Q8000）
N50	G75 X22 Z - 32 P1000 Q8000 F0.2	
N60	G00 X120 Z5	退刀至安全换刀点
N70	M05	主轴停止
N80	M30	程序结束并返回至程序头

实训操作练习

1. 如图 5 - 138 所示的轴类零件，毛坯为 ϕ48 mm × 65 mm 的棒材，材料为 45 钢，请编程并加工。

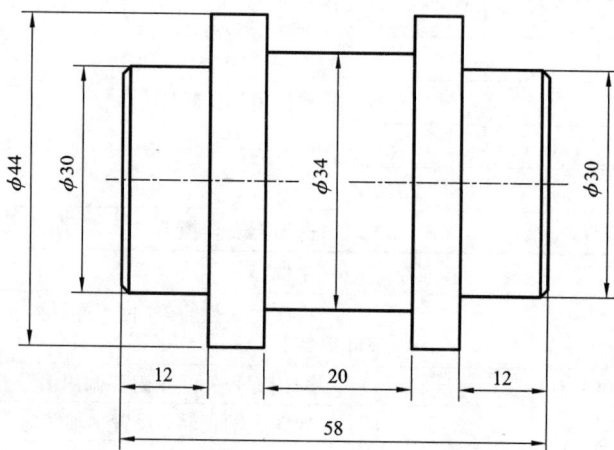

图 5 - 138　实训练习图

2. 如图 5 - 139 所示的轴类零件，毛坯为 ϕ48 mm × 65 mm 的棒材，材料为 45 钢，请编程并加工。

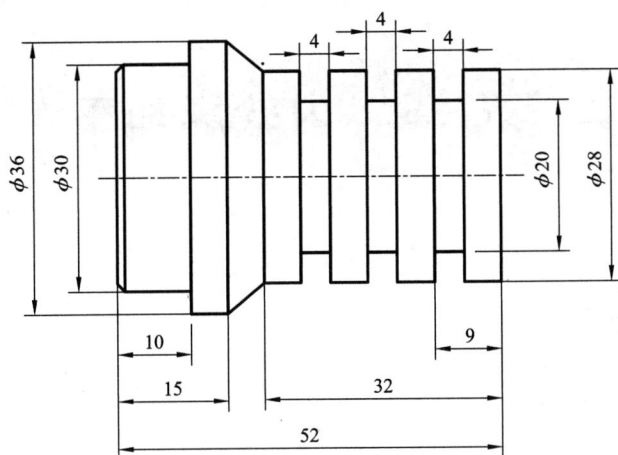

图 5 - 139　实训练习图

第6章　内轮廓加工

6.1　阶梯孔加工

1. G90 内孔加工指令格式

格式①：　G90　X____　Z____　F_____
　　　　　　　　（终点绝对坐标）　（进给速度）

格式②：　G90　U____　W____　F_____
　　　　　　　　（终点相对坐标）　（进给速度）

（1）指令格式与加工圆柱面相同。用 G90 指令加工内孔动作。执行刀具一次性连续完成四个动作：①快速进刀→②切削加工→③退刀→④快速返回，刀具运动轨迹形成一个闭合回路，如图 6-1（a）所示。

（2）G90 为模态指令，指令的起点和终点相同。加工圆柱面时，从循环起点开始，系统在执行完一个切削加工指令后会自动回到加工循环起点位置，接着循环下一指令，直到加工完成为止，内孔的加工路线如图 6-1（b）所示。

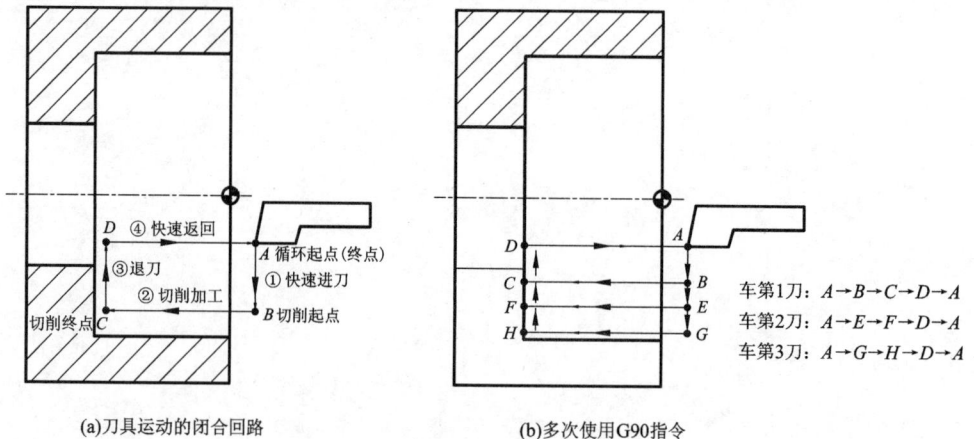

(a)刀具运动的闭合回路　　　　　(b)多次使用G90指令

图 6-1　G90 指令加工内孔运动轨迹

2. 编程举例

【例题 6-1】　加工如图 6-2 所示的阶梯孔，已钻出 $\phi18$ mm 的通孔，用 G90 指令编写加工程序。

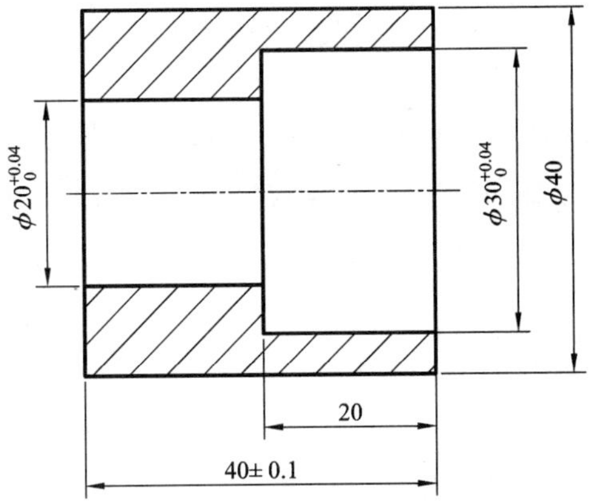

图 6 - 2　G90 指令加工阶梯孔示例

G90 指令加工阶梯孔参考程序如表 6 - 1 所示。

表 6 - 1　G90 指令加工阶梯孔的参考程序

程序段号	程序	程序解释
	O0001	程序名
N10	G97 G99 M03 S600	G97 恒线速关闭；G99 每转进给；M03 主轴正转；设置主轴转速为 600 r/min
N20	T0101（内孔车刀）	调用 1 号内孔车刀
N30	G00 X18 Z2 M08	刀具快速定位，打开切削液
N40	G90 X19 Z - 41 F0.1	粗车孔 $\phi20$ mm 内表面，留精加工余量 1 mm
N50	X21 Z - 20	粗车孔 $\phi30$ mm 内表面第一刀
N60	X23	粗车孔 $\phi30$ mm 内表面第二刀
N70	X25	粗车孔 $\phi30$ mm 内表面第三刀
N80	X27	粗车孔 $\phi30$ mm 内表面第四刀
N90	X29	粗车孔 $\phi30$ mm 内表面第五刀，留精加工余量 1 mm
N100	S800	主轴转速为 800 r/min
N110	G00 X30 Z2	刀具 X 向快速定位，准备精车内孔
N120	G01 Z - 20 F0.05	精车孔 $\phi30$ mm 内表面
N130	X20	精车端面
N140	Z - 41	精车孔 $\phi20$ mm 内表面
N150	X18 M09	X 向退刀，关闭切削液
N160	G00 Z2	Z 向快速退刀
N170	G00 X100 Z100	快速退刀至换刀点
N180	M05	主轴停止
N190	M30	程序结束

知识链接

1. 内孔车刀的选择

在保证不与孔壁相碰的前提下，尽可能选粗壮的刀杆，也就是尽量增加刀杆的截面积，以增加其刚度和强度。刀杆工作部分的长度大于孔的深度 3 ~ 5 mm 即可。

2. 内孔车刀的安装

(1)刀杆伸出刀架处的长度应尽可能短，以增加刚性，避免因刀杆弯曲变形，而使孔产生锥形误差，一般比被加工孔深度长 5 ~ 10 mm。

(2)刀杆要装正，应平行于工件轴线，不能歪斜，以防止刀杆后半部分容易碰到工件孔口。

(3)刀尖应等高或略高于工件旋转中心，以减小振动和扎刀现象，防止内孔车刀下部碰坏孔壁，影响加工精度。

(4)不通孔车刀装夹时，内偏刀的主刀刃应与孔底平面成 3° ~ 5°角，并且在车平面时要求横向有足够的退刀余地。

3. 车内孔时的质量问题分析

(1)孔径大于要求尺寸。

原因是内孔车刀安装不正确、刀尖不锋利、孔偏斜和跳动、测量不及时。

(2)孔径小于要求尺寸。

原因是刀杆细造成"让刀"现象；绞刀磨损以及车削温度过高。

(3)表面粗糙度达不到要求。

原因是刀刃不锋利、角度不正确、切削用量选择不当或冷却液不充分。

知识要点提示

车内孔的操作要点：

(1)内孔车刀对刀时要先钻孔，在钻孔之前，先钻中心孔，起导入的作用。

(2)钻孔时转速不宜太高，一般 350 r/min 左右即可，进给速度 F 切入、切出时慢点，正常加工时可快点。

(3)手动或手轮车内孔时，要注意进退刀方向，先判断后移动。车内孔的进退刀方向与外圆方向相反，外圆是从大车到小，内孔是从小车到大，退刀先退 Z 轴，再退 X 轴。

(4)换刀点应远离工件，以内孔车刀为准，确保换刀时刀具和工件不发生干涉。

(5)因受刀杆长度的影响，加工内孔时，其转速、进给速度一般低于外圆加工速度。

实训操作练习

1. 如图 6-3 所示的孔类零件，毛坯为 φ45 mm × 40 mm 的棒材，材料为 45 钢，请编程并加工。

2. 如图 6-4 所示的孔类零件，毛坯为 φ55 mm × 45 mm 的棒材，材料为 45 钢，请编程并加工。

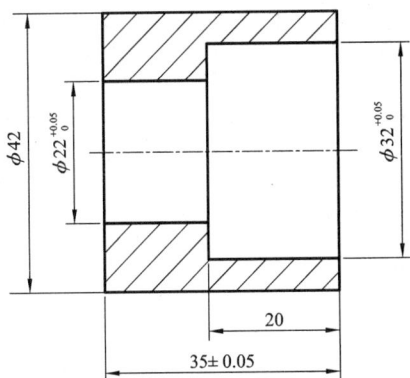

图 6-3　实训习题图

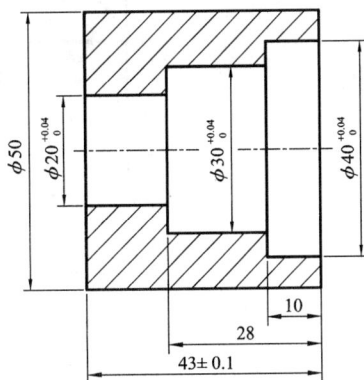

图 6-4　实训练习图

6.2　锥孔加工

1. G71 加工内孔

用 G71 加工内孔的格式如下：

```
        G71    U(Δd)        R(e)
               (吃刀深度；    (每次退刀量；
               半径值)       X向单边值)

        G71    P(ns)        Q(nf)        U(Δu)         W(Δw)         F(f)         S(s)         T(t)
格式：          (起始段号)    (终止段号)    (X向精车余量；  (Z向精车余量)   (进给速度)     (主轴转速)    (刀具功能)
                                          直径值)

        N (ns)  … ；(起始段号)
          ⋮
        N (nf)  … ；(终止段号)
```

> **知识要点提示**
>
> 　　G71 加工内孔指令与前面所讲述的加工工件外轮廓指令 G71 各参数是相同的，唯一的区别是加工内孔时，退刀方向与加工外轮廓的退刀方向相反，因此，加工内孔的 U (Δu) 值应取负值。

2. 编程举例

【例题 6-2】　加工如图 6-5 所示的锥孔，已钻出 $\phi18$ mm 的通孔，用 G71 指令编写加工程序。

1）图样分析

外圆不加工，已有内孔，孔径为 $\phi18$ mm。

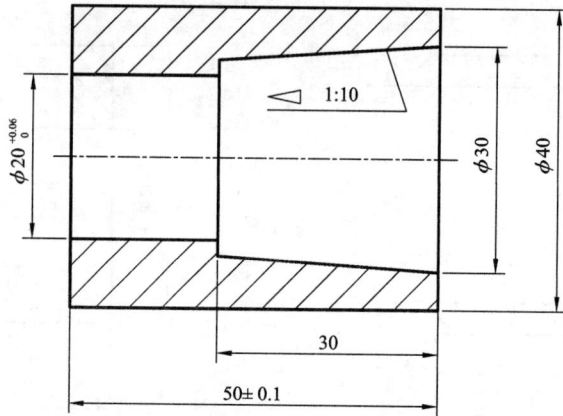

图 6 - 5　G71 指令加工锥孔示例

2)尺寸计算

内圆锥小端直径的尺寸计算如下:

$$\frac{大端直径 - 小端直径}{长度} = \frac{1}{10}$$

$$\frac{30 - 小端直径}{30} = \frac{1}{10}$$

$$小端直径 = 27(mm)$$

即,内圆锥小端直径为 $\phi27$ mm。

3)加工操作步骤

(1)装夹毛坯件,伸出长度为 20 mm。

(2)选用一把内孔 90°的偏刀,伸出长度为 55 mm。

(3)用试切对刀的方法对刀。

(4)采用内孔粗车循环(G71)的方法粗车内孔,再用内孔精车循环(G70)精车。

(5)粗车孔主轴转速 500 r/min,精车孔主轴转速为 800 r/min。

(6)编写程序,程序检查。

(7)切削加工,修改。

(8)加工完毕,测量检查各部位尺寸,检验。

4)编写程序

其加工程序如表 6 - 2 所示。

表 6 - 2　G71 指令加工锥孔参考程序

程序段号	加工程序	程序解释
	O0002	程序名
N10	G97 G99 M03 S500	G97 恒线速关闭;G99 每转进给;M03 主轴正转;设置主轴转速为 500 r/min

程序段号	加工程序	程序解释
N20	T0101（内孔车刀）	调用 1 号内孔车刀，并调用 1 号刀具补偿
N30	G00 X18 Z2 M08	刀具快速定位，打开切削液。
N40	G71 U1 R0.5	每次 X 方向的单边进刀量为 1 mm，每次 X 方向的单边退刀量为 0.5 mm
N50	G71 P60 Q110 U - 0.5 W0.1 F0.2	精加工工件内孔形状起始程序段号为 P60，终止段号为 Q110，X 轴方向精车预留余量（直径值）为 - 0.5 mm（即 X 轴反方向），Z 轴方向精车预留余量为 0.1 mm，进给量为 0.2 mm/r
N60	G01 X30 S800 F0.1	按精加工工件内孔形状编写程序，N60 ~ N110 指定精车路线
N70	Z0	刀具 Z 向到达切削起点
N80	X27 Z - 30	精车内锥面
N90	X20.03	精车端面
N100	Z - 50	精车 φ20 mm 内圆柱面
N110	X18	X 向退刀
N120	G70 P60 Q110	G70 精车循环
N130	G00 X50 Z100	快速退刀至换刀点，取消刀具半径补偿
N140	M09	关闭切削液
N150	M05	主轴停止
N160	M30	程序结束

实训操作练习

1. 如图 6 - 6 所示的孔类零件，毛坯为 φ40 mm × 45 mm 的棒材，材料为 45 钢，请编程并加工。

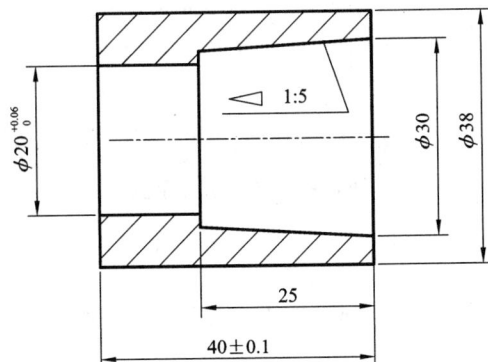

图 6 - 6　实训练习图

2. 如图 6 - 7 所示的孔类零件，毛坯为 φ45 mm × 55 mm 的棒材，材料为 45 钢，请编程并加工。

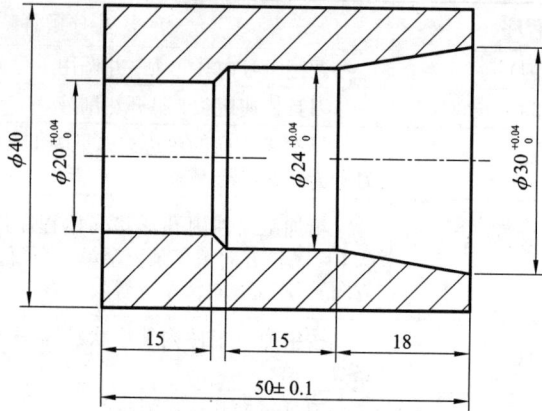

图 6 - 7   实训练习图

6.3   内圆弧、内沟槽加工

【**例题 6 - 3**】   加工如图 6 - 8 所示的孔类零件，已钻出 $\phi20$ mm 的通孔，请编写加工程序并加工。

图 6 - 8   内孔加工示例

1. 图样分析

该零件长度已加工为 35 mm，外圆不加工，已有内孔，孔径为 $\phi20$ mm。

2. 加工操作步骤

（1）装夹毛坯件，工件伸出长度为 15 mm。

（2）选用一把内孔 90°的偏刀，伸出长度为 40 mm；一把内孔切槽刀，刀宽为 4 mm，伸出长度为 35 mm。

（3）用试切对刀的方法对刀。

(4)采用内孔粗车循环(G71)的方法粗车内孔,再用精车循环(G70)精车内孔,接着用直线插补(G01)的方法加工内槽。如图6-9所示。

(5)粗车孔主轴转速600 r/min,精车孔主轴转速为800 r/min,车内槽主轴转速为300 r/min。

(6)编写程序,程序检查(内孔车刀 T0101;切槽车刀 T0202,刀宽4 mm)。

(7)切削加工,修改。

(8)加工完毕,测量检查各部位尺寸,检验。

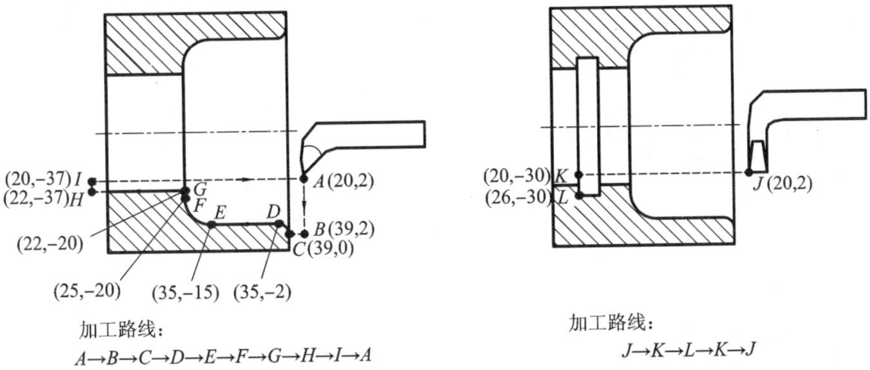

加工路线:
$$A \to B \to C \to D \to E \to F \to G \to H \to I \to A$$

(a)内轮廓加工

加工路线:
$$J \to K \to L \to K \to J$$

(b)切槽加工

图6-9 内孔加工走刀路线

3. 编写程度

其加工程序如表6-3所示。

表6-3 加工工件参考程序

程序段号	程序	程序解释
	O0001	程序名
N10	G97 G99 M03 S600	G97 恒线速关闭;G99 每转进给;M03 主轴正转;设置主轴转速为600 r/min
N20	T0101(内孔车刀)	调用1号内孔车刀
N30	G00 X20 Z2	刀具快速移至加工起点A,如图6-9(a)所示
N40	G71 U0.3 R0.5	每次X方向的单边进刀量为0.3 mm,每次X方向的单边退刀量为0.5 mm

程序段号	程序	解释
N50	G71 P60 Q130 U – 0.2 F0.1	精加工内孔轮廓形状起始程序段号为 P60，终止段号为 Q130，X 轴方向精车预留余量（直径值）为 – 0.2 mm（即 X 轴反方向），进给量 F 为 0.1 mm/r
N60	G00 X39 S800	X 向移动至 B 点（39，2）
N70	G01 Z0 F0.05	Z 向左移至 C 点（39，0）。刀具碰触左端面
N80	G02 X35 Z – 2 R2	（至 D 点。）精加工 R2 mm 圆弧
N90	G01 Z – 15 F0.05	（至 E 点。）精加工 ϕ35 mm 内孔
N100	G03 X25 Z – 20 R5	（至 F 点。）精加工 R5 mm 圆弧
N110	G01 X22 F0.05	（至 G 点。）精车内孔端面
N120	Z – 37	（至 H 点。）精加工 ϕ22 mm 内孔。（刀具加工 ϕ22 孔之后，继续向左移动 2 mm）
N130	G00 X20	（至 I 点。）X 向退刀
N140	G70 P60 Q130	定义 G70 精车循环
N150	G00 X50 X100	快速退刀
N160	T0202（切槽车刀）	换切槽车刀，刀宽 4 mm
N170	M03 S300	主轴转速减慢为 300 r/min
N180	G00 X20 Z2	（至 J 点。）刀具快速移至切削起点，如图 6 – 9（b）所示
N190	Z – 30	（至 K 点。）刀具 Z 向左移至沟槽的上方
N200	G01 X26 F0.03	（至 L 点。）X 向加工沟槽
N210	G00 X20	（至 K 点。）X 向退刀
N220	Z2	（至 J 点。）Z 向右移，离开工件
N230	G00 X50 X100	快速退刀
N240	M05	主轴停止
N250	M30	程序结束

知识链接

1. 内槽车刀的刃磨

（1）磨前刀面和前角 50°～200°，磨主后面和后角 60°～80°，要保证主切削刃平直。

（2）磨左侧副后角和副偏角，连接刀尖与圆弧相切，刀体顺时针旋转 10°～20°，刀体水平旋转 10°～30°，刀尖微翘 30°左右，同时磨出副后角和副偏角。刀侧与砂轮的接触点应放在砂轮的边缘处。

（3）磨右侧副后角和副偏角。刃磨时要注意两副后角平直、对称，同时也要注意主切削刃宽度，为编程做准备。

（4）磨卷屑槽，以及刀尖圆弧过渡刃。

2. 内槽车刀的安装

内槽车刀的安装与外槽车刀的安装方法一样，只是安装的方向相反。

(1)安装内槽车刀时，其主切削刃要与工件轴线平行。中心线要与主轴轴线垂直。

(2)主切削刃与工件轴线要等高。

(3)内槽车刀刀体要平行于工件的轴线，刀体不能倾斜，以免刀体与工件发生摩擦等干涉现象，影响正常切削加工。

(4)刀体底面要平整，如果不平整，会引起副后角的变化。因此，刃磨之前应把刀具底面磨平，刃磨后检查两侧副后角的大小，且刀体伸出不宜过长。

3. 切槽时切削用量的选择

选择切槽切削用量时，切削速度通常取外圆切削速度的 60% ~ 70%；进给量一般取 0.05 ~ 0.1 mm/r；背吃刀量受切槽刀宽度的影响，调节范围较小。

✎ 知识要点提示

刃磨内槽车刀注意事项：

(1)卷屑槽不宜过深，一般取 0.75 ~ 1.5 mm。

(2)卷屑槽太深，会使前角过大，楔角减少，刀尖强度降低，刀具容易折断。

(3)防止磨成台阶面，以避免切削时切屑流出不顺利，排屑困难，切削力增加，刀具强度相对降低，易折断。

(4)两侧副后角对称、相等，如两侧副后角不同，一侧为负值则会与工件已加工表面摩擦，造成两切削刃切削力不均衡，使刀头受到扭力而折断。

(5)主切削刃要平直，两侧副偏角要对称、相等、平直、前宽后窄。

内槽车刀车槽时的注意事项：

(1)刀尖应严格对准工件旋转中心，否则底平面无法车平。

(2)车刀纵向切削拉近底平面时，应减少进给量，以防碰撞底平面。

(3)切削完毕后应注意退刀方向。

【例题 6 – 4】　加工如图 6 – 10 所示的孔类零件，已钻出 $\phi20$ mm 的通孔，请编写程序并加工。

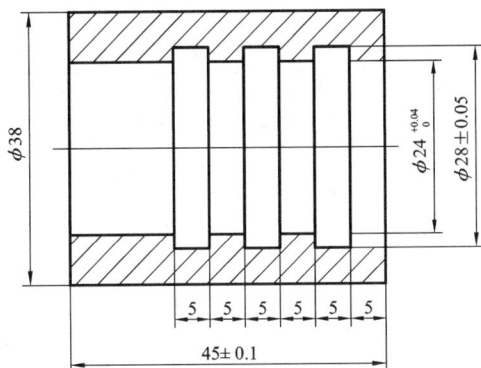

图 6 – 10　内沟槽加工示例

1. 图样分析

该零件长度已加工为 45 mm，外圆不加工，已有内孔，孔径为 φ20 mm。

2. 加工操作步骤

(1) 装夹毛坯件，工件伸出长度为 25 mm。

(2) 选用一把内孔 90° 的偏刀，伸出长度为 50 mm；一把内孔切槽车刀，刀宽为 3 mm，伸出长度为 35 mm。

(3) 用试切对刀的方法对刀。

(4) 采用内孔粗车循环 (G71) 的方法粗车内孔，再用精车循环 (G70) 精车内孔，接着用切槽循环 (G75) 的方法加工内槽。

(5) 粗车孔主轴转速 600 r/min，精车孔主轴转速为 800 r/min，切槽主轴转速为 300 r/min。结合图 6 - 10，具体加工方案及切削用量的选择见表 6 - 4。

(6) 编写程序，程序检查 (内孔车刀 T0101；内孔切槽车刀 T0202，刀宽 3 mm)。

(7) 切削加工，修改。

(8) 加工完毕，测量检查各部位尺寸，检验。

表 6 - 4　加工方案及切削用量的选择

序号	加工方案			切削用量		
	T 刀具	G 指令	走刀路线	转速 $S/(\text{r·min}^{-1})$	进给程度 $F/(\text{mm·r}^{-1})$	背吃刀量 a_p/mm
1	T0101 (内孔车刀)	G71	粗车内孔表面	600	0.15	1.2
2	T0101 (内孔车刀)	G70	精车内孔表面	800	0.12	0.5
3	T0202 (内孔切槽车刀)	G75	加工 3 个沟槽	300	0.06	1

3. 编写程序

其加工程序如表 6 - 5 所示。

表 6 - 5　G75 加工 φ28 内沟槽参考程序

程序段号	程序	程序解释
	O0001	程序名
N10	G97 G99 M03 S600	G97 恒线速关闭；G99 每转进给；M03 主轴正转；设置主轴转速为 600 r/min
N20	T0101 (内孔车刀)	调用 1 号内孔车刀并调用 1 号刀具补偿
N30	G00 X18 Z2	定位粗加工循环起刀点
N40	G71 U1.2 R0.5	内轮廓粗加工循环指令，每次背吃刀量为 1.2 mm，退刀量为 0.5 mm
N50	G71 P60 Q80 U - 0.5 W0 F0.15	X 向精加工余量为 0.5 mm，Z 向精加工余量为 0 mm，进给量为 0.15 mm/r
N60	G00 X24	快速移至孔 φ20 mm 右侧，准备加工孔 φ24 mm

程序段号	程序	程序解释
N70	G01 Z - 47	加工内孔 $\phi24$ mm
N80	G01 X18	X 向退刀
N90	M00	程序暂停
N100	M03 S800	指定精加工时的主轴转速
N110	T0101(内孔车刀)	选择 T1 号内孔车刀并用 1 号刀具补偿
N120	G00 X18 Z2	定位精加工循环起刀点
N130	G70 P60 Q80 F0.12	内轮廓精加工,进给量为 0.12 mm/r
N140	G00 X100 Z100	退回换刀点
N150	M03 S300	选择主轴转速
N160	T0202(内孔切槽车刀)	选择 2 号内孔切槽车刀并调用 2 号刀具补偿(内孔切槽车刀刀宽 3 mm)
N170	G00 X18 Z2	快速定位刀具并指定 X 向的循环起始点
N180	Z - 8	定位第一个槽的 Z 向循环起始点(采用左刀尖定位)
N190	G75 R0.5	调用内径切槽循环指令,指定退刀量为 0.5 mm
N200	G75 X28 Z - 10 P1000 Q2000 F0.06	指定切槽的终点坐标位置值,X 向每次进刀量为 1 mm,Z 向每次进刀量为 2 mm,进给量为 0.06 mm/r
N210	G00 Z - 18	定位第二个槽的 Z 向循环起始点
N220	G75 R0.5	同上
N230	G75 X28 Z - 20 P1000 Q2000 F0.06	同上
N240	G00 Z - 28	定位第三个槽的 Z 向循环起始点
N250	G75 R0.5	同上
N260	G75 X28 Z - 30 P1000 Q2000 F0.06	同上
N270	G00 Z120	Z 向退刀
N280	X120	X 向退刀,回换刀点
N290	M05	主轴停止
N300	M30	程序结束

实训操作练习

1. 如图 6 - 11 所示的孔类零件,毛坯为 $\phi48$ mm × 40 mm 的棒材,已加工孔 $\phi18$ mm,材料为 45 钢,请对工件内孔编程并加工。

2. 如图 6 - 12 所示的孔类零件,毛坯为 $\phi38$ mm × 45 mm 的棒材,已加工孔 $\phi18$ mm,材料为 45 钢,请对工件内孔编程并加工。

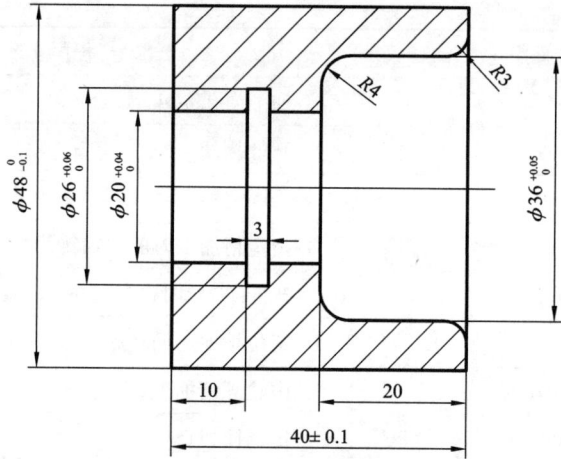

图 6 – 11　实训练习图

图 6 – 12　实训练习图

6.4　内螺纹加工

【例题 6 – 5】　如图 6 – 13 所示工件，毛坯为 $\phi40$ mm ×50 mm，已加工孔 $\phi20$ mm，要求加工工件的内螺纹。

1. 图样分析

毛坯外圆不加工，已加工内孔 $\phi20$ mm。

2. 加工操作步骤

（1）装夹工件（限位长度 + 切断位置尺寸 + 工件长度，即 10 + 8 + 30 = 48 mm），伸出长度大约为 38 mm。

图 6 – 13　内螺纹加工实例

（2）选用一把内孔 90°的偏刀（T0101），伸出长度为 35 mm；选用一把内螺纹刀（T0202），伸出长度为 35 mm；一把切断刀（T0303），刀宽为 3 mm。

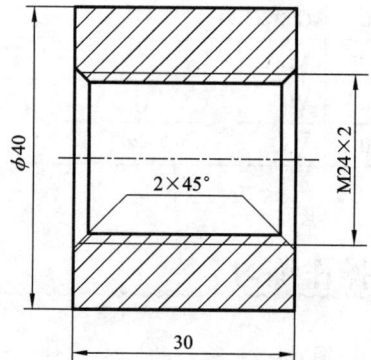

（3）采用试切对刀的方法对刀。

（4）采用内圆车削循环指令（G71）的方法车削内圆、倒角。用螺纹车削循环指令（G92）的方法车削内螺纹。最后用端面车削循环指令（G94）的加工方法切断，长度留 1 mm 余量加工。

（5）掉头校正，伸出长度为 22 mm，用直线插补指令（G01）车削端面，保证长度30 mm。用 G01 直线插补倒角。

3. 加工方案及切削用量的选择

加工方案及切削用量的选择如表6－6所示。

表6－6　加工方案及切削用量的选择

| 加工方案 | | | | | 切削用量 | | |
序号	T 刀具	G 指令	走刀路线	转速 S/(r·mm^{-1})	进给速度 F/(mm·r^{-1})	背吃刀量 a_p/mm
1	T0101（内孔车刀）	G71	粗车内孔	650	0.15	1.2
		G70	精车内孔	800	0.12	0.6
2	T0202（内螺纹车刀）	G92	车内螺纹	600		
3	T0303（切断车刀）	G94	切断工件	600	0.1	

4. 刀具的选择

刀具的如表6－7所示。

表6－7　刀具的选择

刀号	T0101	T0202	T0303
形状			
类型	内孔车刀（90°）	内螺纹车刀	切断刀（刀宽 3 mm）
材料	YT15 硬质合金	YT30 硬质合金	高速钢刀

5. 尺寸计算

（1）内螺纹加工前的孔尺寸计算：

脆性材料：　　　　　　　　　　　$d = D - 1.1p$；

塑性材料：　　　　　　　　　　　$d = D - 1.0p$。

（2）主轴转速 n 的计算：

$$n = 1200/p - k$$

式中：p——螺距（mm）；

　　　k——保险系数（一般取80）；

　　　n——主轴转速（r/min）。

加工如图 6－13 所示的 M24×2 普通内螺纹时，主轴转速 $n = 1200/p - k = 1200/2 - 80 = 680$ r/min，根据零件材料、刀具等因素，主轴转速适当取小些，所以取 400 r/min。

知识要点提示

内螺纹加工注意事项:

(1)车削内螺纹时要注意正确计算底孔直径。

(2)加工内螺纹,应注意两端的倒角。

(3)加工编程时要注意退刀方向。

(4)G76指令通常只用于螺纹的粗加工或精度等级较低的情况下。精度较高的情况下使用G92指令编程加工。

6.编写程序

其加工程序如表6-8所示。

表6-8 内螺纹加工工件参考程序

程序段号	程序	程序解释
	O0001	程序名
N10	G97 G99 M03 S650	G97 恒线速关闭;G99 每转进给;M03 主轴正转;设置主轴转速为 650 r/min
N20	T0101(内孔车刀)	调用1号内孔车刀并调用1号刀具补偿
N30	G00 X20 Z2	刀具快速移至粗加工循环起刀点
N40	G71 U1.2 R0.5	内轮廓粗加工循环指令,每次 X 方向的单边进刀量为 1.2 mm,每次 X 方向的单边退刀量为 0.5 mm
N50	G71 P60 Q100 U-1.2 W0 F0.15	精加工形状起始程序段号为 P60,终止段号为 Q100。X 向精车预留余量(直径值)为 -1.2 mm(负号表示 X 轴反方向),Z 向精加工余量为 0 mm,进给量 F 为 0.15 mm/r
N60	G00 X26	轮廓轨迹程序。
N70	G01 Z0 F0.1	Z 向左移,刀具碰触工件左端面
N80	X22 Z-2	孔内倒角精加工
N90	Z-32	精加工 ϕ22 mm 内孔
N100	X20	X 向退刀
N110	M05	主轴停止
N120	M00	程序暂停 (注:此时可以测量孔尺寸,根据测得的孔尺寸比要加工的尺寸偏大或偏小情况,调整机床刀补)
N130	G00 Z150	退回换刀点
N140	T0101(内孔车刀)	调用1号内孔刀并调用1号刀具补偿
N150	M03 S800	选择主轴转速为 800 r/min
N160	G00 X20 Z2	快速定位刀具
N170	G70 P60 Q100 F0.12	调用轮廓轨迹程序执行精加工,进给量为 0.12 mm/r
N180	G00 X120 Z150	退回换刀点
N190	T0202(内螺纹车刀)	调用2号内螺纹车刀并调用2号刀具补偿
N200	M03 S600	选择主轴转速为 600 r/min
N210	G00 X20 Z2	快速定位刀具

程序段号	程序	解释
N220	G92 X22 Z - 32 F2	采用螺纹固定切削循环指令(G92)加工 M24 × 2 的内螺纹 　设置内螺纹加工的终点尺寸为(X22, Z - 32), 螺纹螺距为 2(即 F2)
N230	X22.9	加工内螺纹
N240	X23.4	
N240	X24	
N250	X24.4	
N260	X24.5	
N270	G00 X100 Z100	退刀至换刀点
N280	T0303(切断刀)	调用 3 号切断刀, 刀宽为 3 mm
N290	G00 X42 Z - 33	快速定位刀具
N300	G01 X30 F0.1	慢速切入工件至尺寸 ϕ30 mm
N310	X31 F0.3	X 向退刀
N320	X18 F0.1	再次切入工件至尺寸 ϕ18 mm, 切断工件
N330	G00 X100	X 向快速退刀至换刀点
N340	Z100	Z 向退刀
N350	M05	主轴停止
N360	M30	程序结束

实训操作练习

1. 如图 6 - 14 所示工件, 毛坯为 ϕ34 mm × 40 mm 的棒材, 已加工孔 ϕ20 mm, 材料为 45 钢, 请完成内螺纹的编程并加工。

2. 如图 6 - 15 所示的零件, 毛坯为 ϕ55 mm × 45 mm 的棒材, 已加工孔 ϕ25 mm, 材料为 45 钢, 请完成内螺纹编程并加工。

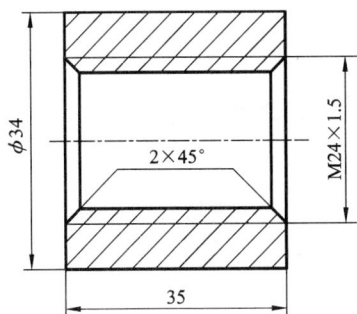

图 6 - 14　实训练习图　　　　　　　　　　图 6 - 15　实训练习图

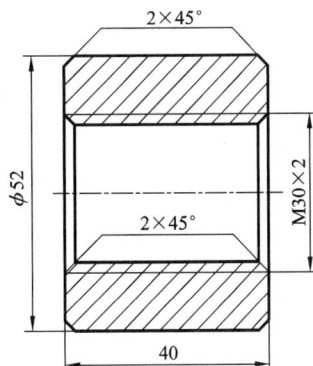

第 7 章　综合零件加工

【知识目标】

(1)能够根据图样要求,进行工艺综合分析。

(2)合理选择加工工艺和切削用量。

(3)能够正确分析加工步骤,准确编写加工程序。

【技能目标】

(1)能够合理选择刀具并正确安装。

(2)能够合理选用指令完成工件的加工操作。

(3)能够合理使用量具正确测量工件。

(4)操作过程中发现问题能查找原因并进行修改。

7.1　综合实例(一)

【例题 7 -1】　如图 7 -1 所示的手柄,毛坯为 $\phi25$ mm × 100 mm 的 45 号钢,要求加工出合格工件。

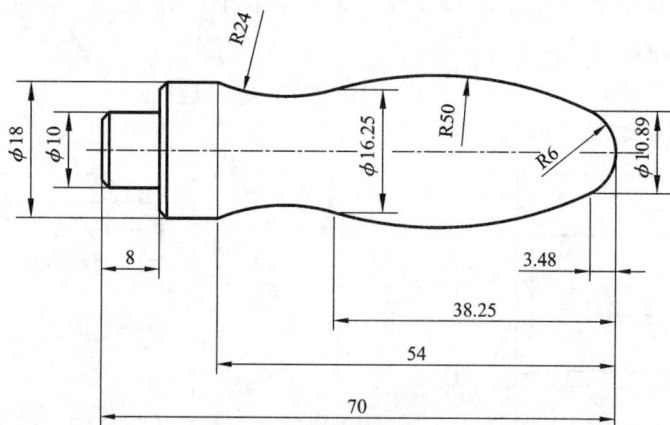

图 7 -1　综合零件加工示例

1.图样分析

毛坯为 $\phi25$ mm × 100 mm、未注倒角 C1、表面粗糙度 Ra0.8。

2. 加工操作步骤

（1）装夹工件，伸出长度大约为 76 mm。

（2）采用试切对刀的方法对刀。

（3）手动车右端端面。

（4）用封闭切削循环指令（G73）车削右端外轮廓。

（5）用直线插补指令（G01）车削 $\phi10$ mm 外圆、倒角、切断。

（6）掉头校正，伸出长度为 12 mm，用端面车削循环指令（G94）车削端面，保证长度 70 mm。用直线插补指令（G01）进行倒角。

3. 加工方案及切削用量的选择

加工方案及切削用量的选择如表 7-1 所示。

表 7-1　加工方案及切削用量的选择

加工方案				切削用量		
序号	T 刀具	G 指令	走刀路线	转速 $S/(\mathrm{r\cdot min^{-1}})$	进给速度 $F/(\mathrm{mm\cdot r^{-1}})$	背吃刀量 a_p/mm
1	T0101 （外圆车刀）	G73	粗车外圆	800	0.3	0.5
		G70	精车外圆	1500	0.12	0.4
2	T0202 （切槽车刀）	G01	切槽及切断	800	0.1	

4. 刀具的选择

刀具的选择如表 7-2 所示。

表 7-2　刀具的选择

刀号	T0101	T0202
形状		
类型	外圆车刀（55°）	切槽车刀（刀宽 4 mm）
材料	YT15 硬质合金	YT15 硬质合金

5. 编写程序

（1）右端外轮廓加工程序如表 7-3 所示，编程原点选择在右端面与中心线的交点。

表 7-3　右端外轮廓加工程序

程序段号	程序	程序解释
	O0001	程序名
N10	G97 G99 M03 S800	G97 恒线速关闭；G99 每转进给；M03 主轴正转；设置主轴转速为 800 r/min
N20	T0101（55°外圆车刀）	调用 1 号 55°外圆车刀并调用 1 号刀具补偿

程序段号	程序	程序解释
N30	G00 X26 Z2	刀具快速移至循环切削起点
N40	G73 U10 W0 R10	采用内、外圆仿形复合循环指令 G73 粗加工外轮廓并设置加工参数：加工总余量 X 方向单边为 10 mm(U10)，Z 方向为 0(W0)，加工 10 次(R10)，从 N60(P60)至 N120(Q120)为精加工轨迹，X 向留精加工余量双边为 0.8 mm(U0.8)，Z 向留精加工余量 0(W0)，进给量为 0.3 mm/r(F0.3)
N50	G73 P60 Q120 U0.8 W0 F0.3	
N60	G00 G42 X0	
N70	G01 Z0 F0.12	
N80	G03 X10.89 Z - 3.48 R6	
N90	G03 X16.25 Z - 38.25 R50	零件精加工轨迹 G42 刀尖圆弧半径右补偿 G40 取消刀尖圆弧半径补偿
N100	G02 X18 Z - 54 R24	
N110	G01 Z - 73	
N120	G40 X25	
N130	G00 X120 Z60	退刀至安全换刀点
N140	M05	主轴停止
N150	M00	程序无条件暂停(便于测量外轮廓余量与图样实际尺寸误差)
N160	T0101(外圆车刀)	调用 1 号外圆车刀并调用 1 号刀具补偿
N170	M03 S1500	M03 主轴正转，设置主轴转速为 1500 r/min
N180	G00 X26 Z2	刀具快速移至循环切削起点
N190	G70 P60 Q120	精加工外轮廓，调用 N60 至 N120 程序段执行精加工
N200	G00 X120 Z60	退刀至安全换刀点
N210	M05	主轴停止
N220	M30	程序结束并返回至程序头

（2）如表 7 - 4 所示为 $\phi 10$ 外圆、倒角、切断程序，编程原点选择在右端面与中心线的交点。

表 7 - 4　$\phi 10$ 外圆、倒角、切断程序

程序段号	程序	程序解释
	O0002	程序名
N10	G97 G99 M03 S800	G97 恒线速关闭；G99 每转进给；M03 主轴正转；设置主轴转速为 800 r/min
N20	T0202(切槽车刀)	调用 2 号切槽车刀并调用 2 号刀具补偿(切槽刀刀宽 4 mm)

程序段号	程序	程序解释
N30	G00 X21 Z - 66	刀具快速移至切削起点
N40	G01 X10 F0.1	采用直线插补指令（G01）切 φ10 外圆第一刀
N50	G04 P1000	暂停 1 s
N60	X21 F0.4	退刀
N70	Z - 70 F0.1	刀具移动至切 φ10 外圆第二刀起点
N80	X10	切 φ10 外圆第二刀
N90	G04 P1000	暂停 1 s
N100	X21 F0.4	退刀
N110	X19 Z - 61.5	刀具移动至 φ18 外圆倒角延长线上
N120	X15 W - 2 F0.1	倒角 C1
N130	X31 F0.4	退刀
N140	Z - 74	刀具移动至切断延长线上
N150	X0 F0.1	切断工件
N160	G00 X120	X 轴退刀至安全换刀点
N170	Z100	Z 轴退刀至安全换刀点
N180	M05	主轴停止
N190	M30	程序结束并返回至程序头

（3）车端面、φ10 外圆倒角程序如表 7 - 5 所示，编程原点选择在左端面与中心线的交点。

表 7 - 5　车端面、φ10 外圆倒角程序

程序段号	程序	程序解释
	O0003	程序名
N10	G97 G99 M03 S800	G97 恒线速关闭；G99 每转进给；M03 主轴正转；设置主轴转速为 800 r/min
N20	T0101（55°外圆车刀）	调用 1 号 55°外圆车刀并调用 1 号刀具补偿
N30	G0 X12 Z1	刀具快速移至切削起点
N40	G94 X - 0.5 Z - 0.5 F0.2	采用端面切削循环指令（G94）加工端面
N50	G01 X6 F0.1	在倒角延长线上倒 C1 角
N60	X12 W - 3	
N70	G00 X120 Z100	退刀至安全换刀点
N80	M05	主轴停止
N90	M30	程序结束并返回至程序头

5. 工件检测

（1）该工件的外圆尺寸 ϕ10 mm 和 ϕ18mm 用测量范围为 0～150 mm 的游标卡尺检测。

（2）该工件的长度尺寸 70 mm、8 mm 用测量范围 0～150 mm 的游标卡尺检测。

（3）该工件的圆弧尺寸 R6 用测量范围为 1～6.5 mm R 规半径样板检测；R24 用 15～25 mm 的 R 规半径样板检测；R50 用 25～50 mm R 规半径样板检测。

（4）该工件的各处倒角用目测方法检测。

（5）该工件的表面粗糙度用样块对比的方法检测。

实训操作练习

如图 7-2 所示综合加工件，毛坯为 ϕ35 mm×75 mm 的棒料，材料为 45 钢，试编制加工程序并加工。

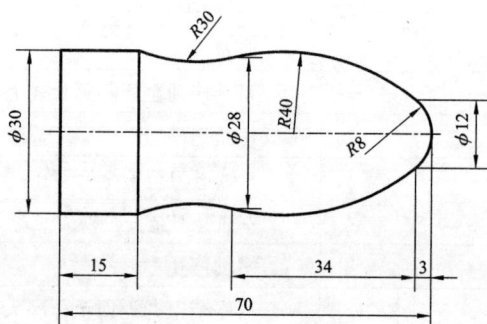

图 7-2　综合零件图

7.2　综合实例（二）

【例题 7-2】　如图 7-3 所示的盘类零件加工，毛坯为 ϕ50 mm×53 mm 的 45 号钢，要求加工出合格工件。

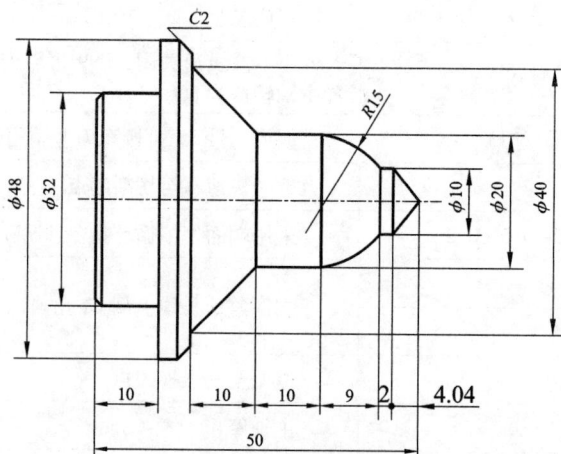

图 7-3　综合零件加工示例图

1. 图样分析

毛坯为 $\phi50$ mm $\times 53$ mm、未注倒角 $C1$、表面粗糙度 $Ra1.6$。

2. 加工操作步骤

(1)装夹工件右端,伸出长度大约为 25 mm。

(2)采用试切对刀的方法对刀。

(3)手动车左端端面。

(4)用内、外切削循环指令(G71)车削左端外轮廓。

(5)掉头校正,手动车端面,控制总长 50 mm。

(6)用端面切削循环指令(G72)车削右端轮廓。

3. 加工方案及切削用量的选择

加工方案及切削用量的选择如表 7-6 所示。

表 7-6　加工方案及切削用量的选择

加工方案			切削用量		
T 刀具	G 指令	走刀路线	转速 S (r/min)	进给速度 F(mm/r)	背吃刀量 a_p(mm)
T0101 (外圆车刀)	G71	粗车外圆	600	0.3	1.5
	G70	精车外圆	1200	0.1	
	G72	粗车外圆	600	0.3	1.5
	G70	精车外圆	1000	0.1	

4. 选择刀具

刀具的选择如表 7-7 所示。

表 7-7　刀具的选择

刀号	T0101
形状	
类型	外圆车刀(90°)
材料	YT15 硬质合金

5. 编写程序

(1)左端外轮廓加工程序如表 7-8 所示,编程原点选择在左端面与中心线的交点。

表7-8 左端外轮廓加工程序

程序段号	程序	程序解释
	O0001	程序名
N10	G97 G99 M03 S600	G97 恒线速关闭;G99 每转进给;M03 主轴正转;设置主轴转速为 600 r/min
N20	T0101(90°外圆车刀)	调用 1 号 90°外圆车刀并调用 1 号刀具补偿
N30	G00 X52 Z2	刀具快速移至循环切削起点
N40	G71 U1.5 R0.5	采用内、外圆复合循环指令 G71 粗加工外轮廓并设置加工参数:每次背吃刀量 1.5 mm($U1.5$),退刀量单边 0.5 mm($R0.5$);从 N60($P60$)至 N130($Q130$)为精加工轨迹;X 向留精加工余量 0.8 mm($U0.8$),Z 向留精加工余量 0.03 mm($W0.03$);进给量为 0.3 mm/r($F0.3$)
N50	G71 P60 Q130 U0.8 W0.03 F0.3	
N60	G00 X30	零件精加工轨迹
N70	G01 Z0 F0.1	
N80	X32 Z-1	
N90	Z-10	
N100	X46	
N110	X48 W-1	
N120	Z-22	
N130	X50	
N140	G00 X120 Z60	退刀至安全换刀点
N150	M05	主轴停止
N160	M00	程序无条件暂停(便于测量外轮廓余量与图样实际尺寸误差)
N170	T0101(外圆车刀)	调用 1 号 90°车刀并调用 1 号刀具补偿
N180	M03 S1200	M03 主轴正转;设置主轴转速为 1200 r/min
N190	G00 X52 Z2	刀具快速移至循环切削起点
N200	G70 P60 Q130	精加工外轮廓,调用 N60 至 N130 程序段执行精加工
N210	G00 X120 Z60	退刀至安全换刀点
N220	M05	主轴停止
N230	M30	程序结束并返回至程序头

(2)右端外轮廓加工程序如表7-9所示,编程原点选择在右端面与中心线的交点。

表 7 - 9　右端外轮廓加工程序

程序段号	程序	程序解释
	O0002	程序名
N10	G97 G99 M03 S600	G97 恒线速关闭；G99 每转进给；M03 主轴正转；设置主轴转速为 600 r/min
N20	T0101(90°外圆车刀)	调用 1 号 90°外圆车刀并调用 1 号刀具补偿
N30	G00 X52 Z2	刀具快速移至循环切削起点
N40	G72 W1.5 R0.5	采用端面粗车切削循环指令 G72 粗加工外轮廓并设置加工参数：每次 Z 向背吃刀量 1.5 mm(W1.5)，退刀量单边 0.5 mm(R0.5)；从 N60(P60)至 N150(Q150)为精加工轨迹，X 向留精加工余量 0.5 mm(U0.5)，Z 向留精加工余量 0.2 mm(W0.2)；进给量为 0.3 mm/r(F0.3)
N50	G72 P60 Q150 U0.5 W0.2 F0.3	
N60	G0 Z - 37	零件精加工轨迹
N70	G01 X48 F0.1	
N80	X44 Z - 35	
N90	X40	
N100	X20 Z - 25	
N110	Z - 15	
N120	G02 X10 Z - 6.04 R15	
N130	G01 Z - 4.04	
N140	X0 Z0	
N150	Z2	
N160	G00 X120 Z50	退刀至安全换刀点
N170	M05	主轴停止
N180	M00	程序无条件暂停(便于测量外轮廓余量与图样实际尺寸误差)
N190	T0101(外圆车刀)	调用 1 号 90°外圆车刀并调用 1 号刀具补偿
N200	M03 S1000	M03 主轴正转；设置主轴转速为 1000 r/min
N210	G00 X52 Z2	刀具快速移至循环切削起点
N220	G70 P60 Q150	精加工外轮廓，调用 N60 至 N150 程序段执行精加工
N230	G00 X120 Z50	退刀至安全换刀点
N240	M05	主轴停止
N250	M30	程序结束并返回至程序头

6. 工件检测

(1)该工件的外圆尺寸 $\phi10$、$\phi20$、$\phi40$、$\phi32$、$\phi48$ mm 用测量范围为 0 ~ 150 mm 的游标卡尺检测。

（2）该工件的长度尺寸 50、10、9、2、4.04 mm 用测量范围为 0～150 mm 的游标卡尺检测。

（3）该工件的圆弧尺寸 R15 用测量范围为 15～25 mm 用 R 规半径样板检测。

（4）该工件的锥度用万能角度尺检测。

（5）该工件的各处倒角用目测方法检测。

（6）该工件的表面粗糙度用样块对比的方法检测。

实训操作练习

如图 7-4 所示综合加工件，毛坯为 $\phi55$ mm × 55 mm 的棒料，材料为 45 钢，试编制加工程序并加工。

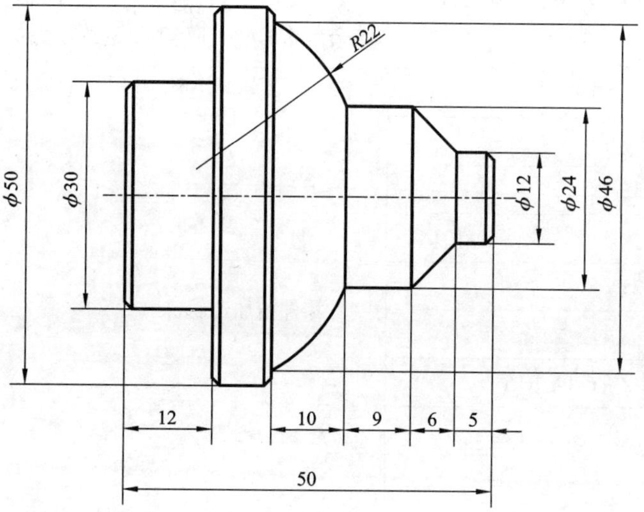

图 7-4　综合零件图

7.3　综合实例（三）

【例题 7-3】　如图 7-5 所示的特殊零件加工，毛坯为 $\phi50$ mm × 55 mm，要求加工出合格工件。

1. 图样分析

毛坯为 $\phi50$ mm × 55 mm、未注倒角 C1、表面粗糙度 Ra1.6。

2. 加工操作步骤

（1）装夹工件右端，伸出长度大约为 25 mm。

（2）用试切对刀的方法对刀。

（3）手动车左端端面。

（4）用内、外切削循环指令（G71）车削左端外轮廓。

（5）掉头校正，手动车端面，控制总长 50 mm。

（6）用端面切削循环指令（G72）车削右端轮廓。

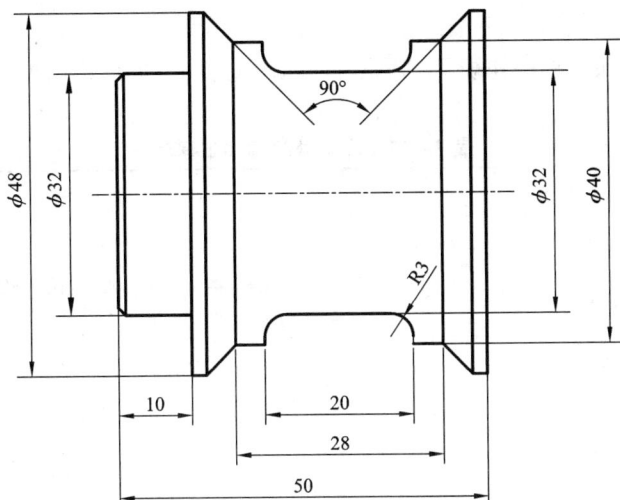

图 7 - 5　综合零件加工示例

3. 加工方案及切削用量的选择

加工方案及切削用量的选择如表 7 - 10 所示。

表 7 - 10　加工方案及切削用量的选择

加工方案				切削用量		
序号	T 刀具	G 指令	走刀路线	转速 $S/(\text{r·min}^{-1})$	进给速度 $F/(\text{mm·r}^{-1})$	背吃刀量 a_{p}/mm
1	T0101 （外圆车刀）	G71	粗车外圆	800	0.3	1.2
		G70	精车外圆	1500	0.12	1.2
2	T0202 （切槽车刀）	G72	粗车槽	650	0.2	3.8
		G70	精车槽	1200	0.1	

4. 刀具的选择

刀具的选择如表表 7 - 11 所示。

表 7 - 11　刀具的选择

刀号	T0101	T0202
形状		
类型	外圆车刀(55°)	切槽车刀(刀宽 4 mm)
材料	YT15 硬质合金	YT15 硬质合金

5. 编写程序

（1）左端外轮廓加工程序如表 7 - 12 所示，编程原点选择在左端面与中心线的交点。

表 7 - 12　左端外轮廓加工程序

程序段号	程序	程序解释
	O0001	程序名
N10	G97 G99 M03 S800	G97 恒线速关闭；G99 每转进给；M03 主轴正转；设置主轴转速为 800 r/min
N20	T0101（55°外圆车刀）	调用 1 号 55°外圆车刀并调用 1 号刀具补偿
N30	G00 X52 Z2	刀具快速移至循环切削起点
N40	G71 U1.5 R0.5	采用内、外圆复合循环指令 G71 粗加工外轮廓并设置加工参数：每次背吃刀量 1.5 mm（U1.5），退刀量单边 0.5 mm（R0.5）；从 N60（P60）至 N130（Q130）为精加工轨迹；X 向留精加工余量 0.8 mm（U0.8），Z 向留精加工余量 0.03 mm（W0.03）；进给量为 0.3 mm/r（F0.3）
N50	G71 P60 Q130 U0.8 W0.03 F0.3	
N60	G00 X30	零件精加工轨迹
N70	G01 Z0 F0.1	
N80	X32 Z - 1	
N90	Z - 10	
N100	X46	
N110	X48 W - 1	
N120	Z - 22	
N130	X50	
N140	G00 X120 Z60	退刀至安全换刀点
N150	M05	主轴停止
N160	M00	程序无条件暂停（便于测量外轮廓余量与图样实际尺寸误差）
N170	T0101（外圆车刀）	调用 1 号外圆车刀并调用 1 号刀具补偿
N180	M03 S1500	M03 主轴正转；设置主轴转速为 1500 r/min
N190	G00 X52 Z2	刀具快速移至循环切削起点
N200	G70 P60 Q130	精加工外轮廓，调用 N60 至 N130 程序段执行精加工
N210	G00 X120 Z60	退刀至安全换刀点
N220	M05	主轴停止
N230	M30	程序结束并返回至程序头

（2）凹槽加工程序如表 7 - 13 所示，编程原点选择在右端面与中心线的交点。

表 7 - 13　凹槽加工程序

程序段号	程序	程序解释
	O0002	程序名
N10	G97 G99 M03 S650	G97 恒线速关闭；G99 每转进给；M03 主轴正转；设置主轴转速为 650 r/min
N20	T0202（切槽车刀）	调用 2 号切槽车刀并调用 2 号刀具补偿
N30	G00 X52 Z - 5	刀具快速移至循环切削起点
N40	G72 W3.8 R0	采用端面粗车复合固定循环指令 G72 粗加工外轮廓并设置加工参数（每次 Z 向背吃刀量 3.8 mm（W3.8），退刀量单边 0 mm（R0）；从 N60（P60）至 N180（Q180）为精加工轨迹；X 向留精加工余量 0.5 mm（U0.5），Z 向留精加工余量 0 mm（W0）；进给量为 0.2 mm/r（F0.2）
N50	G72 P60 Q180 U0.5 W0 F0.2	
N60	G00 Z - 38	零件精加工轨迹
N70	G01 X48 F0.1	
N80	X40 Z - 34	
N90	Z - 30	
N100	X38	
N110	G03 X32 Z - 27 R3	
N120	G01 Z - 17	
N130	G03 X38 Z - 14 R3	
N140	G01 X40	
N150	Z - 10	
N160	X48 Z - 6	
N170	X52	
N180	Z - 5	
N190	G00 X120 Z60	退刀至安全换刀点
N200	M05	主轴停止
N210	M00	程序无条件暂停（便于测量外轮廓余量与图样实际尺寸误差）
N220	T0202（切槽车刀）	调用 2 号切槽车刀并调用 2 号刀具补偿
N230	M03 S1200	M03 主轴正转；设置主轴转速为 1200 r/min
N240	G00 X52 Z - 5	刀具快速移至循环切削起点
N250	G70 P60 Q180	精加工外轮廓，调用 N60 至 N180 程序段执行精加工
N260	G00 X120 Z60	退刀至安全换刀点
N270	M05	主轴停止
N280	M30	程序结束并返回至程序头

5. 工件检测

（1）该工件的外圆尺寸 $\phi48$ mm 和 $\phi32$ mm 用 0～150 mm 的游标卡尺检测。

（2）该工件的长度尺寸 10 mm、20 mm、28 mm 和 50 mm 用 0～150 mm 的游标卡尺检测。

（3）该工件的圆弧尺寸 $R3$ 用测量范围为 1～6.5 mm 的 R 规半径样板检测。

（4）该工件的锥度 90° 用万能角度尺检测。

（5）该工件的各处倒角用目测方法检测。

（6）该工件的表面粗糙度用样块对比的方法检测。

实训操作练习

如图 7-6 所示综合加工件，毛坯为 $\phi55$ mm×55 mm 的棒料，材料为 45 钢，试编制加工程序并加工。

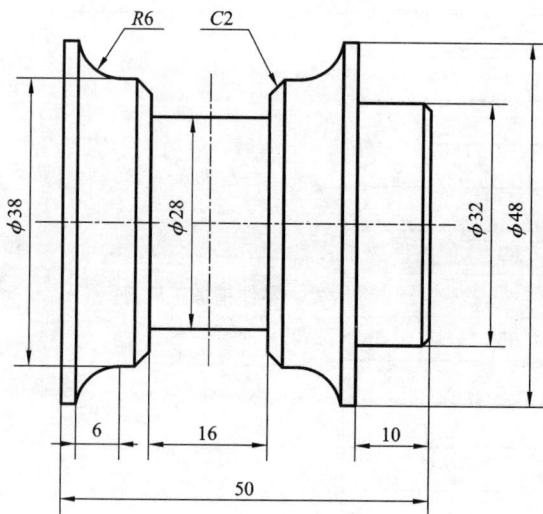

图 7-6　综合零件图

7.4　综合实例（四）

【例题 7-4】　用数控车床完成如图 7-7 所示零件及其装配加工，毛坯材料为 $\phi40$ mm×105 mm 的 45 号钢，按图样要求合理安排加工工艺，合理选择刀具，确定合适的加工参数，编制出加工程序。

1. 加工操作步骤

（1）装夹工件右端，工件伸出 48 mm 长，钻孔 $\phi20$ mm，长度 33 mm。

（2）手动车平左端面，控制总长至 102 mm。用 G71 粗车左端外轮廓，用 G70 精车左端外轮廓至图样要求。

（3）用 G75 切外轮廓各槽。

（4）用 G71 粗车左端内轮廓，用 G70 精车左端内轮廓至图样要求。

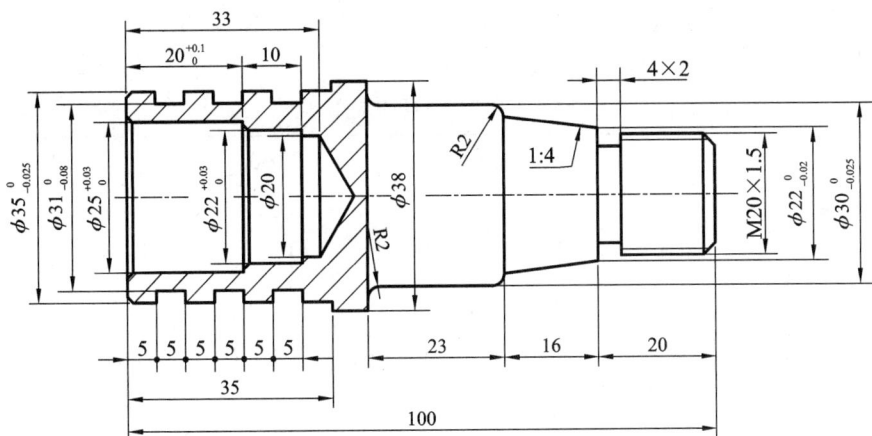

图 7 - 7 综合零件加工示例

（5）工件掉头，用铜皮包住 φ35 mm 外圆，校正。手动车平右端面，控制总长至图样要求。

（6）用 G71 粗车右端外轮廓，用 G70 精车右端外轮廓至图样要求。

（7）用 G01 切外螺纹退刀槽。

（8）用 G92 切外螺纹。

（9）去毛刺、检验。

2. 加工方案及切削用量的选择

加工方案及切削用量的选择如表 7 - 14 所示。

表 7 - 14 加工方案及切削用量的选择

序号	加工方案			切削用量		
	T 刀具	G 指令	走刀路线	转速 $S/(\text{r} \cdot \text{min}^{-1})$	进给速度 $F/(\text{mm} \cdot \text{r}^{-1})$	背吃刀量 a_{p}/mm
1	T0101（外圆车刀）	G71	粗车外圆	650	0.3	1.5
2	T0101（外圆车刀）	G70	精车外圆	1200	0.1	
3	T0202（切槽车刀）	G75	粗、精车外槽	600	0.1	
4	T0303（外螺纹车刀）	G92	外螺纹刀	650		1.5
5	T0404（内孔车刀）	G71	粗车内孔	650	0.3	1.5
6	T0404（内孔车刀）	G70	精车内孔	1000	0.1	

3. 刀具的选择

刀具的选择如表 7 - 15 所示。

表 7 - 15　刀具的选择

刀号	T0101	T0202	T0303	T0404
形状				
类型	粗、精车外圆车刀(90°)	外切槽车刀(刀宽 4 mm)	外螺纹车刀(60°)	粗、精车内孔车刀(90°)
材料	YT15 硬质合金			

4. 编写程序

(1)左端外轮廓加工程序如表 7 - 16 所示。

表 7 - 16　左端外轮廓加工程序

程序段号	程序	程序解释
	O0001	程序名
N10	G97 G99 M03 S650	G97 恒线速关闭；G99 每转进给；M03 主轴正转；设置主轴转速为 650 r/min
N20	T0101(90°外圆车刀)	调用 1 号 90°外圆车刀并调用 1 号刀具补偿
N30	G00 X42 Z2	刀具快速移至循环切削起点
N40	G71 U1.5 R0.5	采用内、外圆复合循环指令 G71 粗加工外轮廓并设置加工参数：每次背吃刀量 1.5 mm(U1.5)，退刀量单边
N50	G71 P60 Q130 U0.8 W0.03 F0.3	0.5 mm(R0.5)；从 N60(P60)至 N130(Q130)为精加工轨迹；X 向留精加工余量 0.8 mm(U0.8)，Z 向留精加工余量 0.03 mm(W0.03)；进给量为 0.3 mm/r(F0.3)
N60	G00 X34	
N70	G01 Z0 F0.1	
N80	X35 Z - 0.5	
N90	Z - 35	
N100	X37	零件精加工轨迹
N110	X38 W - 0.5	
N120	Z - 45	
N130	X42	
N140	G00 X120 Z50	退刀至安全换刀点
N150	M05	主轴停止

程序段号	程序	程序解释
N160	M00	程序无条件暂停(便于测量外轮廓余量与图样实际尺寸误差)
N170	T0101(外圆车刀)	调用 1 号外圆车刀并调用 1 号刀具补偿
N180	M03 S1200	M03 主轴正转;设置主轴转速为 1200 r/min
N190	G00 X42 Z2	刀具快速移至循环切削起点
N200	G70 P60 Q130	精加工外轮廓,调用 N60 至 N130 程序段执行精加工
N210	G00 X120 Z50	退刀至安全换刀点
N220	M05	主轴停止
N230	M30	程序结束并返回至程序头

(2)左端外轮廓槽加工程序如表 7 - 17 所示。

表 7 - 17　左端外轮廓槽加工程序

程序段号	程序	程序解释
	O0002	程序名
N10	G97 G99 M03 S600	G97 恒线速关闭;G99 每转进给;M03 主轴正转;设置主轴转速为 600 r/min
N20	T0202(切槽车刀)	调用 2 号切槽车刀并调用 2 号刀具补偿(切槽车刀刀宽 4 mm)
N30	G00 X37 Z - 9	刀具快速移至循环切削起点
N40	G75 R0.5	采用切槽循环指令(G75)加工槽并设置加工参数:X 方向每次切深单方向为 1 mm(P1000)并退刀 0.5 mm (R0.5),Z 方向每次移动 10 mm(Q10000)
N50	G75 X31 Z - 29 P1000 Q10000 F0.1	
N60	G00 X37 Z - 10	刀具快速移至循环切削起点
N70	G75 R0.5	采用切槽循环指令(G75)加工槽并设置加工参数 X 方向每次切深单方向为 1 mm(P1000)并退刀 0.5 mm (R0.5),Z 方向每次移动 10 mm(Q10000)
N80	G75 X31 Z - 30 P1000 Q10000 F0.1	
N90	G00 X120 Z5	退刀至安全换刀点
N100	M05	主轴停止
N110	M30	程序结束并返回至程序头

(3)左端内轮廓加工程序如表 7 - 18 所示。

表 7-18 左端内轮廓加工程序

程序段号	程序	程序解释
	O0003	程序名
N10	G97 G99 M03 S650	G97 恒线速关闭；G99 每转进给；M03 主轴正转；设置主轴转速为 650 r/min
N20	T0404（内孔车刀）	调用 4 号 90°内孔车刀并调用 4 号刀具补偿
N30	G00 X20 Z2	刀具快速移至循环切削起点
N40	G71 U1.5 R0.5	采用内、外圆复合循环指令 G71 粗加工内轮廓并设置加工参数：每次背吃刀量 1.5 mm（U1.5），退刀量单边 0.5 mm（R0.5）；从 N60（P60）至 N130（Q130）为精加工轨迹；X 向留精加工余量 0.8 mm（U-0.8），Z 向留精加工余量 0.03 mm（W0.03）；进给量为 0.3 mm/r（F0.3）
N50	G71 P60 Q130 U-0.8 W0.03 F0.3	
N60	G00 X26	零件精加工轨迹
N70	G01 Z0 F0.1	
N80	X25 Z-0.5	
N90	Z-20.05	
N100	X23	
N110	X22 W-0.5	
N120	Z-30	
N130	X20	
N140	G00 Z150	退刀至安全换刀点
N150	M05	主轴停止
N160	M00	程序无条件暂停（便于测量外轮廓余量与图样实际尺寸误差）
N170	T0404（内孔车刀）	调用 4 号内孔车刀并调用 4 号刀具补偿
N180	M03 S1000	M03 主轴正转；设置主轴转速为 1000 r/min
N190	G00 X20 Z2	刀具快速移至循环切削起点
N200	G70 P60 Q130	精加工外轮廓，调用 N60 至 N130 程序段执行精加工
N210	G00 Z150	退刀至安全换刀点
N220	X120	
N230	M05	主轴停止
N240	M30	程序结束并返回至程序头

（4）右端外轮廓加工程序如表 7-19 所示。

表 7-19　右端外轮廓加工程序

程序段号	程序	程序解释
	O0004	程序名
N10	G97 G99 M03 S650	G97 恒线速关闭；G99 每转进给；M03 主轴正转；设置主轴转速为 650 r/min
N20	T0101(90°外圆车刀)	调用 1 号 90°外圆车刀并调用 1 号刀具补偿
N30	G00 X42 Z2	刀具快速移至循环切削起点
N40	G71 U1.5 R0.5	采用内、外圆复合循环指令 G71 粗加工外轮廓并设置加工参数：每次背吃刀量 1.5 mm($U1.5$)，退刀量单边 0.5 mm($R0.5$)；从 N60($P60$)至 N170($Q170$)为精加工轨迹；X 向留精加工余量 0.8 mm($U0.8$)，Z 向留精加工余量 0.03 mm($W0.03$)；进给量为 0.3 mm/r($F0.3$)
N50	G71 P60 Q170 U0.8 W0.03 F0.3	
N60	G00 X17	
N70	G01 Z0 F0.1	
N80	X19.85 Z-1.5	
N90	Z-20	
N100	X22	
N110	X26 W-16	零件精加工轨迹
N120	G03 X30 W-2 R2	
N130	G01 Z-57	
N140	G02 X34 W-2 R2	
N150	G01 X36	
N160	X39 W-1.5	
N170	X42	
N180	G00 X120 Z50	退刀至安全换刀点
N190	M05	主轴停止
N200	M00	程序无条件暂停(便于测量外轮廓余量与图样实际尺寸误差)
N210	T0101(外圆车刀)	调用 1 号外圆车刀并调用 1 号刀具补偿
N220	M03 S1500	M03 主轴正转；设置主轴转速为 1500 r/min
N230	G00 X42 Z2	刀具快速移至循环切削起点
N240	G70 P60 Q170	精加工外轮廓，调用 N60 至 N170 程序段执行精加工
N250	G00 X120 Z50	退刀至安全换刀点
N260	M05	主轴停止
N270	M30	程序结束并返回至程序头

（5）右端切螺纹退刀槽加工程序如表 7 - 20 所示。

表 7 - 20   右端切螺纹退刀槽加工程序

程序段号	程序	程序解释
	O0005	程序名
N10	G97 G99 M03 S600	G97 恒线速关闭；G99 每转进给；M03 主轴正转；设置主轴转速为 600 r/min
N20	T0202（切槽车刀）	调用 2 号切槽车刀并调用 2 号刀具补偿（切槽车刀刀宽 4 mm）
N30	G00 X23 Z - 20	刀具快速移至切削起点
N40	G01 X16 F0.1	采用直线插补指令 G01 切槽至图样尺寸 $\phi16$ mm
N50	G04 P1000	程序暂停 1 s
N60	X23 F0.3	退刀
N70	G00 X120 Z5	退刀至安全换刀点
N80	M30	程序结束并返回至程序头

（6）右端切螺纹加工程序如表 7 - 21 所示。

表 7 - 21   右端切螺纹加工程序

程序段号	程序	程序解释
	O0006	程序名
N10	G97 G99 M03 S650	G97 恒线速关闭；G99 每转进给；M03 主轴正转；设置主轴转速为 650 r/min
N20	T0303（外螺纹车刀）	调用 3 号外螺纹车刀并调用 3 号刀具补偿
N30	G00 X30 Z3	刀具快速移至切削起点
N40	G92 X19.2 Z - 18 F1.5	采用内、外螺纹循环指令（G92）加工第一刀
N50	X18.6	加工第二刀
N60	X18.2	加工第三刀
N70	X18.05	加工第四刀
N80	G00 X120 Z5	退刀至安全换刀点
N90	M05	主轴停止
N100	M30	程序结束并返回至程序头

5. 工件检测

（1）该工件的外圆尺寸 $\phi38$ mm 用测量范围为 0 ~ 150 mm 游标卡尺检测。

（2）该工件的外圆尺寸 $\phi 20_{-0.02}^{0}$ mm 用测量范围为 0~25 mm 外径千分尺检测；$\phi 30_{-0.025}^{0}$ mm、$\phi 35_{-0.025}^{0}$ mm 用 25~50 mm 外径千分尺检测。

（3）该工件的外槽底尺寸 $\phi 31_{-0.08}^{0}$ 用测量范围为 25~50 mm 叶片千分尺检测。

（4）该工件的内孔尺寸 $\phi 22_{0}^{+0.03}$ 和 $\phi 25_{0}^{+0.03}$ mm 用 18~35 mm 内径百分表检测。

（5）该工件的长度尺寸 100 mm、23 mm、16 mm、20 mm、33 mm、5 mm 用 0~150 mm 游标卡尺检测。

（6）该工件的长度尺寸 $20_{0}^{+0.1}$ mm 用 0~200 mm 深度尺检测。

（7）该工件的圆弧尺寸 R2 用 1~6.5 mm 用 R 规半径样板检测。

（8）该工件的锥度 1:4 用万能角度尺检测。

（9）该工件的外螺纹 M24×1.5 用螺纹环规检测。

（10）该工件的各处倒角用目测方法检测。

实训操作练习

如图 7-8 所示综合加工件，毛坯为 $\phi 45$ mm×105 mm 的棒料，材料为 45 钢，试编制加工程序并加工。

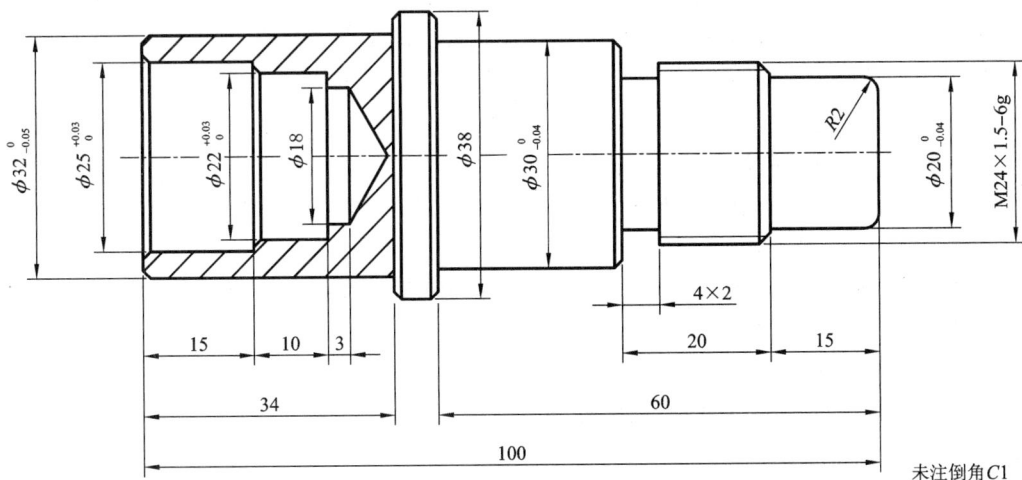

图 7-8 综合零件图

7.5 综合实例（五）

【例题 7-5】 用数控车床完成如图 7-9 所示零件及其装配加工，材料为 $\phi 40$ mm×105 mm 的 45 号钢，按图样要求合理安排加工工艺，合理选择刀具，确定合适的加工参数，编制出加工程序。

1. 加工操作步骤

（1）装夹工件右端，工件伸出 58 mm 长，钻孔 $\phi 20$ mm，长度 47 mm。

（2）手动车平左端面，控制总长至 102 mm。

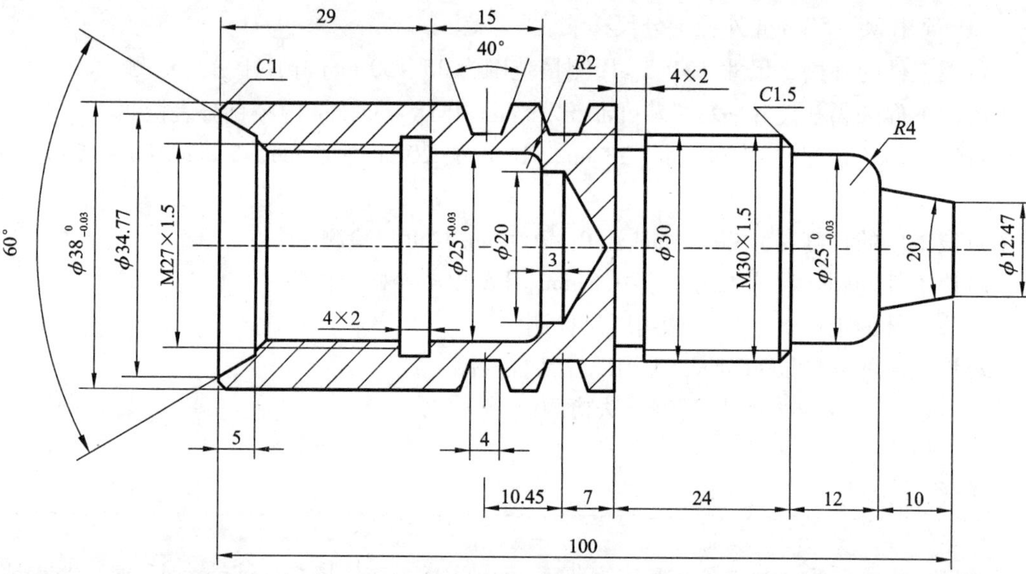

图7-9　综合零件加工示例

（3）用 G71 粗车左端外轮廓，用 G70 精车左端外轮廓至图样要求。

（4）用 G71 粗车左端内轮廓，用 G70 精车左端内轮廓至图样要求。

（5）用 G01 加工内槽。

（6）用 G92 加工内螺纹。

（7）工件掉头，用铜皮包住 $\phi 38$ mm 外圆，校正。手动车平右端面，控制总长至图样要求。

（8）用 G71 粗车右端外轮廓，用 G70 精车右端外轮廓至图样要求。

（9）用 G01 切外螺纹退刀槽。

（10）用 G76 切外螺纹。

（11）用 M98 调用子程序的方法切外轮廓 40° 槽。

（12）去毛刺、检验。

2. 加工方案及切削用量的选择

加工方案及切削用量的选择如表 7-22 所示。

表 7-22　加工方案及切削用量的选择

序号	加工方案				切削用量		
	T 刀具	G 指令	走刀路线	转速 S(r/min)	进给速度 F(mm/r)	背吃刀量 a_p(mm)	
1	T0101（外圆车刀）	G71	粗车左端外圆轮廓	650	0.3	1.5	
2	T0101（外圆车刀）	G70	精车左端外圆轮廓	1200	0.1		

序号	加工方案				切削用量		
	T 刀具	G 指令	走刀路线	转速 S（r/min）	进给速度 F（mm/r）	背吃刀量（mm）
3	T0404（内孔车刀）	G71	粗车左端内圆轮廓	650	0.3	1.5
4	T0404（内孔车刀）	G70	精车左端内圆轮廓	1000	0.1	
5	T0505（内切槽刀）	G01	加工左端内槽	650	0.08	
6	T0606（内螺纹车刀）	G92	加工左端内螺纹	650		
7	T0101（外圆车刀）	G71	粗车右端外圆轮廓	650	0.3	1.5
8	T0101（外圆车刀）	G70	精车右端外圆轮廓	1200	0.1	
9	T0202（外切槽刀）	G01	加工右端外螺纹退刀槽	650	0.08	
10	T0303（外螺纹车刀）	G76	加工右端外螺纹	650		
11	T0505（内槽车刀）	M98	切外轮廓 40°槽	600	0.1	

3. 刀具的选择

刀具的选择如表 7 - 23 所示。

表 7 - 23　刀具的选择

刀号	T0101	T0202	T0303	T0404	T0505	T0606
形状						
类型	粗、精车外圆车刀（90°）	外切槽车刀（刀宽 4 mm）	外螺纹车刀（60°）	粗、精车内孔车刀（90°）	粗、精车内槽刀（刀宽 4 mm）	粗、精车内螺纹车刀（60°）
材料	YT15 硬质合金					

4. 编写程序

（1）左端外轮廓加工程序如表7-24所示。

表7-24 左端外轮廓加工程序

程序段号	程序	程序解释
	O0001	程序名
N10	G97 G99 M03 S650	G97 恒线速关闭；G99 每转进给；M03 主轴正转；设置主轴转速为 650 r/min
N20	T0101（90°外圆车刀）	调用 1 号 90°外圆车刀并调用 1 号刀具补偿
N30	G00 X42 Z2	刀具快速移至循环切削起点
N40	G71 U1.5 R0.5	采用内、外圆复合循环指令 G71 粗加工外轮廓并设置加工参数：每次背吃刀量 1.5 mm（U1.5），退刀量单边
N50	G71 P60 Q100 U0.8 W0.03 F0.3	0.5 mm（R0.5）；从 N60（P60）至 N100（Q100）为精加工轨迹；X 向留精加工余量 0.8 mm（U0.8），Z 向留精加工余量 0.03 mm（W0.03）；进给量为 0.3 mm/r（F0.3）
N60	G00 X36	
N70	G01 Z0 F0.1	
N80	X38 Z-1	零件精加工轨迹
N90	Z-56	
N100	X42	
N110	G00 X120 Z50	退刀至安全换刀点
N120	M05	主轴停止
N130	M00	程序无条件暂停（便于测量外轮廓余量与图样实际尺寸误差）
N140	T0101（外圆车刀）	调用 1 号外圆车刀并调用 1 号刀具补偿
N150	M03 S1200	M03 主轴正转；设置主轴转速为 1200 r/min
N160	G00 X42 Z2	刀具快速移至循环切削起点
N170	G70 P60 Q100	精加工外轮廓，调用 N60 至 N100 程序段执行精加工
N180	G00 X120 Z50	退刀至安全换刀点
N190	M05	主轴停止
N200	M30	程序结束并返回至程序头

（2）左端内轮廓加工程序如表7-25所示。

表 7 - 25　左端内轮廓加工程序

程序段号	程序	程序解释
	O0002	程序名
N10	G97 G99 M03 S650	G97 恒线速关闭；G99 每转进给；M03 主轴正转；设置主轴转速为 650 r/min
N20	T0404(90°内孔车刀)	调用 4 号 90°内孔车刀并调用 4 号刀具补偿
N30	G00 X20 Z2	刀具快速移至循环切削起点
N40	G71 U1.5 R0.5	采用内、外圆复合循环指令 G71 粗加工内轮廓并设置加工参数：每次背吃刀量 1.5 mm(U1.5)，退刀量单边
N50	G71 P60 Q150 U - 0.8 W0.03 F0.3	0.5 mm(R0.5)；从 N60(P60)至 N150(Q150)为精加工轨迹；X 向留精加工余量 0.8 mm(U - 0.8)，Z 向留精加工余量 0.03 mm(W0.03)；进给量为 0.3 mm/r(F0.3)
N60	G00 G41 X34.77	
N70	G01 Z0 F0.1	
N80	X29 Z - 5	
N90	X28.5	
N100	X25.5 W - 1.5	零件精加工轨迹
N110	Z - 29	G41 调用刀尖圆弧半径左补偿
N120	X25	G40 取消刀尖圆弧半径补偿
N130	Z - 32	
N140	G03 X21 W - 2 R2	
N150	G01 G40 X20	
N160	G00 Z150	退刀至安全换刀点
N170	M05	主轴停止
N180	M00	程序无条件暂停(便于测量外轮廓余量与图样实际尺寸误差)
N190	T0404(内孔车刀)	调用 4 号内孔车刀并调用 4 号刀具补偿
N200	M03 S1000	M03 主轴正转；设置主轴转速为 1000 r/min
N210	G00 X20 Z2	刀具快速移至循环切削起点
N220	G70 P60 Q150	精加工外轮廓，调用 N60 至 N150 程序段执行精加工
N230	G00 Z150	退刀至安全换刀点
N240	X120	
N250	M05	主轴停止
N260	M30	程序结束并返回至程序头

(3)左端切内螺纹退刀槽加工程序如表 7 - 26 所示。

表 7 - 26　左端切内螺纹退刀槽加工程序

程序段号	程序	程序解释
	O0003	程序名
N10	G97 G99 M03 S650	G97 恒线速关闭；G99 每转进给；M03 主轴正转；设置主轴转速为 650 r/min
N20	T0505(内切槽车刀)	调用 5 号内切槽车刀并调用 5 号刀具补偿(内切槽车刀刀宽 4 mm)
N30	G00 X24 Z2	刀具快速移至循环切削起点
N40	Z - 29	
N50	G01 X29.5 F0.08	采用直线插补指令 G01 切槽至图样尺寸 φ29.5 mm
N60	G04 P1000	程序暂停 1 s
N70	X24 F0.3	退刀
N80	G00 Z150	退刀至安全换刀点
N90	X120	
N100	M05	主轴停止
N110	M30	程序结束并返回至程序头

(4)左端切内螺纹加工程序如表 7 - 27 所示。

表 7 - 27　左端切内螺纹加工程序

程序段号	程序	程序解释
	O0004	程序名
N10	G97 G99 M03 S650	G97 恒线速关闭；G99 每转进给；M03 主轴正转；设置主轴转速为 650 r/min
N20	T0606(内螺纹车刀)	调用 6 号内螺纹车刀并调用 6 号刀具补偿
N30	G00 X23 Z3	刀具快速移至切削起点
N40	G92 X26.3 Z - 27 F1.5	采用内、外螺纹循环指令(G92)加工第一刀
N50	X26.9	加工第二刀
N60	X27.2	加工第三刀
N70	X27.4	加工第四刀
N80	G00 Z150	退刀至安全换刀点
N90	X120	
N100	M05	主轴停止
N110	M30	程序结束并返回至程序头

(5)右端外轮廓加工程序如表 7 - 28 所示。

表 7 - 28　右端外轮廓加工程序

程序段号	程序	程序解释
	O00005	程序名
N10	G97 G99 M03 S650	G97 恒线速关闭；G99 每转进给；M03 主轴正转；设置主轴转速为 650 r/min
N20	T0101(90°外圆车刀)	调用 1 号 90°外圆车刀并调用 1 号刀具补偿
N30	G00 X42 Z2	刀具快速移至循环切削起点
N40	G71 U1.5 R0.5	采用内、外圆复合循环指令 G71 粗加工外轮廓并设置加工参数：每次背吃刀量 1.5 mm(U1.5)，退刀量单边 0.5 mm(R0.5)；从 N60(P60)至 N170(Q170)为精加工轨迹，X 向留精加工余量 0.8 mm(U0.8)，Z 向留精加工余量 0.03 mm(W0.03)；进给量为 0.3 mm/r(F0.3)
N50	G71 P60 Q170 U0.8 W0.03 F0.3	
N60	G00 G42 X12.47	零件精加工轨迹 G42 调用刀尖圆弧半径右补偿 G40 取消刀尖圆弧半径补偿
N70	G01 Z0 F0.1	
N80	X16 Z - 10	
N90	X17	
N100	G03 X25 W - 4 R4	
N110	G01 Z - 22	
N120	X27	
N130	X29.85 W - 1.5	
N140	Z - 46	
N150	X37	
N160	X39 W - 1	
N170	G40 X42	
N180	G00 X120 Z5	退刀至安全换刀点
N190	M05	主轴停止
N200	M00	程序无条件暂停(便于测量外轮廓余量与图样实际尺寸误差)
N210	T0101(外圆车刀)	调用 1 号外圆车刀并调用 1 号刀具补偿
N220	M03 S1200	M03 主轴正转；设置主轴转速为 1200 r/min
N230	G00 X42 Z2	刀具快速移至循环切削起点
N240	G70 P60 Q170	精加工外轮廓，调用 N60 至 N170 程序段执行精加工
N250	G00 X120 Z5	退刀至安全换刀点
N260	M05	主轴停止
N270	M30	程序结束并返回至程序头

(6)右端切螺纹退刀槽加工程序如表 7 - 29 所示。

表 7 – 29 右端切螺纹退刀槽加工程序

程序段号	程序	程序解释
	O0006	程序名
N10	G97 G99 M03 S650	G97 恒线速关闭；G99 每转进给；M03 主轴正转；设置主轴转速为 650 r/min
N20	T0202(外切槽车刀)	调用 2 号外切槽车刀并调用 2 号刀具补偿(外切槽车刀刀宽 4 mm)
N30	G00 X32 Z – 45	刀具快速移至切削起点
N40	G01 Z – 46 F0.08	采用直线插补指令 G01 慢速至 Z 坐标终点
N50	X26	切槽至图样尺寸 φ26 mm
N60	G04 P1000	程序暂停 1 s
N70	X32 F0.3	退刀
N80	G00 Z5	退刀至安全换刀点
N90	X120	
N100	M05	主轴停止
N110	M30	程序结束，返回至程序头

(7)右端切螺纹加工程序如表 7 – 30 所示。

表 7 – 30 右端切螺纹加工程序

程序段号	程序	程序解释
	O0007	程序名
N10	G97 G99 M03 S650	G97 恒线速关闭；G99 每转进给；M03 主轴正转；设置主轴转速为 650 r/min
N20	T0303(外螺纹车刀)	调用 3 号外螺纹车刀并调用 3 号刀具补偿
N30	G00 X40 Z – 18	刀具快速移至切削起点
N40	G76 P020160 Q80 R0.05	采用外螺纹复合循环指令(G76)并设置参数：精加工两次(02)；螺纹尾部斜向倒角量为 0.1 个导程(01)；刀尖角为 60°(60)；螺纹最小背吃刀量为 0.08 mm(Q80)；精加工余量为 0.05 mm(R0.05)
N50	G76 X28.05 Z – 44 R0 P975 Q400 F1.5	X 为有效螺纹终点坐标；Z 为有效螺纹终点坐标；R 为螺纹半径差(直圆柱为 0 或省略)；P 为螺纹牙深单边为 0.975 mm；Q 为第一刀进给深度 0.4 mm；F1.5 为螺纹导程
N60	G00 Z5	退刀至安全换刀点
N70	X120	
N80	M05	主轴停止
N90	M30	程序结束并返回至程序头

（8）切 40°槽加工程序如表 7 – 31 所示。

表 7 – 31　切 40°槽加工主程序

程序段号	程序	程序解释
	O0008	程序名
N10	G97 G99 M03 S650	G97 恒线速关闭；G99 每转进给；M03 主轴正转；设置主轴转速为 650 r/min
N20	T0202（外切槽车刀）	调用 2 号外切槽车刀并调用 2 号刀具补偿（外切槽车刀刀宽 4 mm）
N30	G00 X40 Z – 42.55	刀具快速移至切削起点
N40	M98 P20009	调用子程序（M98），调用次数为两次程序名为 0009
N50	G00 X120 Z5	退刀至安全换刀点
N60	M05	主轴停止
N70	M30	程序结束并返回至程序头

（9）子程序如表 7 – 32 所示。

表 7 – 32　子程序

程序段号	程序	程序解释
	O0009	程序名
N10	G01 W – 10.45 F0.3	采用直线插补指令（G01）Z 向相对上一点向负方向移动 10.45 mm（W – 10.45）
N20	X36 F0.1	切深第一刀至 ϕ36 mm
N30	U0.5	X 向退刀 0.5 mm
N40	X34	切深第二刀至 ϕ34 mm
N50	U0.5	X 向退刀 0.5 mm
N60	X32	切深第三刀至 ϕ32 mm
N70	U0.5	X 向退刀 0.5 mm
N80	X30	切深第四刀至 ϕ30 mm
N90	G04 P1000	暂停（G04）1 s（P1000）
N100	X38	退刀
N110	W1.455	Z 向相对上一点向正方向移动 1.455 mm
N120	X30 W – 1.455	切 40°斜边
N130	X38	退刀
N140	X – 1.455	Z 向相对上一点向负方向移动 1.455 mm
N150	X30 W1.455	切 40°斜边
N160	X40	退刀
N170	M99	子程序返回至主程序（O0008）

5. 工件检测

（1）该工件的外圆尺寸 $\phi12.47$ mm 和 30 mm 用测量范围为 0 ~ 150 mm 的游标卡尺检测。

（2）该工件的外圆尺寸 $\phi25_{-0.03}^{\ 0}$ mm 用 0 ~ 25 mm 外径千分尺检测；$\phi38_{-0.03}^{\ 0}$ mm 用测量范围为 25 ~ 50 mm 外径千分尺检测。

（3）该工件的内孔尺寸 $\phi20_{\ 0}^{+0.03}$ mm 用测量范围为 18 ~ 35 mm 的内径百分表检测。

（4）该工件的长度尺寸 100 mm、10 mm、12 mm、24 mm、29 mm、15 mm 用测量范围为 0 ~ 150 mm 游标卡尺检测。

（5）该工件的圆弧尺寸 $R2$、$R4$ 用测量范围为 1 ~ 6.5 mm 用 R 规半径样板检测。

（6）该工件的锥度 40° 用角度样板尺检测。

（7）该工件的锥度 20°、60° 用万能角度尺检测。

（8）该工件的外螺纹 M30 × 1.5 用螺纹环规检测。

（9）该工件的内螺纹 M27 × 1.5 用螺纹丝规检测。

（10）该工件的各处倒角用目测方法检测。

（11）该工件的表面粗糙度用样块对比的方法检测。

实训操作练习

如图 7 - 10 所示综合加工件，毛坯为 $\phi45$ mm × 105 mm 的棒料，材料为 45 钢，试编制加工程序并加工。

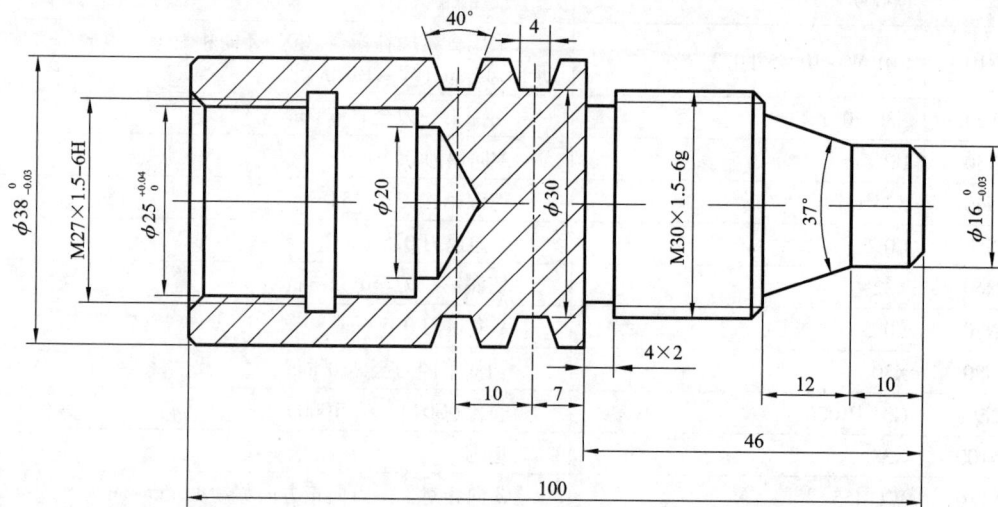

图 7 - 10 综合零件图

7.6　综合实例(六)

【例题 7-6】　用数控车床完成如图 7-11 所示零件及其装配加工,毛坯材料分别为 $\phi 40$ mm×75 mm 和 $\phi 50$ mm×30 mm 的 45 号钢,按图样要求合理安排加工工艺,合理选择刀具,确定合适的加工参数,编制出加工程序。

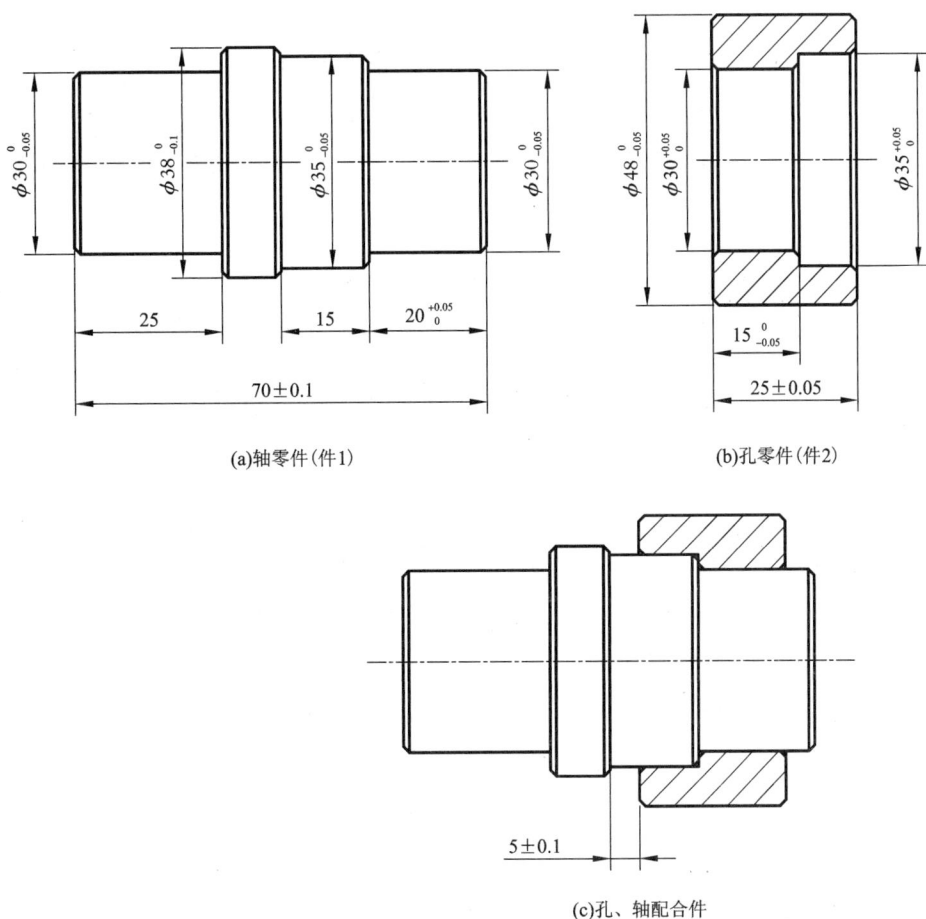

(a)轴零件(件1)　　　　　　(b)孔零件(件2)

(c)孔、轴配合件

图 7-11　综合零件加工示例

1. 加工操作步骤

(1)装夹件 1 右端,工件伸出 43 mm 长,手动车平件 1 左端面,控制总长至 72 mm。

(2)用 G71 粗车左端外轮廓,用 G70 精车左端外轮廓至图样要求。

(3)件 1 掉头,用铜皮包住 $\phi 30$ mm 外圆,校正。手动车平右端面,控制总长至图样要求。

(4)用 G71 粗车右端外轮廓,用 G70 精车右端外轮廓至图样要求。

(5)装夹件 2,校正,钻孔 $\phi 28$ mm,工件伸出 27 mm 长,手动车平左端面。

（6）用 G90 粗车外轮廓，用 G01 精车外轮廓至图样要求。

（7）件 2 掉头，用铜皮包住 ϕ48 mm 外圆，校正。手动车平右端面，控制总长至图样要求。

（8）用 G71 粗车内轮廓，用 G70 精车内轮廓至图样要求。

（9）去毛刺，检验。

2. 加工方案及切削用量的选择

加工方案及切削用量的选择如表 7 - 33 所示。

表 7 - 33　加工方案及切削用量的选择

加工方案				切削用量		
序号	T 刀具	G 指令	走刀路线	转速 $S/(\text{r}\cdot\text{min}^{-1})$	进给速度 $F/(\text{mm}\cdot\text{r}^{-1})$	背吃刀量 a_p/mm
1	T0101 （外圆车刀）	G71	粗车外圆轮廓	650	0.3	1.5
2	T0202 （外圆车刀）	G70	精车外圆轮廓	1500	0.1	
3	T0303 （内孔车刀）	G71	粗车内孔	650	0.3	1.5
4	T0303 （内孔车刀）	G70	精车内孔	1200	0.1	1.5

3. 刀具的选择

刀具的选择如表 7 - 34 所示。

表 7 - 34　刀具的选择

刀号	T0101	T0202	T0303
形状			
类型	粗车外圆车刀（90°）	精车外圆车刀（90°）	粗、精车内孔车刀（90°）
材料	YT15 硬质合金		

4. 编写程序

（1）轴的左端外轮廓加工程序如表 7 - 35 所示。

表 7 - 35　轴的左端外轮廓加工程序

程序段号	程序	程序解释
	O0001	程序名
N10	G97 G99 M03 S650	G97 恒线速关闭；G99 每转进给；M03 主轴正转；设置主轴转速为 650 r/min
N20	T0101（90°粗车外圆车刀）	调用 1 号 90°粗车外圆车刀并调用 1 号刀具补偿
N30	G00 X42 Z2	刀具快速移至循环切削起点
N40	G71 U1.5 R0.5	采用内、外圆复合循环指令 G71 粗加工外轮廓并设置加工参数：每次背吃刀量 1.5 mm（U1.5），退刀量单边 0.5 mm（R0.5）；从 N60（P60）至 N130（Q130）为精加工轨迹，X 向留精加工余量 0.8 mm（U0.8），Z 向留精加工余量 0.03 mm（W0.03）；进给量为 0.3 mm/r（F0.3）
N50	G71 P60 Q130 U0.8 W0.03 F0.3	
N60	G00 X28	零件精加工轨迹
N70	G01 Z0 F0.1	
N80	X30 Z - 1	
N90	Z - 25	
N100	X36	
N110	X38 W - 1	
N120	Z - 38	
N130	X42	
N140	G00 X120 Z50	退刀至安全换刀点
N150	M05	主轴停止
N160	M00	程序无条件暂停（便于测量外轮廓余量与图样实际尺寸误差）
N170	T0202（精车外圆车刀）	调用 2 号精车外圆车刀并调用 2 号刀具补偿
N180	M03 S1500	M03 主轴正转；设置主轴转速为 1500 r/min
N190	G00 X42 Z2	刀具快速移至循环切削起点
N200	G70 P60 Q130	精加工外轮廓，调用 N60 至 N130 程序段执行精加工
N210	G00 X120 Z50	退刀至安全换刀点
N220	M05	主轴停止
N230	M30	程序结束并返回至程序头

（2）轴的右端外轮廓加工程序如表 7 - 36 所示。

表7-36 轴的右端外轮廓加工程序

程序段号	程序	程序解释
	O0002	程序名
N10	G97 G99 M03 S650	G97 恒线速关闭；G99 每转进给；M03 主轴正转；设置主轴转速为 650 r/min
N20	T0101(90°粗车外圆车刀)	调用 1 号 90°粗车外圆车刀并调用 1 号刀具补偿
N30	G00 X42 Z2	刀具快速移至循环切削起点
N40	G71 U1.5 R0.5	采用内、外圆复合循环指令 G71 粗加工外轮廓并设置加工参数：每次背吃刀量 1.5 mm($U1.5$)，退刀量单边 0.5 mm($R0.5$)；从 N60($P60$)至 N150($Q150$)为精加工轨迹，X 向留精加工余量 0.8 mm($U0.8$)，Z 向留精加工余量 0.03 mm($W0.03$)；进给量为 0.3 mm/r($F0.3$)
N50	G71 P60 Q150 U0.8 W0.03 F0.3	
N60	G00 X28	
N70	G01 Z0 F0.1	
N80	X30 Z-1	
N90	Z-20	
N100	X33	
N110	X35 W-1	零件精加工轨迹
N120	Z-35	
N130	X36	
N140	X39 W-1.5	
N150	X42	
N160	G00 X120 Z50	退刀至安全换刀点
N170	M05	主轴停止
N180	M00	程序无条件暂停(便于测量外轮廓余量与图样实际尺寸误差)
N190	T0202(精车外圆车刀)	调用 2 号精车外圆车刀并调用 2 号刀具补偿
N200	M03 S1500	M03 主轴正转；设置主轴转速为 1500 r/min
N210	G00 X42 Z2	刀具快速移至循环切削起点
N220	G70 P60 Q150	精加工外轮廓，调用 N60 至 N150 程序段执行精加工
N230	G00 X120 Z50	退刀至安全换刀点
N240	M05	主轴停止
N250	M30	程序结束并返回至程序头

(3)轴套的外轮廓加工程序如表 7-37 所示。

表 7 - 37　轴套的外轮廓加工程序

程序段号	程序	程序解释
	O0003	程序名
N10	G97 G99 M03 S650	G97 恒线速关闭；G99 每转进给；M03 主轴正转；设置主轴转速为 650 r/min
N20	T0101（90°外圆车刀）	调用 1 号 90°外圆车刀并调用 1 号刀具补偿
N30	G00 X52 Z2	刀具快速移至循环切削起点
N40	G90 X48.8 Z - 26 F0.3	使用单一固定循环指令 G90 粗加工 ϕ48 外圆，留精加工余量 X 方向 0.8 mm
N50	M03 S1500	M03 主轴正转；设置主轴转速为 1500 r/min
N60	G00 X46	
N70	G01 Z0 F0.1	
N80	X48 Z - 1	精加工 ϕ48 外圆至图样要求
N90	Z - 26	
N100	X50	
N110	G00 X120 Z50	退刀至安全换刀点
N120	M05	主轴停止
N130	M30	程序结束并返回至程序头

（4）轴套的内轮廓加工程序如表 7 - 38 所示。

表 7 - 38　轴套的内轮廓加工程序

程序段号	程序	程序解释
	O0004	程序名
N10	G97 G99 M03 S650	G97 恒线速关闭；G99 每转进给；M03 主轴正转；设置主轴转速为 650 r/min
N20	T0303（90°内孔车刀）	调用 3 号 90°内孔车刀并调用 3 号刀具补偿
N30	G00 X28 Z2	刀具快速移至循环切削起点
N40	G71 U1.5 R0.5	采用内、外圆复合循环指令 G71 粗加工内轮廓并设置加工参数：每次背吃刀量 1.5 mm（U1.5），退刀量单边 0.5 mm（R0.5）；从 N60（P60）至 N130（Q130）为精加工轨迹；X 向留精加工余量 0.8 mm（U - 0.8），Z 向留精加工余量 0.03 mm（W0.03）；进给量为 0.3 mm/r（F0.3）
N50	G71 P60 Q130 U - 0.8 W0.03 F0.3	

续表 7－38

程序段号	程序	程序解释
N60	G00 X37	零件精加工轨迹
N70	G01 Z0 F0.1	
N80	X35 Z－1	
N90	Z－10	
N100	X32	
N110	X30 W－1	
N120	Z－27	
N130	X28	
N140	G00 X28 Z150	退刀至安全换刀点
N150	M05	主轴停止
N160	M00	程序无条件暂停（便于测量外轮廓余量与图样实际尺寸误差）
N170	T0303（内孔车刀）	调用3号内孔车刀并调用3号刀具补偿
N180	M03 S1200	M03 主轴正转；设置主轴转速为 1200 r/min
N190	G00 X28 Z2	刀具快速移至循环切削起点
N200	G70 P60 Q130	精加工外轮廓，调用N60至N130程序段执行精加工
N210	G00 Z150	退刀至安全换刀点
N220	X120	
N230	M05	主轴停止
N240	M30	程序结束并返回至程序头

5. 工件检测

（1）该工件的外圆尺寸 $\phi38_{-0.1}^{0}$ mm、$\phi35_{-0.05}^{0}$ mm、$\phi30_{-0.05}^{0}$ mm 和 $\phi48_{-0.05}^{0}$ mm 用测量范围为 25～50 mm 的外径千分尺检测。

（2）该工件的内孔尺寸 $\phi35_{0}^{+0.05}$ mm、$\phi30_{0}^{+0.05}$ mm 用测量范围 18～35 mm 的内径百分表检测。

（3）该工件的长度尺寸 15 mm、25 mm 用测量范围 0～150 mm 的游标卡尺检测。

（4）该工件的长度尺寸（70±0.1）mm、（25±0.05）mm、$15_{-0.05}^{0}$ mm 用测量范围 0～200 mm 的深度尺检测。

（5）该工件配合间隙（5±0.1）mm 用块规检测。

（6）该工件的各处倒角用目测方法检测。

（7）该工件的表面粗糙度用样块对比的方法检测。

实训操作练习

如图 7－12 所示综合加工件，件1与件2配合，件1毛坯为 $\phi45$ mm×75 mm 的棒料，件2毛坯为 $\phi50$ mm×30 mm 的棒料，材料均为45钢，试编制加工程序并加工。

(a)轴零件(件1)

(b)孔零件(件2)

(c)孔、轴配合件

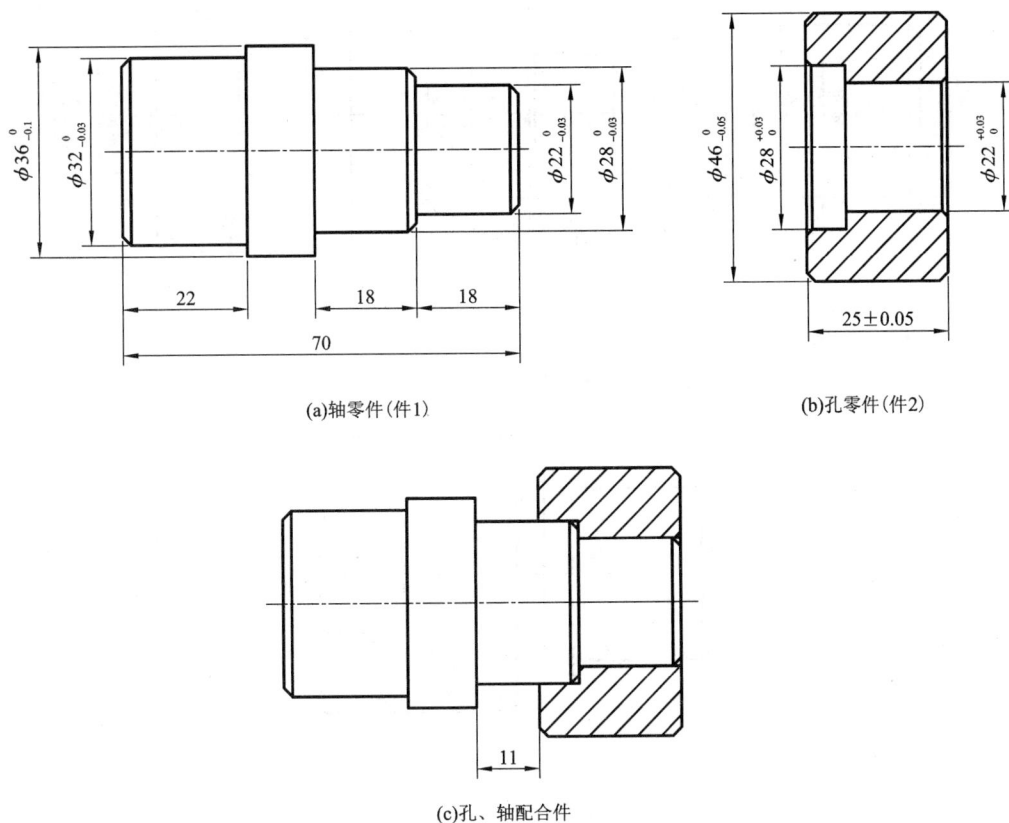

图 7 - 12　综合零件图

7.7　综合实例(七)

【例题 7 - 7】　用数控车床完成如图 7 - 13 所示零件及其装配加工,毛坯材料分别为 $\phi40$ mm ×75 mm 和 $\phi50$ mm ×40 mm 的 45 号钢,按图样要求合理安排加工工艺,合理选择刀具,确定合适的加工参数,编制出加工程序。

1. 加工操作步骤

(1)装夹件 1 右端,工件伸出 43 mm 长,手动车平件 1 左端面,控制总长至 72 mm。

(2)用 G71 粗车左端外轮廓,用 G70 精车左端外轮廓至图样要求。

(3)件 1 掉头,用铜皮包住 $\phi30$ mm 外圆,校正。手动车平右端面,控制总长至图样要求。

(4)用 G71 粗车右端外轮廓,用 G70 精车右端外轮廓至图样要求。

(5)装夹件 2,校正,钻孔 $\phi18$ mm,工件伸出 37 mm 长,手动车平右端面。

(6)用 G90 粗车外轮廓,用 G01 精车外轮廓至图样要求。

(7)件 2 掉头,用铜皮包住 $\phi48$ mm 外圆,校正。手动车平左端面,控制总长至图样要求。

(8)用 G71 粗车内轮廓,用 G70 精车内轮廓至图样要求。

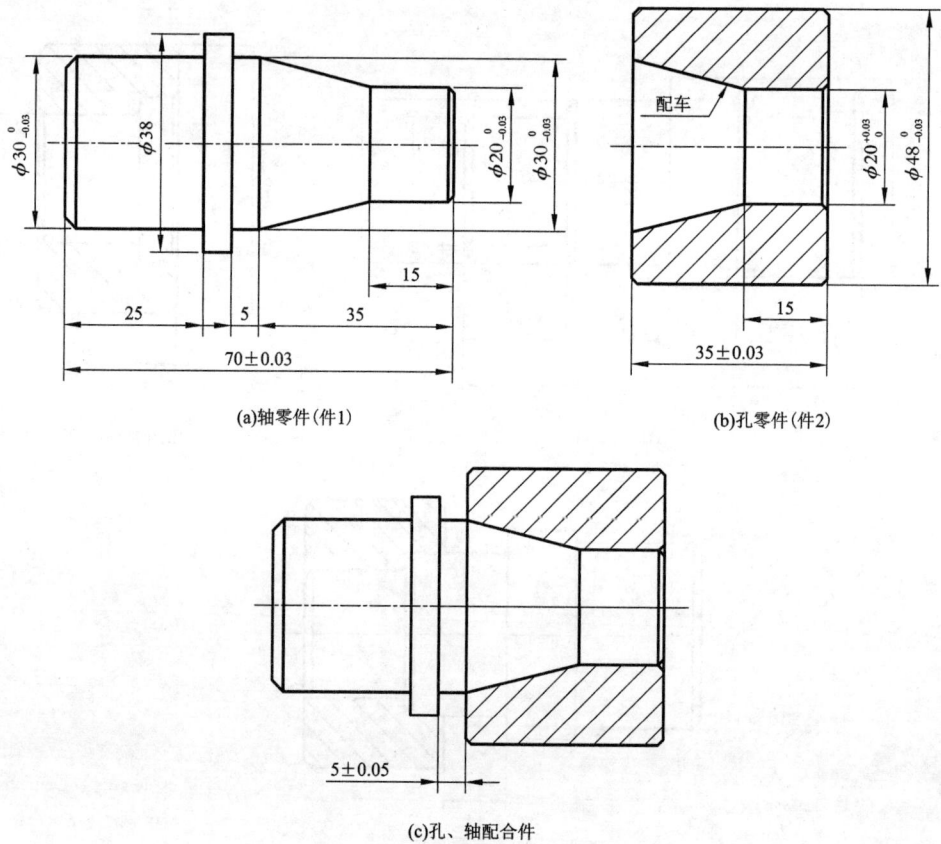

(a)轴零件(件1)

(b)孔零件(件2)

(c)孔、轴配合件

图7-13　综合零件加工示例

(9)去毛刺,检验。

2.加工方案及切削用量的选择

加工方案及切削用量的选择如表7-39所示。

表7-39　加工方案及切削用量的选择

加工方案				切削用量		
序号	T 刀具	G 指令	走刀路线	转速 $S/(\text{r}\cdot\text{min}^{-1})$	进给速度 $F/(\text{mm}\cdot\text{r}^{-1})$	背吃刀量 a_{p}/mm
1	T0101（外圆车刀）	G71	粗车外圆轮廓	650	0.3	1.5
2	T0202（外圆车刀）	G70	精车外圆轮廓	1200	0.1	
3	T0303（内孔车刀）	G71	粗车内孔	650	0.3	1.5
4	T0303（内孔车刀）	G70	精车内孔	1000	0.1	

3. 刀具的选择

刀具的选择如表 7 - 40 所示。

表 7 - 40　刀具的选择

刀号	T0101	T0202	T0303
形状			
类型	粗车外圆车刀(90°)	精车外圆车刀(90°)	粗、精车内孔车刀(90°)
材料	YT15 硬质合金		

4. 编写程序

(1)轴的左端外轮廓加工程序如表 7 - 41 所示。

表 7 - 41　轴的左端外轮廓加工程序

程序段号	程序	程序解释
	O0001	程序名
N10	G97 G99 M03 S650	G97 恒线速关闭；G99 每转进给；M03 主轴正转；设置主轴转速为 650 r/min
N20	T0101(90°外圆车刀)	调用 1 号 90°外圆车刀并调用 1 号刀具补偿
N30	G00 X42 Z2	刀具快速移至循环切削起点
N40	G71 U1.5 R0.5	采用内、外圆复合循环指令 G71 粗加工外轮廓并设置加工参数：每次背吃刀量 1.5 mm($U1.5$)，退刀量单边 0.5 mm($R0.5$)；从 N60($P60$)至 N130($Q130$)为精加工轨迹；X 向留精加工余量 0.8 mm($U0.8$)，Z 向留精加工余量 0.03 mm($W0.03$)；进给量为 0.3 mm/r($F0.3$)
N50	G71 P60 Q130 U0.8 W0.03 F0.3	
N60	G00 X28	零件精加工轨迹
N70	G01 Z0 F0.1	
N80	X30 Z - 1	
N90	Z - 25	
N100	X36	
N110	X38 W - 1	
N120	Z - 32	
N130	X42	
N140	G00 X120 Z50	退刀至安全换刀点
N150	M05	主轴停止

程序段号	程序	程序解释
N160	M00	程序无条件暂停(便于测量外轮廓余量与图样实际尺寸误差)
N170	T0101(外圆车刀)	调用 1 号外圆车刀并调用 1 号刀具补偿
N180	M03 S1200	M03 主轴正转；设置主轴转速为 1200 r/min
N190	G00 X42 Z2	刀具快速移至循环切削起点
N200	G70 P60 Q130	精加工外轮廓，调用 N60 至 N130 程序段执行精加工
N210	G00 X120 Z50	退刀至安全换刀点
N220	M05	主轴停止
N230	M30	程序结束并返回至程序头

(2)轴的右端外轮廓加工程序如表 7 – 42 所示。

表 7 – 42　轴的右端外轮廓加工程序

程序段号	程序	程序解释
	O0002	程序名
N10	G97 G99 M03 S650	G97 恒线速关闭；G99 每转进给；M03 主轴正转；设置主轴转速为 650 r/min
N20	T0101(90°外圆车刀)	调用 1 号 90°外圆车刀并调用 1 号刀具补偿
N30	G00 X42 Z2	刀具快速移至循环切削起点
N40	G71 U1.5 R0.5	采用内、外圆复合循环指令 G71 粗加工外轮廓并设置加工参数：每次背吃刀量 1.5 mm($U1.5$)，退刀量单边 0.5 mm($R0.5$)；从 N60($P60$)至 N140($Q140$)为精加工轨迹；X 向留精加工余量 0.8 mm($U0.8$)，Z 向留精加工余量 0.03 mm($W0.03$)；进给量为 0.3 mm/r($F0.3$)
N50	G71 P60 Q140 U0.8 W0.03 F0.3	
N60	G00 X18	
N70	G01 Z0 F0.1	
N80	X20 Z – 1	
N90	Z – 15	
N100	X30 Z – 35	零件精加工轨迹
N110	Z – 40	
N120	X36	
N130	X39 W – 1.5	
N140	X42	
N150	G00 X120 Z50	退刀至安全换刀点

程序段号	程序	程序解释
N160	M05	主轴停止
N170	M00	程序无条件暂停(便于测量外轮廓余量与图样实际尺寸误差)
N180	T0101(90°外圆车刀)	调用 1 号外圆车刀并调用 1 号刀具补偿
N190	M03 S1200	M03 主轴正转；设置主轴转速为 1200 r/min
N200	G00 X42 Z2	刀具快速移至循环切削起点
N210	G70 P60 Q140	精加工外轮廓,调用 N60 至 N140 程序段执行精加工
N220	G00 X120 Z50	退刀至安全换刀点
N230	M05	主轴停止
N240	M30	程序结束并返回至程序头

(3)轴套外轮廓加工程序如表 7 – 43 所示。

表 7 – 43　轴套外轮廓加工程序

程序段号	程序	程序解释
	O0003	程序名
N10	G97 G99 M03 S650	G97 恒线速关闭；G99 每转进给；M03 主轴正转；设置主轴转速为 650 r/min
N20	T0101(外圆车刀)	调用 1 号 90°外圆车刀并调用 1 号刀具补偿
N30	G00 X52 Z2	刀具快速移至循环切削起点
N40	G90 X48.8 Z – 36 F0.3	使用单一固定循环指令 G90 粗加工 ϕ48 外圆,留精加工余量 X 方向 0.8 mm
N50	M03 S1200	M03 主轴正转；设置主轴转速为 1200 r/min
N60	G00 X46	精加工 ϕ48 外圆至图样要求
N70	G01 Z0 F0.1	
N80	X48 Z – 1	
N90	Z – 36	
N100	X50	
N110	G00 X120 Z50	退刀至安全换刀点
N120	M05	主轴停止
N130	M30	程序结束并返回至程序头

(4)轴套内轮廓加工程序如表 7 – 44 所示。

表 7 - 44　轴套内轮廓加工程序

程序段号	程序	程序解释
	O0004	程序名
N10	G97 G99 M03 S650	G97 恒线速关闭；G99 每转进给；M03 主轴正转；设置主轴转速为 650 r/min
N20	T0303(90°内孔车刀)	调用 3 号 90°内孔车刀并调用 3 号刀具补偿
N30	G00 X18 Z2	刀具快速移至循环切削起点
N40	G71 U1.5 R0.5	采用内、外圆复合循环指令 G71 粗加工内轮廓并设置加工参数：每次背吃刀量 1.5 mm($U1.5$)，退刀量单边 0.5 mm($R0.5$)；从 N60($P60$)至 N100($Q100$)为精加工轨迹；X 向留精加工余量 0.8 mm($U-0.8$)，Z 向留精加工余量 0.03 mm($W0.03$)；进给量为 0.3 mm/r($F0.3$)
N50	G71 P60 Q100 U - 0.8 W0.03 F0.3	
N60	G00 G41 X30	
N70	G01 Z0 F0.1	
N80	X20 Z - 20	零件精加工轨迹
N90	Z - 37	
N100	G40 X18	
N110	G00 Z150	退刀至安全换刀点
N120	M05	主轴停止
N130	M00	程序无条件暂停(便于测量外轮廓余量与图样实际尺寸误差)
N140	T0303(90°内孔车刀)	调用 3 号 90°内孔车刀并调用 3 号刀具补偿
N150	M03 S1000	M03 主轴正转；设置主轴转速为 1000 r/min
N160	G00 X18 Z2	刀具快速移至循环切削起点
N170	G70 P60 Q100	精加工外轮廓，调用 N60 至 N100 程序段执行精加工
N180	G00 Z150	退刀至安全换刀点
N190	X120	
N200	M05	主轴停止
N210	M30	程序结束并返回至程序头

5. 工件检测

(1)该工件的外圆尺寸 $\phi38$ mm 用测量范围为 0 ~ 150 mm 的游标卡尺检测。

(2)该工件的外圆尺寸 $\phi20_{-0.03}^{0}$ mm 用测量范围为 0 - 25 mm 外径千分尺检测；$\phi30_{-0.03}^{0}$ mm 和 $\phi48_{-0.03}^{0}$ mm 用 25 ~ 50 mm 外径千分尺检测。

(3)该工件的内孔尺寸 $\phi20_{0}^{+0.03}$ mm 用测量范围为 20 ~ 50 mm 的三爪内径千分尺检测。

(4)该工件的长度尺寸 15 mm、25 mm、35 mm、5 mm、15 mm 用测量范围为 0 ~ 150 mm 游标卡尺检测。

(5)该工件的长度尺寸(70 ± 0.03)mm、(35 ± 0.03)mm 用测量范围为 0 ~ 200 mm 深度尺检测。

（6）该工件的锥度用万能角度尺检测。

（7）该工件配合间隙（5±0.05）mm 用块规检测。

（8）该工件的各处倒角用目测方法检测。

（9）该工件的表面粗糙度用样块对比的方法检测。

实训操作练习

如图 7 - 14 所示综合加工件，件 1 与件 2 配合，件 1 毛坯为 $\phi45$ mm ×80 mm 的棒料，件 2 毛坯为 $\phi55$ mm ×40 mm 的棒料，材料均为 45 钢，试编制加工程序并加工。

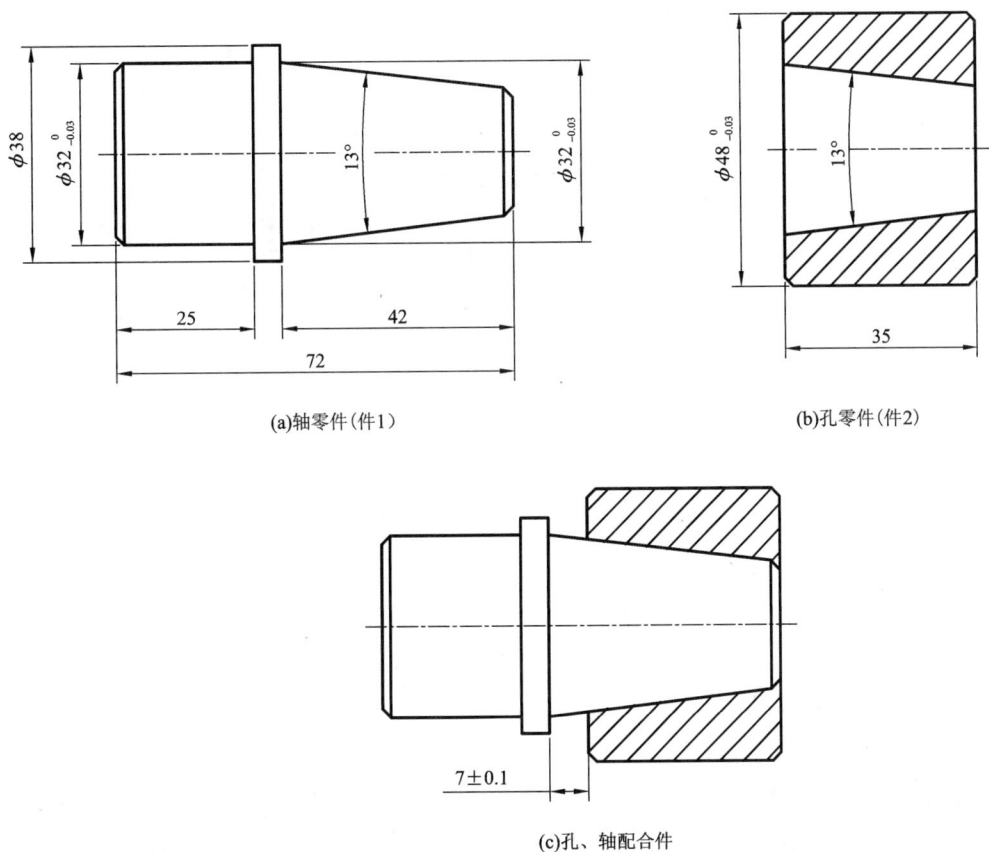

(a)轴零件(件1)

(b)孔零件(件2)

(c)孔、轴配合件

图 7 - 14 综合零件图

7.8 综合实例(八)

【例题 7 - 8】 用数控车床完成如图 7 - 15 所示零件及其装配加工，毛坯材料分别为 $\phi40$ mm ×75 mm 和 $\phi50$ mm ×40 mm 的 45 号钢，按图样要求合理安排加工工艺，合理选择刀具，确定合适的加工参数，编制出加工程序。

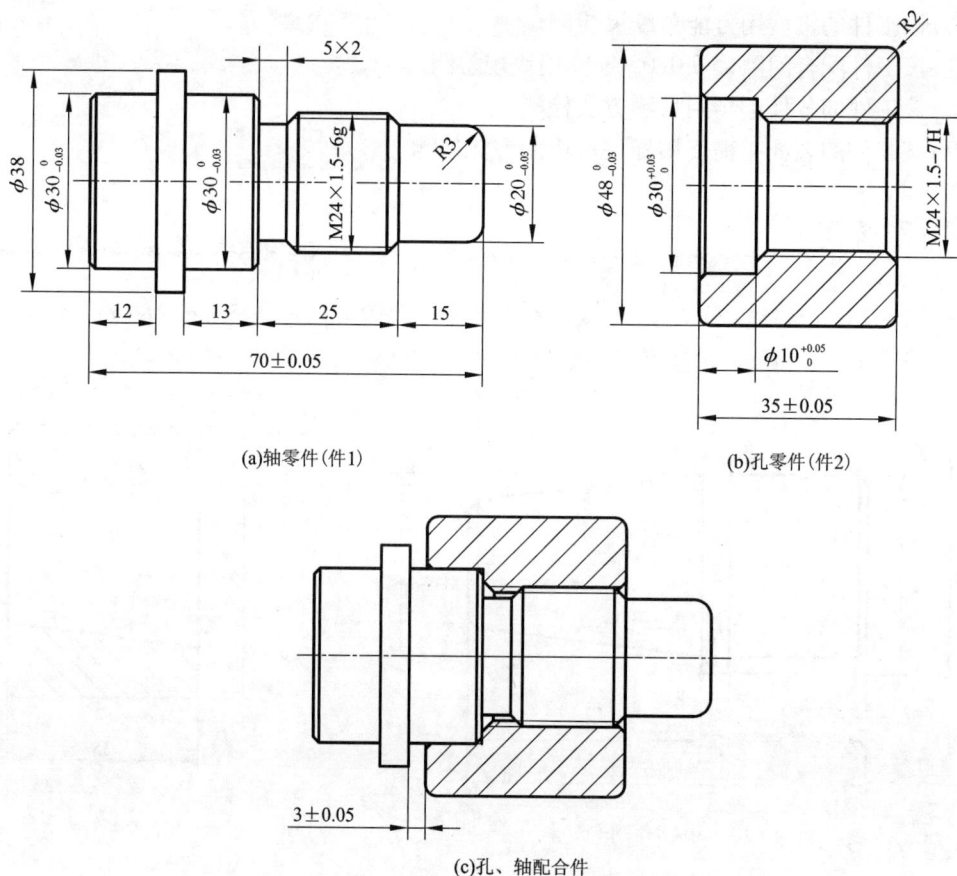

(a)轴零件(件1)

(b)孔零件(件2)

(c)孔、轴配合件

图 7 - 15　综合零件加工示例

1. 加工操作步骤

（1）装夹件 1 右端，工件伸出 45 mm 长，手动车平件 1 左端面，控制总长至 72 mm。

（2）用 G71 粗车左端外轮廓，用 G70 精车左端外轮廓至图样要求。

（3）件 1 掉头，用铜皮包住 ϕ38 mm 外圆，校正。手动车平右端面，控制总长至图样要求。

（4）采用一夹一顶方式装夹，用 G71 粗车右端外轮廓，用 G70 精车右端外轮廓至图样要求。

（5）切外螺纹退刀槽。

（6）车外螺纹，用螺纹环规检测（通规能过、止规不能过）。

（7）装夹件 2，校正，钻孔 ϕ20 mm，工件伸出 37 mm 长，手动车平右端面。

（8）用 G90 粗车外轮廓，用 G01 精车外轮廓至图样要求。

（9）件 2 掉头，用铜皮包住 ϕ48 mm 外圆，校正。手动车平左端面，控制总长至图样要求。

（10）用 G71 粗车内轮廓，用 G70 精车内轮廓至图样要求。

（11）用 G92 车内螺纹，用螺纹丝规检测（通规能过、止规不能过）。

（12）去毛刺，检验。

2. 加工方案及切削用量的选择

加工方案及切削用量的选择如表 7 – 45 所示。

表 7 – 45 加工方案及切削用量的选择

序号	T 刀具	G 指令	走刀路线	转速 $S/(\mathrm{r\cdot min^{-1}})$	进给速度 $F/(\mathrm{mm\cdot r^{-1}})$	背吃刀量 a_p/mm
			加工方案		切削用量	
1	T0101 (外圆车刀)	G71	粗车轴的左端外轮廓	650	0.3	1.5
2	T0101 (外圆车刀)	G70	精车轴的左端外轮廓	1200	0.1	
3	T0101 (外圆车刀)	G71	粗车轴的右端外轮廓	650	0.3	1.5
4	T0101 (外圆车刀)	G70	精车轴的右端外轮廓	1200	0.1	
5	T0202 (外切槽车刀)	G01	车轴的右端螺纹退刀槽	600	0.1	
6	T0303 (外螺纹车刀)	G92	车轴的右端外螺纹	650		
7	T0101 (外圆车刀)	G90	粗、精车轴套外轮廓	650/1200	0.3/0.1	
8	T0404 (内孔车刀)	G71	粗车轴套内轮廓	650	0.3	1.5
9	T0404 (内孔车刀)	G70	精车轴套内轮廓	1000	0.1	
10	T0505 (内螺纹车刀)	G92	车削轴套内螺纹	650		

3. 刀具的选择

刀具的选择如表 7 – 46 所示。

表 7 – 46 刀具的选择

刀号	T0101	T0202	T0303	T0404	T0505
形状					
类型	粗、精车外圆车刀(90°)	外切槽车刀(刀宽 4 mm)	外螺纹车刀(60°)	粗、精车内孔车刀(90°)	内螺纹车刀(60°)
材料	YT15 硬质合金				

4. 编写程序

（1）轴的左端外轮廓加工程序如表 7 - 47 所示。

表 7 - 47　轴的左端外轮廓加工程序

程序段号	程序	程序解释
	O0001	程序名
N10	G97 G99 M03 S650	G97 恒线速关闭；G99 每转进给；M03 主轴正转；设置主轴转速为 650 r/min
N20	T0101（90°外圆车刀）	调用 1 号 90°外圆车刀并调用 1 号刀具补偿
N30	G00 X42 Z2	刀具快速移至循环切削起点
N40	G71 U1.5 R0.5	采用内、外圆复合循环指令 G71 粗加工外轮廓并设置加工参数：每次背吃刀量 1.5 mm（U1.5），退刀量单边 0.5 mm（R0.5）；从 N60（P60）至 N130（Q130）为精加工轨迹；X 向留精加工余量 0.8 mm（U0.8），Z 向留精加工余量 0.03 mm（W0.03）；进给量为 0.3 mm/r（F0.3）
N50	G71 P60 Q130 U0.8 W0.03 F0.3	
N60	G00 X28	零件精加工轨迹
N70	G01 Z0 F0.1	
N80	X30 Z - 1	
N90	Z - 12	
N100	X36	
N110	X38 W - 1	
N120	Z - 20	
N130	X42	
N140	G00 X120 Z50	退刀至安全换刀点
N150	M05	主轴停止
N160	M00	程序无条件暂停（便于测量外轮廓余量与图样实际尺寸误差）
N170	T0101（外圆车刀）	调用 1 号外圆车刀并调用 1 号刀具补偿
N180	M03 S1200	M03 主轴正转；设置主轴转速为 1200 r/min
N190	G00 X42 Z2	刀具快速移至循环切削起点
N200	G70 P60 Q130	精加工外轮廓，调用 N60 至 N130 程序段执行精加工
N210	G00 X120 Z50	退刀至安全换刀点
N220	M05	主轴停止
N230	M30	程序结束并返回至程序头

（2）轴的右端外轮廓加工程序如表 7 - 48 所示。

表 7 - 48　轴的右端外轮廓加工程序

程序段号	程序	程序解释
	O0002	程序名
N10	G97 G99 M03 S650	G97 恒线速关闭；G99 每转进给；M03 主轴正转；设置主轴转速为 650 r/min
N20	T0101(90°外圆车刀)	调用 1 号 90°外圆车刀并调用 1 号刀具补偿。
N30	G00 X42 Z2	刀具快速移至循环切削起点
N40	G71 U1.5 R0.5	采用内、外圆复合循环指令 G71 粗加工外轮廓并设置加工参数：每次背吃刀量 1.5 mm(U1.5)，退刀量单边 0.5 mm(R0.5)；从 N60(P60)至 N180(Q180)为精加工轨迹；X 向留精加工余量 0.8 mm(U0.8)，Z 向留精加工余量 0.03 mm(W0.03)；进给量为 0.3 mm/r(F0.3)
N50	G71 P60 Q180 U0.8 W0.03 F0.3	
N60	G00 G42 X14	零件精加工轨迹
N70	G01 Z0 F0.1	
N80	G03 X20 W - 3 R3	
N90	G01 Z - 15	
N100	X21	
N110	X23.85 W - 1.5	
N120	Z - 40	
N130	X28	
N140	X30 W - 1	
N150	Z - 53	
N160	X36	
N170	X39 W - 1.5	
N180	G40 X42	
N190	G00 X120 Z5	退刀至安全换刀点
N200	M05	主轴停止
N210	M00	程序无条件暂停(便于测量外轮廓余量与图样实际尺寸误差)
N220	T0101(外圆车刀)	调用 1 号外圆车刀并调用 1 号刀具补偿
N230	M03 S1200	M03 主轴正转；设置主轴转速为 1200 r/min
N240	G00 X42 Z2	刀具快速移至循环切削起点
N250	G70 P60 Q180	精加工外轮廓，调用 N60 至 N180 程序段执行精加工
N260	G00 X120 Z5	退刀至安全换刀点
N270	T0202(外切槽车刀)	调用 2 号外切槽车刀并调用 2 号刀具补偿(外切槽车刀刀宽 4 mm)

续表 7 – 48

程序段号	程序	程序解释
N280	M03 S600	M03 主轴正转；设置主轴转速为 600 r/min
N290	G00 X32 Z – 40	刀具快速移至切削起点
N300	G01 X20 F0.1	采用直线插补指令切槽至图样尺寸 ϕ20 mm
N310	G04 P1000	暂停 1 s
N320	X24	退刀
N330	W2.5	采用相对坐标往 Z 正方向偏移 2.5 mm
N340	X21 W – 1.5	倒角 C1.5
N350	X20	切槽至图样尺寸 ϕ20 mm
N360	G04 P1000	暂停 1 s
N370	X25	退刀
N380	G00 X120 Z5	退刀至安全换刀点
N390	T0303（外螺纹车刀）	调用 3 号外螺纹车刀并调用 3 号刀具补偿
N400	M03 S650	M03 主轴正转；设置主轴转速为 650 r/min
N410	G00 X30 Z – 12	刀具快速移至切削起点
N420	G92 X23.2 Z – 37 F1.5	采用内、外螺纹循环指令（G92）加工第一刀
N430	X22.6	加工第二刀
N440	X22.3	加工第三刀
N450	X22.2	加工第四刀
N460	G00 X120 Z5	退刀至安全换刀点
N470	M05	主轴停止
N480	M30	程序结束并返回至程序头

（3）轴套外轮廓加工程序如表 7 – 49 所示。

表 7 – 49   轴套外轮廓加工程序

程序段号	程序	程序解释
	O00003	程序名
N10	G97 G99 M03 S650	G97 恒线速关闭；G99 每转进给；M03 主轴正转；设置主轴转速为 650 r/min
N20	T0101（90°外圆车刀）	调用 1 号 90°外圆车刀并调用 1 号刀具补偿
N30	G00 X52 Z2	刀具快速移至循环切削起点
N40	G90 X48.8 Z – 36 F0.3	使用单一固定循环指令 G90 粗加工 ϕ48 外圆，留精加工余量 X 方向 0.8 mm

程序段号	程序	程序解释
N50	M03 S1200	M03 主轴正转；设置主轴转速为 1200 r/min
N60	G00 X46	精加工 ϕ48 外圆至图样要求
N70	G01 Z0 F0.1	
N80	X48 Z – 1	
N90	Z – 36	
N100	X50	
N110	G00 X120 Z50	退刀至安全换刀点
N120	M05	主轴停止
N130	M30	程序结束并返回至程序头

（4）轴套内轮廓加工程序如表 7 – 50 所示。

表 7 – 50 轴套内轮廓加工程序

程序段号	程序	程序解释
	O0004	程序名
N10	G97 G99 M03 S650	G97 恒线速关闭；G99 每转进给；M03 主轴正转；设置主轴转速为 650 r/min
N20	T0404（90°内孔车刀）	调用 4 号 90°内孔车刀并调用 4 号刀具补偿
N30	G00 X20 Z2	刀具快速移至循环切削起点
N40	G71 U1.5 R0.5	采用内、外圆复合循环指令 G71 粗加工内轮廓并设置加工参数：每次背吃刀量 1.5 mm（U1.5），退刀量单边 0.5 mm（R0.5）；从 N60（P60）至 N130（Q130）为精加工轨迹；X 向留精加工余量 0.8 mm（U – 0.8），Z 向留精加工余量 0.03 mm（W0.03）；进给量为 0.3 mm/r（F0.3）
N50	G71 P60 Q130 U – 0.8 W0.03 F0.3	
N60	G00 G41 X32	零件精加工轨迹
N70	G01 Z0 F0.1	
N80	X30 W – 1	
N90	Z – 10	
N100	X24	
N110	X22.5 W – 1.5	
N120	Z – 37	
N130	G40 X20	
N140	G00 Z150	退刀至安全换刀点

程序段号	程序	程序解释
N150	M05	主轴停止
N160	M00	程序无条件暂停(便于测量外轮廓余量与图样实际尺寸误差)
N170	T0404(90°内孔车刀)	调用 4 号 90°内孔车刀并调用 4 号刀具补偿
N180	M03 S1000	M03 主轴正转;设置主轴转速为 1000 r/min
N190	G00 X20 Z2	刀具快速移至循环切削起点
N200	G70 P60 Q130	精加工外轮廓,调用 N60 至 N130 程序段执行精加工
N210	G00 Z150	退刀至安全换刀点
N220	X120	
N230	M05	主轴停止
N240	M30	程序结束并返回至程序头

(5)轴套内螺纹加工程序如表 7 - 51 所示。

表 7 - 51　轴套内螺纹加工程序

程序段号	程序	程序解释
	O0005	程序名
N10	G97 G99 M03 S650	G97 恒线速关闭;G99 每转进给;M03 主轴正转;设置主轴转速为 650 r/min
N20	T0505(内螺纹车刀)	调用 5 号内螺纹车刀并调用 5 号刀具补偿
N30	G00 X20	刀具快速移至切削起点
N40	Z - 7	
N50	G92 X23.3 Z - 38 F1.5	采用内、外螺纹循环指令(G92)加工第一刀
N60	X23.8	加工第二刀
N70	X24.1	加工第三刀
N80	X24.2	加工第四刀
N90	G00 Z120	退刀至安全换刀点
N100	X120	
N110	M05	主轴停止
N120	M30	程序结束并返回至程序头

5. 工件检测

(1)该工件的外圆尺寸 ϕ38 mm 用测量范围为 0 ~ 150 mm 的游标卡尺检测。

(2)该工件的外圆尺寸 $\phi20_{-0.03}^{0}$ mm 用测量范围为 0 ~ 25 mm 外径千分尺检测;$\phi30_{-0.03}^{0}$ mm、$\phi48_{-0.03}^{0}$ mm 用 25 ~ 50 mm 外径千分尺检测。

（3）该工件的内孔尺寸 $\phi 30^{+0.03}_{0}$ mm 用测量范围为 20 ~ 50 mm 的三爪内经千分尺检测。

（4）该工件的长度尺寸 12 mm、13 mm、15 mm、25 mm、13 mm 用测量范围为 0 ~ 150 mm 的游标卡尺检测。

（5）该工件的长度尺寸（70 ± 0.05）mm、（35 ± 0.05）mm、$10^{+0.05}_{0}$ mm 用测量范围为 0 ~ 200 mm 的深度尺检测。

（6）该工件的圆弧尺寸 R3 用 1 ~ 6.5 mm 的 R 规半径样板检测。

（7）该工件的外螺纹 M24 × 1.5 – 6g 用螺纹环规检测。

（8）该工件的内螺纹 M24 × 1.5 – 7H 用螺纹丝规检测。

（9）该工件配合间隙（3 ± 0.05）mm 用块规检测。

（10）该工件的各处倒角用目测方法检测。

（11）该工件的表面粗糙度用样块对比的方法检测。

实训操作练习

如图 7 – 16 所示综合加工件，件 1 与件 2 配合，件 1 毛坯为 $\phi 45$ mm × 75 mm 的棒料，件 2 毛坯为 $\phi 55$ mm × 40 mm 的棒料，材料均为 45 钢，试编制加工程序并加工。

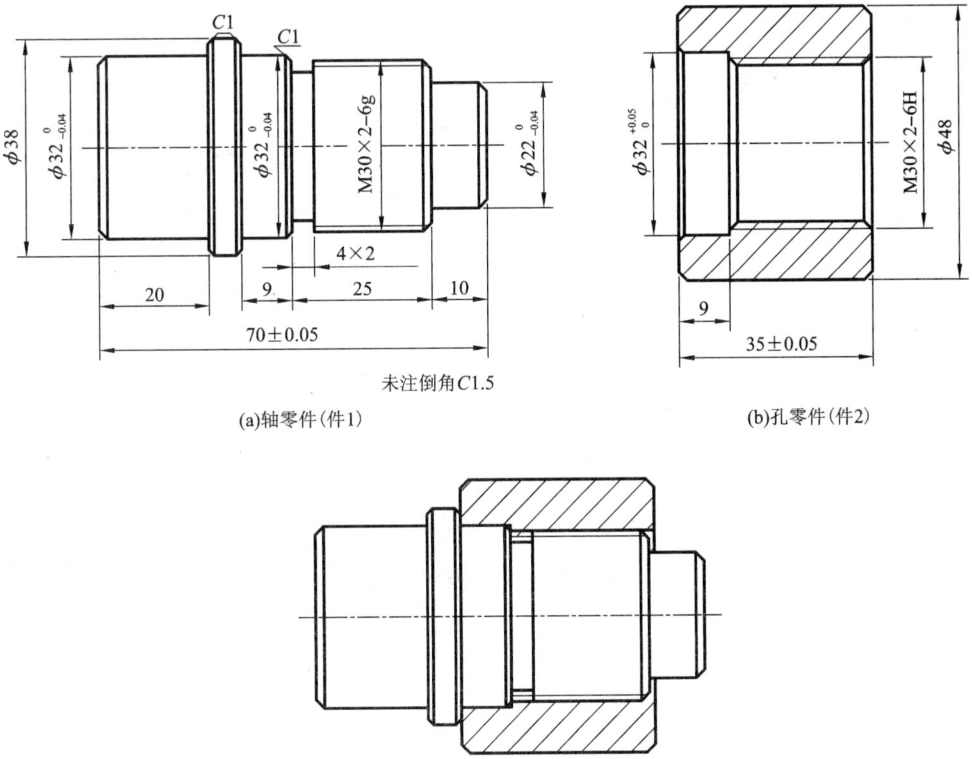

(a)轴零件(件1)

(b)孔零件(件2)

(c)孔、轴配合件

图 7 – 16　综合零件图

7.9 综合实例(九)

【例题7-9】 用数控车床完成如图7-17所示零件及其装配加工,毛坯材料分别为 $\phi40$ mm×75 mm 和 $\phi50$ mm×40 mm 的45号钢,按图样要求合理安排加工工艺,合理选择刀具,确定合适的加工参数,编制出加工程序。

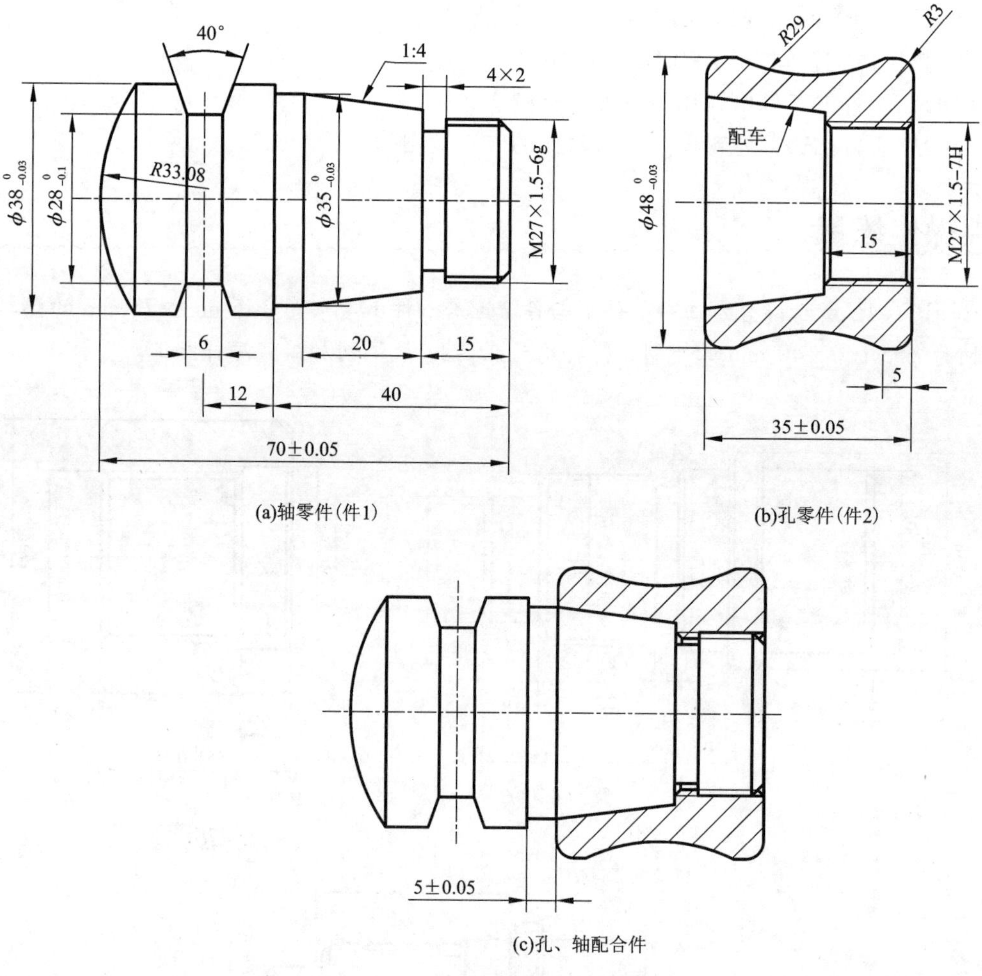

(a)轴零件(件1)

(b)孔零件(件2)

(c)孔、轴配合件

图7-17 综合零件加工示例

1. 加工操作步骤

(1)装夹件1右端,工件伸出45 mm 长,手动车平件1左端面,控制总长至72 mm。

(2)用 G71 粗车左端外轮廓,用 G70 精车左端外轮廓至图样要求。

(3)车40°槽。

(4)件2掉头,用铜皮包住 $\phi38$ mm 外圆,校正。手动车平右端面,控制总长至图样要求。

（5）采用一夹一顶方式装夹，用 G71 粗车右端外轮廓，用 G70 精车右端外轮廓至图样要求。

（6）切轴右端外轮廓外螺纹退刀槽。

（7）用 G76 车轴右端外螺纹，用螺纹环规检测（通规能过、止规不能过）。

（8）装夹件 2，校正，钻孔 φ20 mm，工件伸出 25 mm 长，手动车平右端面，控制总长至 37 mm。

（9）用 G71 粗车内轮廓，用 G70 精车内轮廓至图样要求。

（10）用 G92 车内螺纹，用螺纹丝规检测（通规能过、止规不能过）。

（11）将件 2 与件 1 装配后，加工件 2 的总长及外轮廓。

（12）采用一夹一顶装夹，用 G73 粗车件 2 外轮廓，用 G70 精车件 2 外轮廓至图样要求。

（13）去毛刺，检验。

2. 加工方案及切削用量的选择

加工方案及切削用量的选择如表 7-52 所示。

表 7-52　加工方案及切削用量的选择

| | 加工方案 | | | | 切削用量 | |
序号	T 刀具	G 指令	走刀路线	转速 $S/(\text{r}\cdot\text{min}^{-1})$	进给速度 $F/(\text{mm}\cdot\text{r}^{-1})$	背吃刀量 a_p/mm
1	T0101（外圆车刀）	G71	粗车轴的左端外轮廓	650	0.3	1.5
2	T0101（外圆车刀）	G70	精车轴的左端外轮廓	1200	0.1	
3	T0202（外切槽车刀）	G75	车 40° 槽	600	0.1	
4	T0101（外圆车刀）	G71	粗车轴的右端外轮廓	650	0.3	1.5
5	T0101（外圆车刀）	G70	精车轴的右端外轮廓	1200	0.1	
6	T0202（外切槽车刀）	G01	车轴的右端螺纹退刀槽	600	0.1	
7	T0303（外螺纹车刀）	G76	车削轴的右端外螺纹	600		
8	T0404（内孔车刀）	G71	粗车轴套内轮廓	650	0.3	
9	T0404（内孔车刀）	G70	精车轴套内轮廓	1000	0.1	
10	T0505（内螺纹车刀）	G92	车削轴套内螺纹	600		
11	T0101（外圆车刀）	G71	粗车轴套外轮廓	650	0.3	1.5
12	T0101（外圆车刀）	G70	精车轴套外轮廓	1200	0.1	

3. 刀具的选择

刀具的选择如表 7 - 53 所示。

表 7 - 53　刀具的选择

刀号	T0101	T0202	T0303	T0404	T0505
形状					
类型	粗、精车外圆车刀（55°）	外切槽车刀（刀宽 3 mm）	螺纹车刀（60°）	粗、精车内孔车刀（90°）	内螺纹车刀（60°）
材料	YT15 硬质合金				

4. 编写程序

（1）轴的左端外轮廓加工程序如表 7 - 54 所示。

表 7 - 54　轴的左端外轮廓加工程序

程序段号	程序	程序解释
	O0001	程序名
N10	G97 G99 M03 S650	G97 恒线速关闭；G99 每转进给；M03 主轴正转；设置主轴转速为 650 r/min
N20	T0101（55°外圆车刀）	调用 1 号 55°外圆车刀并调用 1 号刀具补偿
N30	G00 X42 Z2	刀具快速移至循环切削起点
N40	G71 U1.5 R0.5	采用内、外圆复合循环指令 G71 粗加工外轮廓并设置加工参数：每次背吃刀量 1.5 mm（U1.5），退刀量单边 0.5 mm（R0.5）；从 N60（P60）至 N100（Q100）为精加工轨迹；X 向留精加工余量 0.8 mm（U0.8），Z 向留精加工余量 0.03 mm（W0.03）；进给量为 0.3 mm/r（F0.3）
N50	G71 P60 Q100 U0.8 W0.03 F0.3	
N60	G00 X0	
N70	G01 Z0 F0.1	
N80	G03 X38 Z - 6 R33.08	零件精加工轨迹
N90	G01 Z - 35	
N100	X42	
N110	G00 X120 Z50	退刀至安全换刀点
N120	M05	主轴停止
N130	M00	程序无条件暂停（便于测量外轮廓余量与图样实际尺寸误差）
N140	T0101（90°外圆车刀）	调用 1 号 90°外圆车刀并调用 1 号刀具补偿

程序段号	程序	程序解释
N150	M03 S1200	M03 主轴正转；设置主轴转速为 1200 r/min
N160	G00 X42 Z2	刀具快速移至循环切削起点
N170	G70 P60 Q100	精加工外轮廓，调用 N60 至 N100 程序段执行精加工
N180	G00 X120 Z50	退刀至安全换刀点
N190	T0202(外切槽车刀)	调用 2 号外切槽车刀并调用 2 号刀具补偿(外切槽车刀刀宽 3 mm)
N200	M03 S600	M03 主轴正转；设置主轴转速为 600 r/min
N210	G00 X40 Z - 18	刀具快速移至循环切削起点
N220	G75 R0.5	采用切槽循环指令(G75)加工槽并设置加工参数 X 方向每次切深单方向为 2 mm(P2000)并退刀 0.5 mm (R0.5)，Z 方向每次移动 0.5 mm(Q1000)
N230	G75 X28 Z - 21 P2000 Q1000 F0.1	
N240	G01 W2.82 F0.2	
N250	X38 F0.1	
N260	X28 W - 5.82	
N270	X40 F0.3	采用相对坐标偏移加工 40°槽
N280	W - 2.82	
N290	X38 F0.1	
N300	X28 W2.82	
N310	X40 F0.3	
N320	G00 X120 Z50	退刀至安全换刀点
N330	M05	主轴停止
N340	M30	程序结束并返回至程序头

(2)轴的右端外轮廓加工程序如表 7 - 55 所示。

表 7 - 55　轴的右端外轮廓加工程序

程序段号	程序	程序解释
	O00002	程序名
N10	G97 G99 M03 S650	G97 恒线速关闭；G99 每转进给；M03 主轴正转；设置主轴转速为 650 r/min
N20	T0101(55°外圆车刀)	调用 1 号 55°外圆车刀并调用 1 号刀具补偿
N30	G00 X42 Z2	刀具快速移至循环切削起点
N40	G71 U1.5 R0.5	采用内、外圆复合循环指令 G71 粗加工外轮廓并设置加工参数：每次背吃刀量 1.5 mm(U1.5)，退刀量单边 0.5 mm(R0.5)；从 N60(P60)至 N150(Q150)为精加工轨迹；X 向留精加工余量 0.8 mm(U0.8)，Z 向留精加工余量 0.03 mm(W0.03)；进给量为 0.3 mm/r(F0.3)
N50	G71 P60 Q150 U0.8 W0.03 F0.3	

程序段号	程序	程序解释
N60	G00 G42 X24	
N70	G01 Z0 F0.1	
N80	X26.85 Z - 1.5	
N90	Z - 15	
N100	X30	零件精加工轨迹
N110	X35 W - 20	
N120	Z - 40	
N130	X37	
N140	X39 W - 1	
N150	G40 X42	
N160	G00 X120 Z5	退刀至安全换刀点
N170	M05	主轴停止
N180	M00	程序无条件暂停（便于测量外轮廓余量与图样实际尺寸误差）
N190	T0101（55°外圆车刀）	调用 1 号 55°外圆车刀并调用 1 号刀具补偿
N200	M03 S1200	M03 主轴正转；设置主轴转速为 1200 r/min
N210	G00 X42 Z2	刀具快速移至循环切削起点
N220	G70 P60 Q150	精加工外轮廓，调用 N60 至 N150 程序段执行精加工
N230	G00 X120 Z5	退刀至安全换刀点
N240	T0202（外切槽车刀）	调用 2 号外切槽车刀并调用 2 号刀具补偿（外切槽车刀刀宽 4 mm）
N250	M03 S600	M03 主轴正转；设置主轴转速为 600 r/min
N260	G00 X32 Z - 14	刀具快速移至切削起点
N270	G01 X23 F0.1	采用直线插补指令切槽至图样尺寸 ϕ23 mm
N280	G04 P1000	暂停 1 s
N290	X32 F0.3	退刀
N300	Z - 15	进刀至 Z - 15
N310	X23 F0.1	进刀至 X23
N320	G04 P1000	暂停 1 s
N330	X32 F0.3	退刀
N340	G00 X120 Z5	退刀至安全换刀点
N350	T0303（外螺纹车刀）	调用 3 号外螺纹车刀并调用 3 号刀具补偿

程序段号	程序	程序解释
N360	G00 X40 Z3	刀具快速移至切削起点
N370	G76 P020160 Q80 R0.05	采用外螺纹复合循环指令(G76)并设置参数;精加工 2 次(02);螺纹尾部斜向倒角量为 0.1 个导程(01);刀尖角为 60°(60);螺纹最小背吃刀量为 0.08 mm(Q80);精加工余量为 0.05 mm(R0.05)
N380	G76 X25.05 Z - 13 R0 P975 Q400 F1.5	X 为有效螺纹终点坐标;Z 为有效螺纹终点坐标;R 为螺纹半径差(直圆柱为 0 或省略);P 为螺纹牙深单边为 0.975 mm;Q 为第一刀进给深度 0.4 mm;F1.5 为螺纹导程
N390	G00 X120 Z5	退刀至安全换刀点
N400	M05	主轴停止
N410	M30	程序结束并返回至程序头

(3)轴套内轮廓加工程序如表 7 - 56 所示。

表 7 - 56　轴套内轮廓加工程序

程序段号	程序	程序解释
	O0003	程序名
N10	G97 G99 M03 S650	G97 恒线速关闭;G99 每转进给;M03 主轴正转;设置主轴转速为 650 r/min
N20	T0404(90°内孔车刀)	调用 4 号 90°内孔车刀并调用 4 号刀具补偿
N30	G00 X24 Z2	刀具快速移至循环切削起点
N40	G71 U1.5 R0.5	采用内、外圆复合循环指令 G71 粗加工内轮廓并设置加工参数:每次背吃刀量 1.5 mm(U1.5),退刀量单边 0.5 mm(R0.5);从 N60(P60)至 N120(Q120)为精加工轨迹;X 向留精加工余量 0.8 mm(U - 0.8),Z 向留精加工余量 0.03 mm(W0.03);进给量为 0.3 mm/r(F0.3)
N50	G71 P60 Q120 U - 0.8 W0.03 F0.3	
N60	G00 G41 X35	零件精加工轨迹
N70	G01 Z0 F0.1	
N80	X30 Z - 20	
N90	X28.5	
N100	X25.5 W - 1.5	
N110	Z - 37	
N120	G40 X24	
N130	G00 Z150	退刀至安全换刀点

程序段号	程序	程序解释
N140	M05	主轴停止
N150	M00	程序无条件暂停(便于测量外轮廓余量与图样实际尺寸误差)
N160	T0404(90°内孔车刀)	调用 4 号 90°内孔车刀并调用 4 号刀具补偿
N170	M03 S1000	M03 主轴正转;设置主轴转速为 1000 r/min
N180	G00 X24 Z2	刀具快速移至循环切削起点
N190	G70 P60 Q120	精加工外轮廓,调用 N60 至 N120 程序段执行精加工
N200	G00 Z150	退刀至安全换刀点
N210	X120	
N220	M05	主轴停止
N230	M30	程序结束并返回至程序头

(4)轴套内螺纹加工程序如表 7 – 57 所示。

表 7 – 57　轴套内螺纹加工程序

程序段号	程序	程序解释
	O0004	程序名
N10	G97 G99 M03 S600	G97 恒线速关闭;G99 每转进给;M03 主轴正转;设置主轴转速为 600 r/min
N20	T0505(内螺纹车刀)	调用 5 号内螺纹车刀并调用 5 号刀具补偿
N30	G00 X20	刀具快速移至切削起点
N40	Z – 17	
N50	G76 P020160 Q80 R0.05	采用外螺纹复合循环指令(G76)并设置参数;精加工 2 次(02);螺纹尾部斜向倒角量为 0.1 个导程(01);刀尖角为 60°(60);螺纹最小背吃刀量为 0.08 mm($Q80$);精加工余量为 0.05 mm($R0.05$)
N60	G76 X27.05 Z – 13 R0 P975 Q400 F1.5	X 为有效螺纹终点坐标;Z 为有效螺纹终点坐标;R 为螺纹半径差(直圆柱为 0 或省略);P 为螺纹牙深单边为 0.975 mm;Q 为第一刀进给深度 0.4 mm;$F1.5$ 为螺纹导程
N70	G00 Z120	退刀至安全换刀点
N80	X120	
N90	M05	主轴停止
N100	M30	程序结束并返回至程序头

（5）轴套外轮廓加工程序如表 7 - 58 所示。

表 7 - 58　轴套外轮廓加工程序

程序段号	程序	程序解释
	O0005	程序名
N10	G97 G99 M03 S650	G97 恒线速关闭；G99 每转进给；M03 主轴正转；设置主轴转速为 650 r/min
N20	T0101（55°外圆车刀）	调用 1 号 55°外圆车刀并调用 1 号刀具补偿
N30	G00 X52 Z2	刀具快速移至循环切削起点
N40	G73 U4.2 W0 R5	采用内、外圆仿形复合循环指令 G73 粗加工外轮廓并设置加工参数：加工余量 X 方向单边为 4.2 mm（U4.2），Z 方向为 0（W0），加工 5 次（R5）；从 N60（P60）至 N140（Q140）为精加工轨迹；X 向留精加工余量 0.8 mm（U0.8），Z 向留精加工余量 0（W0）；进给量为 0.3 mm/r（F0.3）
N50	G73 P60 Q140 U0.8 W0 F0.3	
N60	G00 G42 X42	零件精加工轨迹
N70	G01 Z0 F0.1	
N80	G03 X48 W - 3 R3	
N90	Z - 5	
N100	G02 X48 Z - 30 R29	
N110	G01 Z - 32	
N120	G03 X42 W - 3 R3	
N130	G01 W - 2	
N140	X52	
N150	G00 X120 Z3	退刀至安全换刀点
N160	M05	主轴停止
N170	M00	程序无条件暂停（便于测量外轮廓余量与图样实际尺寸误差）
N180	T0101（55°外圆车刀）	调用 1 号 55°外圆车刀并调用 1 号刀具补偿
N190	M03 S1200	M03 主轴正转；设置主轴转速为 1200 r/min
N200	G00 X52 Z2	刀具快速移至循环切削起点
N210	G70 P60 Q140	精加工外轮廓，调用 N60 至 N140 程序段执行精加工
N220	G00 X120 Z3	退刀至安全换刀点
N230	M05	主轴停止
N240	M30	程序结束并返回至程序头

5. 工件检测

（1）该工件的外圆尺寸 $\phi48_{-0.03}^{0}$ mm、$\phi38_{-0.03}^{0}$ mm、$\phi35_{-0.03}^{0}$ mm 用测量范围为 25 ~ 50 mm 的外径千分尺检测。

（2）该工件的外槽底尺寸 $\phi28_{-0.1}^{0}$ mm 用测量范围为 25～50 mm 的叶片千分尺检测。

（3）该工件的长度尺寸 15 mm、40 mm、15 mm、25 mm、13 mm 用 0～150 mm 游标卡尺检测。

（4）该工件的长度尺寸（70±0.05）mm、（35±0.05）mm 用测量范围为 0～200 mm 的深度尺检测。

（5）该工件的圆弧尺寸 R3 用 0～6.5 mm 的 R 规半径样板检测；R29、R33.08 用 25～50 mm 的 R 规半径样板检测。

（6）该工件的外螺纹 M27×1.5－6g 用螺纹环规检测。

（7）该工件的内螺纹 M27×1.5－7H 用螺纹丝规检测。

（8）该工件的锥度 40°用角度样板检测。

（9）该工件配合间隙（5±0.05）mm 用块规检测。

（10）该工件的各处倒角用目测方法检测。

（11）该工件的表面粗糙度用样块对比的方法检测。

实训操作练习

如图 7－18 所示综合加工件，件 1 与件 2 配合，件 1 毛坯为 ϕ45 mm×75 mm 的棒料，件 2 毛坯为 ϕ55 mm×40 mm 的棒料，材料均为 45 钢，试编制加工程序并加工。

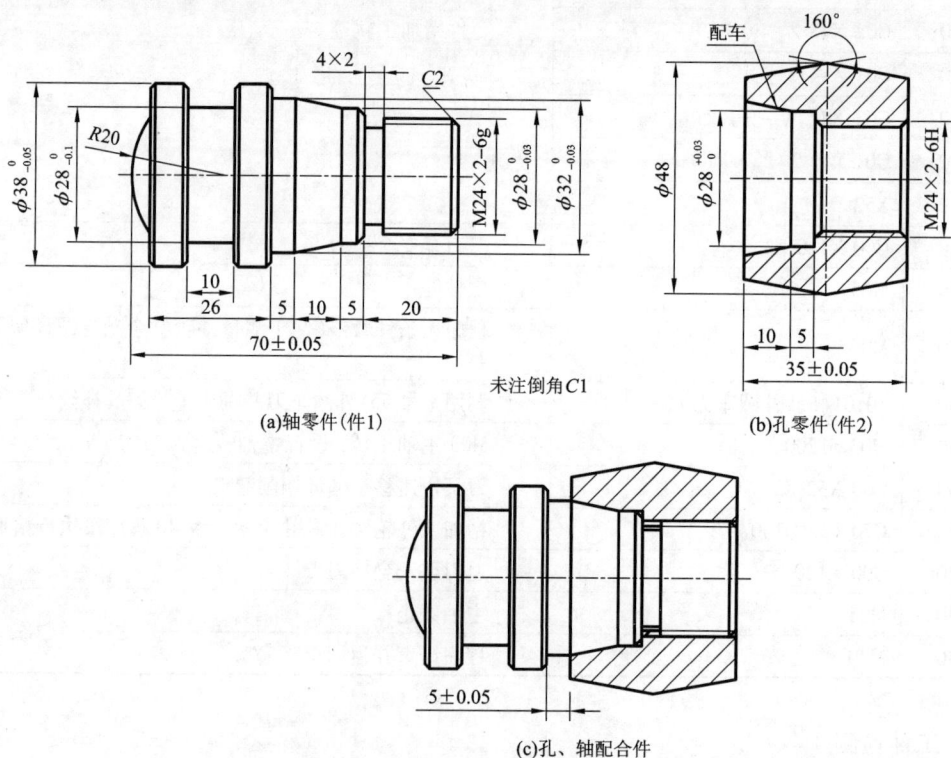

(a)轴零件(件1)

(b)孔零件(件2)

(c)孔、轴配合件

图 7－18　综合零件图

7.10　综合实例（十）

【例题 7 – 10】　用数控车床完成如图 7 – 19 所示零件及其装配加工，毛坯材料分别为 $\phi40$ mm × 75 mm 和 $\phi50$ mm × 40 mm 的 45 号钢，按图样要求合理安排加工工艺，合理选择刀具，确定合适的加工参数，编制出加工程序。

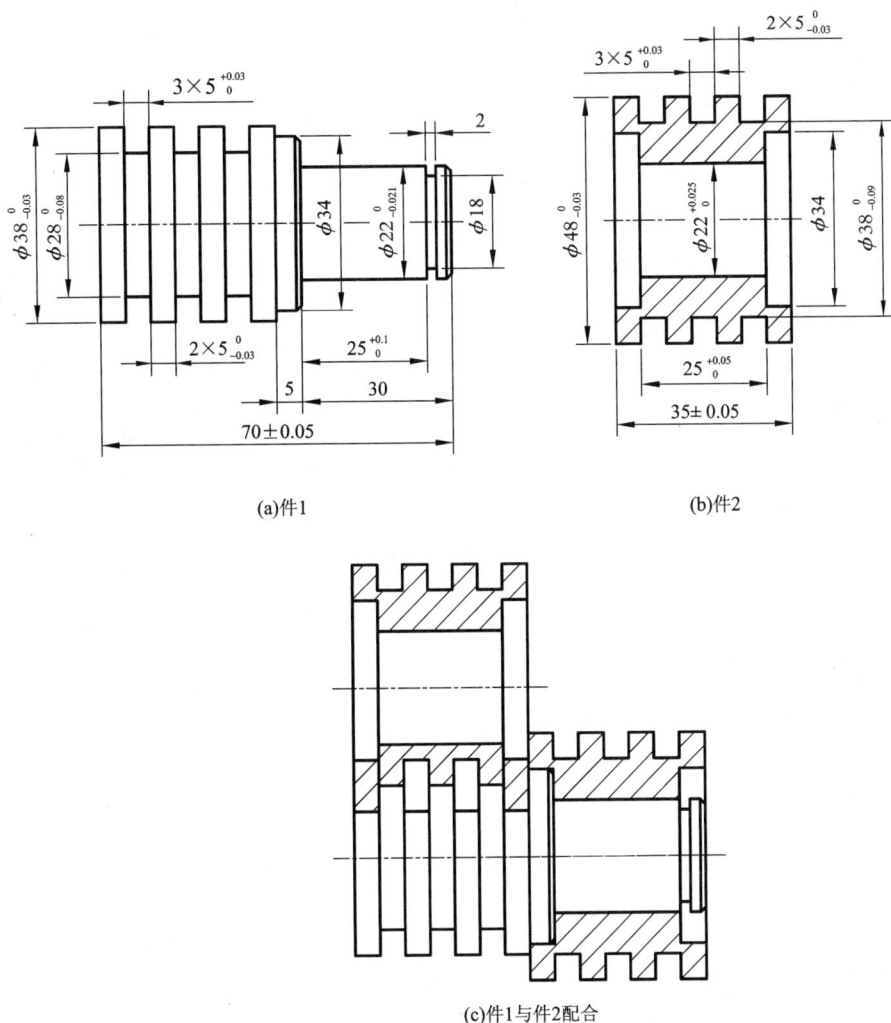

(a)件1　　　　　　　　　　　　(b)件2

(c)件1与件2配合

图 7 – 19　综合零件加工示例

1. 加工操作步骤

（1）装夹件 1 左端，工件伸出 45 mm 长，手动车平件 1 右端面，控制总长至 72 mm。

（2）用 G71 粗车右端外轮廓，用 G70 精车右端外轮廓至图样要求。

（3）用 G01 车宽为 2 mm 的弹簧卡圈槽。

（4）件 1 掉头，用铜皮包住 $\phi22$ mm 外圆，校正。手动车平左端面，控制总长至图样要求。

（5）采用一夹一顶方式装夹，用 G71 粗车左端外轮廓，用 G70 精车左端外轮廓至图样要求。

（6）用 G75 切件 1 外轮廓各槽。

（7）装夹件 2，校正，钻孔 φ20 mm，工件伸出 25 mm 长，手动车平左端面，控制总长至 37 mm。

（8）用 G71 粗车内轮廓，用 G70 精车内轮廓至图样要求。

（9）件 2 掉头，校正。手动车平右端面，控制总长至图样要求。

（10）用 G71 粗车内轮廓，用 G70 精车内轮廓至图样要求。

（11）将件 2 与专用心轴装配后采用一夹一顶方式装夹，加工件 2 总长及外轮廓。

（12）用 G75 切件 2 外轮廓各槽。

（13）去毛刺，检验。

2. 加工方案及切削用量的选择

加工方案及切削用量的选择如表 7-59 所示。

表 7-59 加工方案及切削用量的选择

序号	加工方案				切削用量		
	T 刀具	G 指令	走刀路线	转速 S(r/min)	进给速度 F(mm/r)	背吃刀量 a_p(mm)	
1	T0101（外圆车刀）	G71	粗车轴右端外轮廓	650	0.3	1.5	
2	T0101（外圆车刀）	G70	精车轴右端外轮廓	1200	0.1		
3	T0202（外切槽车刀）	G01	车轴右端弹簧卡圈槽	600	0.08		
4	T0101（外圆车刀）	G71	粗车轴左端外轮廓加工	650	0.3	1.5	
5	T0101（外圆车刀）	G70	精车轴左端外轮廓加工	1200	0.1		
6	T0303（外切槽车刀）	G75	车轴左端外轮廓各槽	600			
7	T0404（内孔车刀）	G71	粗车轴套左端内轮廓	650	0.3	1.5	
8	T0404（内孔车刀）	G70	精车轴套左端内轮廓	1000	0.1		
9	T0404（内孔车刀）	G71	粗车轴套右端内轮廓	650	0.3	1.5	
10	T0404（内孔车刀）	G70	精车轴套右端内轮廓	1000	0.1		
11	T0101（外圆车刀）	G71	粗车轴套外轮廓	650	0.3	1.5	
12	T0101（外圆车刀）	G70	精车轴套外轮廓	1200	0.1		
13	T0303（外切槽车刀）	G75	切轴套外轮廓各槽	600			

3. 刀具的选择

刀具的选择如表 7 - 60 所示。

表 7 - 60　刀具的选择

刀号	T0101	T0202	T0303	T0404
形状				
类型	粗、精车外圆车刀（55°）	外切槽车刀（刀宽 2 mm）	外切槽车刀（刀宽 4 mm）	粗、精车内孔车刀（90°）
材料	YT15 硬质合金			

4. 编写程序

（1）轴右端外轮廓加工程序如表 7 - 61 所示。

表 7 - 61　轴右端外轮廓加工程序

程序段号	程序	程序解释
	O0001	程序名
N10	G97 G99 M03 S650	G97 恒线速关闭；G99 每转进给；M03 主轴正转；设置主轴转速为 650 r/min
N20	T0101（55°外圆车刀）	调用 1 号 55°外圆车刀并调用 1 号刀具补偿
N30	G00 X42 Z2	刀具快速移至循环切削起点。
N40	G71 U1.5 R0.5	采用内、外圆复合循环指令 G71 粗加工外轮廓并设置加工参数：每次背吃刀量 1.5 mm（U1.5），退刀量单边 0.5 mm（R0.5）；从 N60（P60）至 N160（Q160）为精加工轨迹；X 向留精加工余量 0.8 mm（U0.8），Z 向留精加工余量 0.03 mm（W0.03）；进给量为 0.3 mm/r（F0.3）
N50	G71 P60 Q160 U0.8 W0.03 F0.3	
N60	G00 X20	零件精加工轨迹
N70	G01 Z0 F0.1	
N80	X22 Z - 1	
N90	Z - 30	
N100	X32	
N110	X33.9 W - 1	
N120	Z - 35	
N130	X36	
N140	X39 W - 1.5	
N150	Z - 40	
N160	X42	

程序段号	程序	程序解释
N170	G00 X120 Z5	退刀至安全换刀点
N180	M05	主轴停止
N190	M00	程序无条件暂停(便于测量外轮廓余量与图样实际尺寸误差)
N200	T0101(外圆车刀)	调用 1 号外圆车刀并调用 1 号刀具补偿
N210	M03 S1200	M03 主轴正转；设置主轴转速为 1200 r/min
N220	G00 X42 Z2	刀具快速移至循环切削起点
N230	G70 P60 Q160	精加工外轮廓,调用 N60 至 N160 程序段执行精加工
N240	G00 X120 Z5	退刀至安全换刀点
N250	T0202(外切槽车刀)	调用 2 号外切槽车刀并调用 2 号刀具补偿(外切槽车刀刀宽 2 mm)
N260	M03 S600	M03 主轴正转；设置主轴转速为 600 r/min
N270	G00 X24 Z - 5	刀具快速移至切削起点
N280	G01 X18 F0.08	采用直线插补指令切槽至图样尺寸 $\phi18$ mm
N290	G04 P1000	暂停 1 秒
N300	X24 F0.4	快速退刀
N310	G00 X120 Z50	退刀至安全换刀点
N320	M05	主轴停止
N330	M30	程序结束并返回至程序头

(2)轴左端外轮廓加工程序如表 7 - 62 所示。

表 7 - 62　轴左端外轮廓加工程序

程序段号	程序	程序解释
	O00002	程序名
N10	G97 G99 M03 S650	G97 恒线速关闭；G99 每转进给；M03 主轴正转；设置主轴转速为 650 r/min
N20	T0101(55°外圆车刀)	调用 1 号 55°外圆车刀并调用 1 号刀具补偿
N30	G00 X42 Z2	刀具快速移至循环切削起点
N40	G71 U1.5 R0.5	采用内、外圆复合循环指令 G71 粗加工外轮廓并设置加工参数：每次背吃刀量 1.5 mm($U1.5$),退刀量单边 0.5 mm($R0.5$)；从 N60(P60)至 N100(Q100)为精加工轨迹；X 向留精加工余量 0.8 mm($U0.8$),Z 向留精加工余量 0.03 mm($W0.03$)；进给量为 0.3 mm/r($F0.3$)
N50	G71 P60 Q100 U0.8 W0.03 F0.3	

程序段号	程序	程序解释
N60	G00 X37	零件精加工轨迹
N70	G01 Z0 F0.1	
N80	X38 Z – 0.5	
N90	Z – 36	
N100	X42	
N110	G00 X120 Z5	退刀至安全换刀点
N120	M05	主轴停止
N130	M00	程序无条件暂停(便于测量外轮廓余量与图样实际尺寸误差)
N140	T0101(外圆车刀)	调用 1 号外圆车刀并调用 1 号刀具补偿
N150	M03 S1200	M03 主轴正转;设置主轴转速为 1200 r/min
N160	G00 X42 Z2	刀具快速移至循环切削起点
N170	G70 P60 Q100	精加工外轮廓,调用 N60 至 N100 程序段执行精加工
N180	G00 X120 Z5	退刀至安全换刀点
N190	T0303(外切槽车刀)	调用 3 号外切槽车刀并调用 3 号刀具补偿(外切槽车刀刀宽 4 mm)
N200	M03 S600	M03 主轴正转;设置主轴转速为 600 r/min
N210	G00 X40 Z – 9	刀具快速移至循环切削起点
N220	G75 R0.5	采用切槽循环指令(G75)加工槽并设置加工参数:X 方向每次切深单方向为 1 mm(P1000)并退刀 0.5 mm(R0.5),Z 方向每次移动 10 mm(Q10000)
N230	G75 X28 Z – 29 P1000 Q10000 F0.1	
N240	G00 X40 Z – 10	刀具快速移至循环切削起点
N250	G75 R0.5	采用切槽循环指令(G75)加工槽并设置加工参数 X 方向每次切深单方向为 1 mm(P1000)并退刀 0.5 mm(R0.5),Z 方向每次移动 10 mm(Q10000)
N260	G75 X28 Z – 30 P1000 Q10000 F0.1	
N270	G00 X120 Z5	退刀至安全换刀点
N280	M05	主轴停止
N290	M30	程序结束并返回至程序头

(3)轴套左端内轮廓加工程序如表 7 – 63 所示。

表 7 - 63　轴套左端内轮廓加工程序

程序段号	程序	程序解释
	O0003	程序名
N10	G97 G99 M03 S650	G97 恒线速关闭；G99 每转进给；M03 主轴正转；设置主轴转速为 650 r/min
N20	T0404(90°内孔车刀)	调用 4 号 90°内孔车刀并调用 4 号刀具补偿
N30	G00 X20 Z2	刀具快速移至循环切削起点
N40	G71 U1.5 R0.5	采用内、外圆复合循环指令 G71 粗加工内轮廓并设置加工参数：每次背吃刀量 1.5 mm(U1.5)；退刀量单边 0.5 mm(R0.5)；从 N60(P60) 至 N130(Q130) 为精加工轨迹；X 向留精加工余量 0.8 mm(U - 0.8)，Z 向留精加工余量 0.03 mm(W0.03)；进给量为 0.3 mm/r(F0.3)
N50	G71 P60 Q130 U - 0.8 W0.03 F0.3	
N60	G00 X35	
N70	G01 Z0 F0.1	
N80	X34.1 W - 0.5	
N90	Z - 5	零件精加工轨迹
N100	X24	
N110	X22 W - 1	
N120	Z - 37	
N130	X20	
N140	G00 Z150	退刀至安全换刀点
N150	M05	主轴停止
N160	M00	程序无条件暂停(便于测量外轮廓余量与图样实际尺寸误差)
N170	T0404(90°内孔车刀)	调用 4 号 90°内孔车刀并调用 4 号刀具补偿
N180	M03 S1000	M03 主轴正转；设置主轴转速为 1000 r/min
N190	G00 X20 Z2	刀具快速移至循环切削起点
N200	G70 P60 Q130	精加工外轮廓，调用 N60 至 N130 程序段执行精加工
N210	G00 Z150	退刀至安全换刀点
N220	X120	
N230	M05	主轴停止
N240	M30	程序结束并返回至程序头

(4)轴套右端内轮廓加工程序如表 7 - 64 所示。

表 7-64　轴套右端内轮廓加工程序

程序段号	程序	程序解释
	O0004	程序名
N10	G97 G99 M03 S650	G97 恒线速关闭；G99 每转进给；M03 主轴正转；设置主轴转速为 650 r/min
N20	T0404(90°内孔车刀)	调用 4 号 90°内孔车刀并调用 4 号刀具补偿
N30	G00 X20 Z2	刀具快速移至循环切削起点
N40	G71 U1.5 R0.5	采用内、外圆复合循环指令 G71 粗加工内轮廓并设置加工参数：每次背吃刀量 1.5 mm(U1.5)，退刀量单边 0.5 mm(R0.5)；从 N60(P60) 至 N120(Q120) 为精加工轨迹；X 向留精加工余量 0.8 mm(U-0.8)，Z 向留精加工余量 0.03 mm(W0.03)；进给量为 0.3 mm/r(F0.3)
N50	G71 P60 Q120 U-0.8 W0.03 F0.3	
N60	G00 X35	
N70	G01 Z0 F0.1	
N80	X34.1 W-0.5	
N90	Z-5	零件精加工轨迹
N100	X24	
N110	X20 W-2	
N120	X20	
N130	G00 Z150	退刀至安全换刀点
N140	M05	主轴停止
N150	M00	程序无条件暂停(便于测量外轮廓余量与图样实际尺寸误差)
N160	T0404(90°内孔车刀)	调用 4 号 90°内孔车刀并调用 4 号刀具补偿
N170	M03 S1000	M03 主轴正转；设置主轴转速为 1000 r/min
N180	G00 X20 Z2	刀具快速移至循环切削起点
N190	G70 P60 Q120	精加工外轮廓，调用 N60 至 N120 程序段执行精加工
N200	G00 Z150	退刀至安全换刀点
N210	X120	
N220	M05	主轴停止
N230	M30	程序结束并返回至程序头

(5)轴套外轮廓加工程序如表 7-65 所示。

表 7 - 65   轴套外轮廓加工程序

程序段号	程序	程序解释
	O0005	程序名
N10	G97 G99 M03 S650	G97 恒线速关闭；G99 每转进给；M03 主轴正转；设置主轴转速为 650 r/min
N20	T0101(55°外圆车刀)	调用 1 号 55°外圆车刀并调用 1 号刀具补偿
N30	G00 X50 Z2	刀具快速移至循环切削起点
N40	G71 U1.5 R0.5	采用内、外圆复合循环指令 G71 粗加工外轮廓并设置加工参数：每次背吃刀量 1.5 mm(U1.5)，退刀量单边 0.5 mm(R0.5)；从 N60(P60)至 N100(Q100)为精加工轨迹，X 向留精加工余量 0.8 mm(U0.8)，Z 向留精加工余量 0.03 mm(W0.03)；进给量为 0.3 mm/r(F0.3)
N50	G71 P60 Q100 U0.8 W0.03 F0.3	
N60	G00 X47	
N70	G01 Z0 F0.1	
N80	X48 Z - 0.5	零件精加工轨迹
N90	Z - 37	
N100	X50	
N110	M05	主轴停止
N120	M00	程序无条件暂停(便于测量外轮廓余量与图样实际尺寸误差)
N130	T0101(55°外圆车刀)	调用 1 号 55°外圆车刀并调用 1 号刀具补偿
N140	M03 S1200	M03 主轴正转；设置主轴转速为 1200 r/min
N150	G00 X52 Z2	刀具快速移至循环切削起点
N160	G70 P60 Q100	精加工外轮廓，调用 N60 至 N100 程序段执行精加工
N170	G00 X120 Z3	退刀至安全换刀点
N180	M05	主轴停止
N190	M30	程序结束并返回至程序头

(6)轴套切槽加工程序如表 7 - 66 所示。

表 7 - 66   轴套切槽加工程序

程序段号	程序	程序解释
	O0006	程序名
N10	G97 G99 M03 S600	G97 恒线速关闭；G99 每转进给；M03 主轴正转；设置主轴转速为 600 r/min
N20	T0303(外切槽车刀)	调用 3 号外切槽车刀并调用 3 号刀具补偿(外切槽车刀刀宽 4 mm)

程序段号	程序	程序解释
N30	G00 X50 Z – 9	刀具快速移至循环切削起点
N40	G75 R0.5	采用切槽循环指令（G75）加工槽并设置加工参数 X 方向每次切深单方向为 1 mm（P1000）并退刀 0.5 mm （R0.5），Z 方向每次移动 10 mm（Q10000）
N50	G75 X38 Z – 29 P1000 Q10000 F0.1	
N60	G00 X50 Z – 10	刀具快速移至循环切削起点
N70	G75 R0.5	采用切槽循环指令（G75）加工槽并设置加工参数 X 方向每次切深单方向为 1 mm（P1000）并退刀 0.5 mm （R0.5），Z 方向每次移动 10 mm（Q10000）
N80	G75 X38 Z – 30 P1000 Q10000 F0.1	
N90	G00 X120 Z5	退刀至安全换刀点
N100	M05	主轴停止
N110	M30	程序结束并返回至程序头

5. 工件检测

（1）该工件的外圆尺寸 $\phi18$ mm、$\phi34$ mm 用测量范围为 0～150 mm 的游标卡尺检测。

（2）该工件的内孔尺寸 $\phi34$ mm 用测量范围为 0～150 mm 的游标卡尺检测。

（3）该工件的外圆尺寸 $\phi22_{-0.021}^{0}$ mm 用测量范围为 0～25 mm 的外径千分尺检测；$\phi38_{-0.03}^{0}$ mm 和 $\phi48_{-0.03}^{0}$ mm 用 25～50 mm 的外径千分尺检测。

（4）该工件的外槽底尺寸 $\phi28_{-0.08}^{0}$ mm、$\phi38_{-0.09}^{0}$ mm 用 25～50 mm 的叶片千分尺检测。

（5）该工件的内孔尺寸 $\phi22_{0}^{+0.025}$ mm 用 20～50 mm 的三爪内径千分尺检测。

（6）该工件的长度尺寸 20 mm、5 mm 用 0～150 mm 游标卡尺检测。

（7）该工件的长度尺寸（70 ± 0.05）mm、（35 ± 0.05）mm、$25_{0}^{+0.1}$ mm、$25_{0}^{+0.05}$ mm 用 0～200 mm 深度尺检测。

（8）该工件的槽宽 $5_{0}^{+0.05}$ mm 用块规检测。

（9）该工件的槽宽 $5_{-0.03}^{0}$ 用 0～25 mm 公法线千分尺检测。

（10）该工件的各处倒角用目测方法检测。

（11）该工件的表面粗糙度用样块对比的方法检测。

实训操作练习

1. 如图 7 – 20 所示综合加工件，件 1 与件 2 配合，件 1 毛坯为 $\phi45$ mm × 75 mm 的棒料，件 2 毛坯为 $\phi55$ mm × 40 mm 的棒料，材料均为 45 钢，试编制加工程序并加工。

2. 如图 7 – 21 所示综合加工件，毛坯为 $\phi50$ mm × 80 mm 的棒料，材料为 45 钢，试编制加工程序并加工。

3. 如图 7 – 22 所示综合加工件，毛坯为 $\phi50$ mm × 80 mm 的棒料，材料为 45 钢，试编制加工程序并加工。

4. 如图 7 – 23 所示综合加工件，毛坯为 $\phi50$ mm × 75 mm 的棒料，材料为 45 钢，试编制加工程序并加工。

(a)轴零件(件1)

未注倒角C0.5

(b)孔零件(件2)

(c)孔、轴配合件

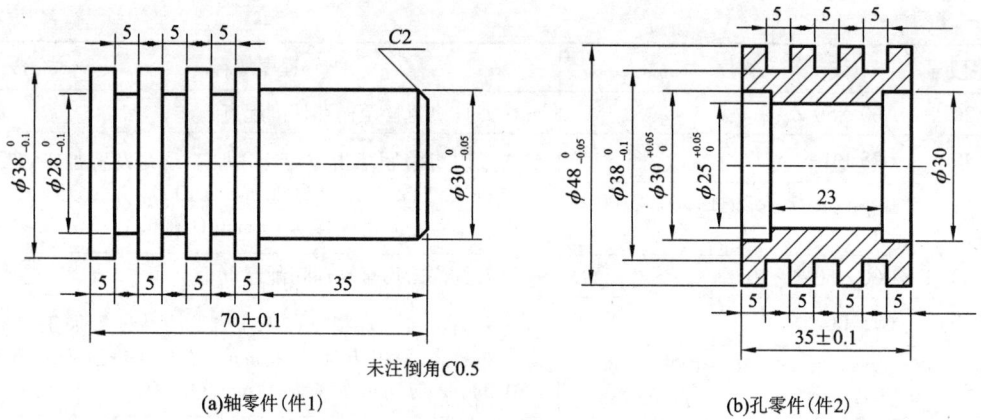

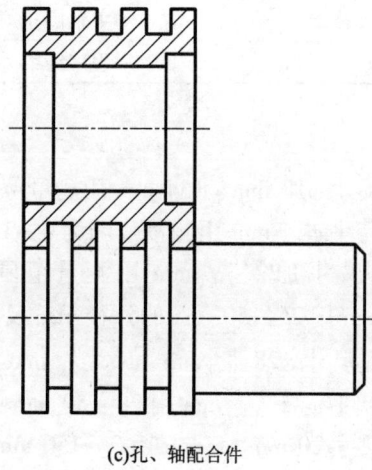

图 7 - 20　实训练习图

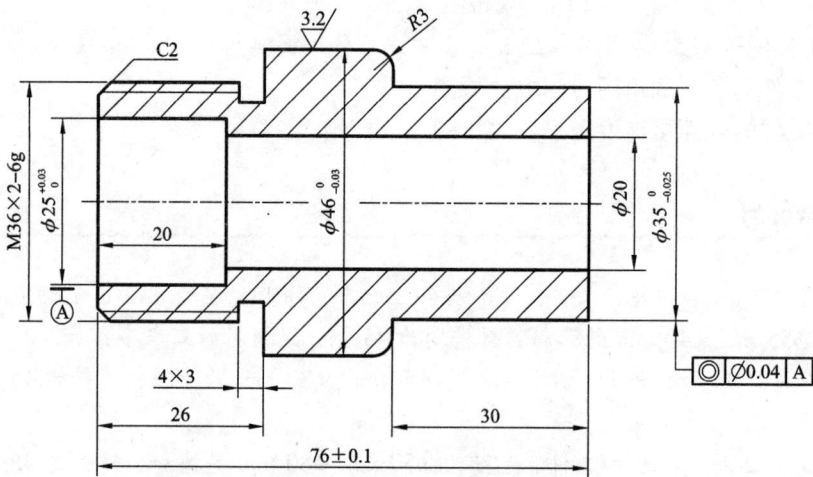

图 7 - 21　实训练习图

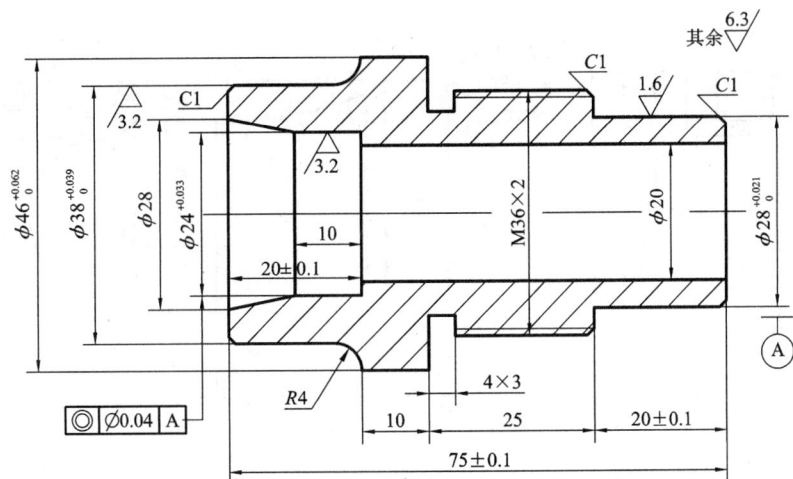

图 7-22　实训练习图

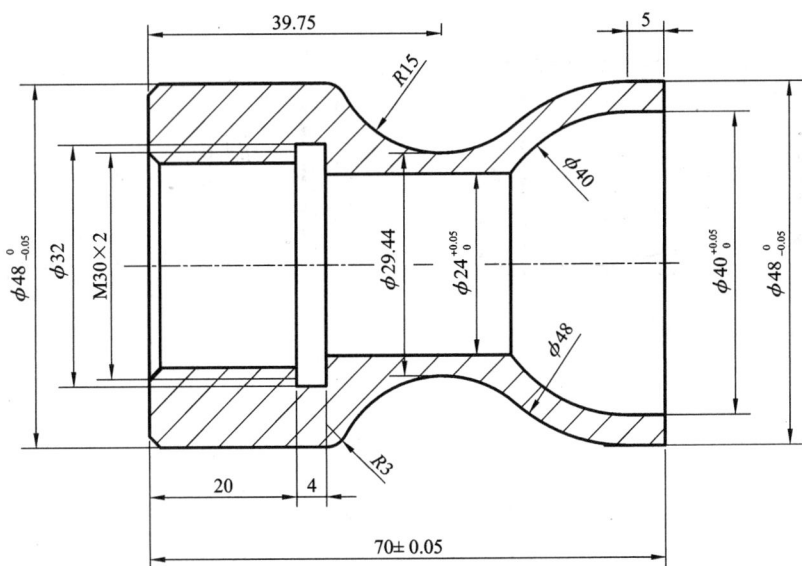

未注倒角：1.5×45°

图 7-23　实训练习图

5.如图 7-24 所示综合加工件,毛坯为 $\phi 50$ mm × 115 mm 的棒料,材料为 45 钢,试编制加工程序并加工。

6.如图 7-25 所示综合加工件,件 1 与件 2 配合,件 1 和件 2 的毛坯均为 $\phi 50$ mm × 75 mm 的棒料,材料为 45 钢,试编制加工程序并加工。

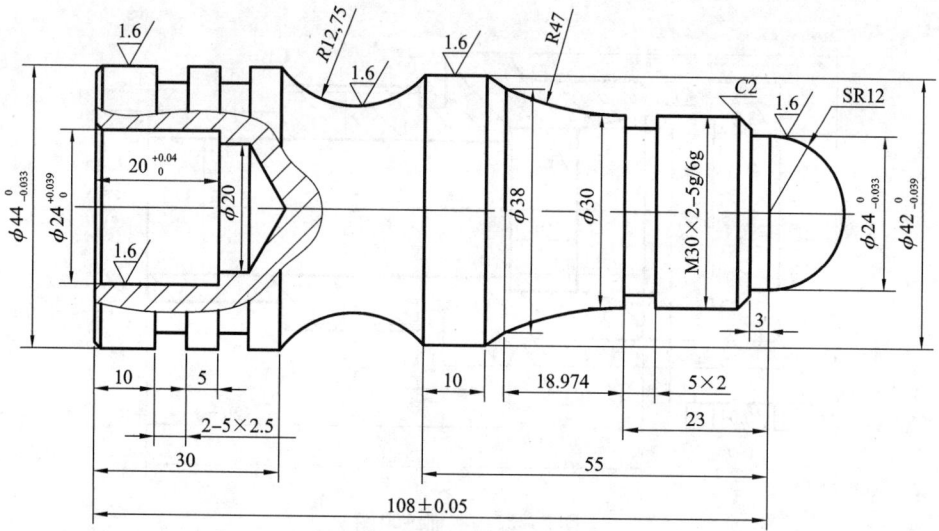

图 7 – 24　实训练习图

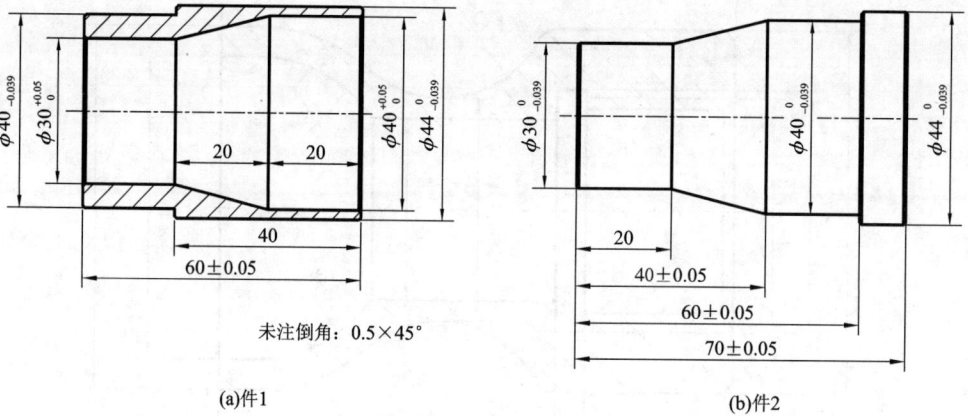

(a)件1

(b)件2

图 7 – 25　实训练习图

7. 如图 7 – 26 所示综合加工件，件 1 与件 2 配合，件 1 毛坯为 ϕ50 mm × 75 mm 的棒料，件 2 毛坯为 ϕ55 mm × 45 mm 的棒料，材料均为 45 钢，试编制加工程序并加工。

8. 如图 7 – 27 所示综合加工件，件 1 与件 2 配合，件 1 毛坯为 ϕ50 mm × 45 mm 的棒料，件 2 毛坯为 ϕ50 mm × 75 mm 的棒料，材料均为 45 钢，试编制加工程序并加工。

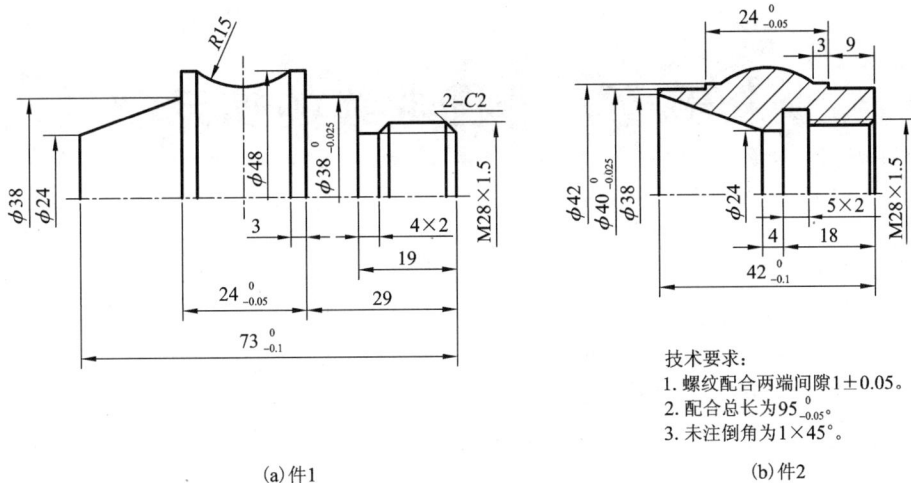

(a)件1

(b)件2

技术要求:
1. 螺纹配合两端间隙1±0.05。
2. 配合总长为95$_{-0.05}^{0}$。
3. 未注倒角为1×45°。

图 7 – 26　实训练习图

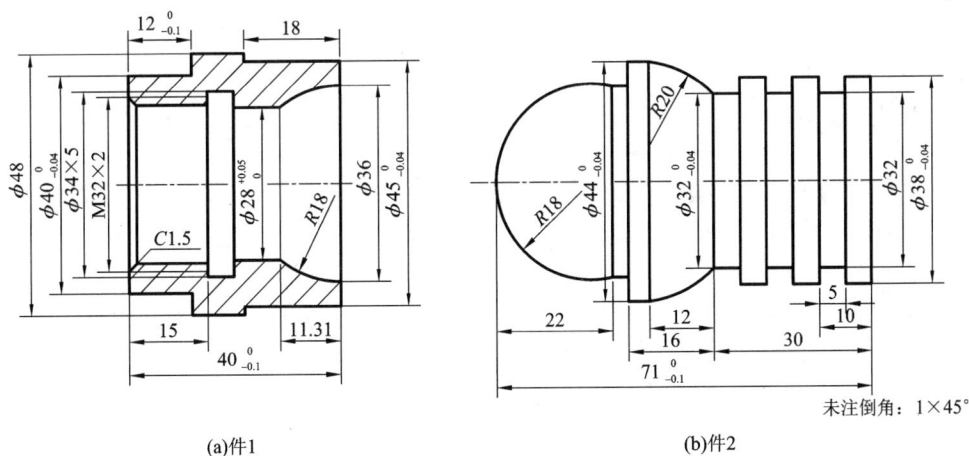

(a)件1

(b)件2

未注倒角: 1×45°

图 7 – 27　实训练习图

第 8 章　　非圆曲线的加工

【知识目标】

(1) 了解宏程序的概念、变量、运算符等。

(2) 掌握宏程序中 GOTO 语句的编写格式。

(3) 掌握宏程序中 IF 语句的编写格式。

(4) 掌握宏程序中 WHILE 语句的编写格式。

【技能目标】

(1) 掌握椭圆零件的工艺分析、编程与加工。

(2) 掌握抛物线零件的工艺分析、编程与加工。

8.1　宏程序描述

宏程序就是用公式来编写程序完成零件加工的。用户宏指令可以实现变量赋值、算术运算、逻辑判断及条件转移，利于编制特殊零件的加工程序，减少手工编程时进行繁琐的数值计算，精简了用户程序。

GSK980TDb 系统用户宏程序功能有 A、B 两种类型。由于 A 类用户宏程序功能繁琐、极不直观、可读性非常差，导致在实际工作中很少有人使用，在此不再做讲述。B 类宏程序编程方便实用，本书主要介绍 B 类宏程序的基本使用方法。

1. 变量

用一个可赋值的代号代替具体的数值，这个代号就称为变量。使用宏程序可以用变量代替具体数值，在加工同一类零件时，只需将实际的值赋予变量即可，而不需要对每一个零件都编一个程序。

1) 变量的表示方法

变量由变量符号"#"和变量号"n"组成，如#1、#2 等。

2) 变量的种类

变量主要包括空变量、局部变量、公共变量和系统变量等。变量的种类见表 8 – 1。

表 8 – 1　变量的种类

类型	变量号	使用方法及注意事项
空变量	#0	不可赋值
局部变量	#1 ~ #33	局部变量只可内部使用，用于保存数据。关机时数据将被清空

类型	变量号	使用方法及注意事项
公共变量	#100 ~ #199、#500 ~ #999	可在不同程序中共享，关机时，#100 ~ #199 之间的数据将被清空，#500 ~ #999 依然保存所输入的数据
系统变量	#1000 ~ #9999	用于读写 CNC 运行时的各种数据，如刀具的当前值和补偿值等

3）变量的引用

变量的引用就是在指令地址后的数值用变量来代替。

当引用变量为表达式时，表达式应包含在一对方括号内。例如 G01/G00 X#1 Z#2 F# 或 G01/G00 X[#1 + #2] Z[#3 + #4] F#5。

另外，程序号、程序段号和跳段符号不可以使用宏变量。如 O#1、/#2、N#3 等。

2. 运算符

GSK980TDb 系统常用的运算符如表 8 - 2 和表 8 - 3 所示。

表 8 - 2 函数运算格式

函数	格式	函数	格式	函数	格式
赋值	#i = #j	正弦	#i = SIN[#j]	反余弦	#i = ACOS[#k]
加	#i = #j + #k	余弦	#i = COS[#j]	反正切	#i = ATAN[#k]
减	#i = #j - #k	正切	#i = TAN[#j]	开平方	#i = SQRT[#k]
乘	#i = #j * #k	反正弦	#i = ASIN[#j]	绝对值	#i = ABS[#k]
除	#i = #j/#k				

表 8 - 3 比较运算符

宏程序运算符	EQ	NE	GT	GE	LT	LE
数学意义	=	≠	>	≥	<	≤

3. 转移与循环

在程序中，使用 GOTO 语句和 IF 语句可以改变程序的流向。有三种转移和循环操作可供使用：

第一种为无条件转移（GOTO n 语句）

第二种为条件转移（IF[条件表达式] GOTO n 语句）

第三种为循环语句（WHILE [条件表达式] DO n 语句）

1）无条件转移（GOTO 语句）

当程序运行至该段，程序就自动跳转到标有段号 N 的程序段。例如：GOTO 99，表示程序运行转移至 N99 行。举例如表 8 - 4 所示。

表8-4　无条件转移的 GOTO 语句举例

举　例	解　释
…… N20 X#1 …… N40 GOTO20 ……	程序在运行到 N40 段时，会自动转移至 N20 段处。

2）条件转移（IF 语句）

IF 之后指定的条件表达式有两种。

（1）IF［＜条件表达式＞］GOTO n。

表示如果指定的条件表达式满足时，则转移到标有顺序号 n 的程序段。如果不满足指定的条件表达式，则顺序执行下个程序段。

例：如果变量#1 的值大于100，则跳转到顺序号为 N99 的程序段。程序的表达格式及解释如下：

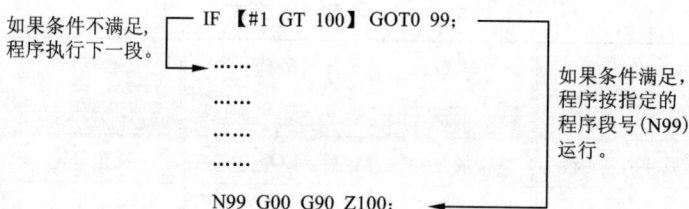

（2）IF［＜条件表达式＞］THEN。

如果指定的条件表达式满足时，则执行预先指定的宏程序语句，而且只执行一个宏程序语句。

例如"IF［#1 EQ #2］THEN #3 ＝10；"，如果#1 和#2 的值相同，10 赋值给#3。

说明：

①条件表达式：条件表达式必须包括运算符。运算符插在两个变量中间或者变量和常量中间，并且用"［　］"封闭。表达式可以替代变量。

②运算符：运算符由两个字母组成（表8-3），用于两个值的比较，以决定它们是相等还是一个值小于或大于另一个值。注意，不能使用不等号。

【例题8-1】　编写计算数值 1～100 的累加总和的程序，程序如表8-5 所示。

表8-5　参考程序

程序段号	程序	程序解释
	O9500	程序名
N10	#1 ＝0	储存和数变量的初值
N20	#2 ＝1	被加数变量的初值
N30	IF［#2 GT 100］GOTO 70	当被加数大于100 时转移到 N70

程序段号	程序	程序解释
N40	#1 = #1 + #2	计算和数
N50	#2 = #2 + 1	下一个被加数
N60	GOTO 30	转到 N30
N70	M30	程序结束

3）循环（WHILE 语句）

在 WHILE 后指定一个条件表达式。当指定条件满足时，则执行从 DO 到 END 之间的程序。否则，转到 END 后的程序段。

DO 后面的号是指定程序执行范围的标号，标号值为 1、2、3。如果使用了 1、2、3 以外的值，会触发 P/S 报警。

格式如下：

WHILE［＜条件式＞］DO m；（m = 1，2，3）

……

END m

【例题 8 - 2】　编写求 1 到 10 之和的程序。

编写的程序及分析如下：

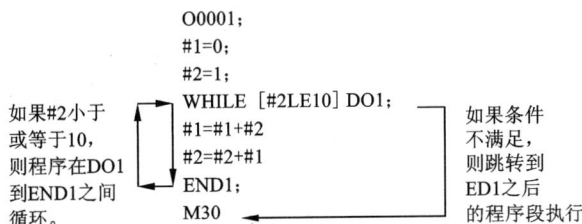

```
                          O0001；
                          #1=0；
                          #2=1；
   如果#2小于              WHILE［#2LE10］DO1；        如果条件
   或等于10，              #1=#1+#2                    不满足，
   则程序在DO1            #2=#2+#1                     则跳转到
   到END1之间             END1；                       ED1之后
   循环。                  M30                          的程序段执行
```

在 DO ～ END 循环中的标号（1～3）可以根据需要多次使用。但需要注意的是，无论怎样多次使用，标号永远限制在 1、2、3（即 DO1、DO2、DO3），此外，当程序有交叉重复循环（DO 范围的重叠）时，会触发 P/S 报警。

【例题 8 - 3】　如图 8 - 1 所示椭圆，其方程为 $X^2/20^2 + Z^2/60^2 = 1$，毛坯材料为 $\phi45$ mm，编写椭圆部分的程序。

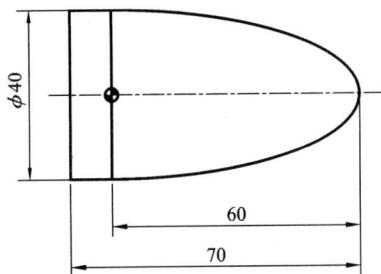

图 8 - 1　椭圆零件加工

椭圆加工分析：

1．椭圆加工的走刀路线

通常情况下，粗加工时可采用类似 G71 或 G72 方式加工，精加工时采用类似 G73 方式加工。

2．椭圆加工的方程

（1）标准方程：

$$X^2/B^2 + Z^2/A^2 = 1$$

标准方程主要用于车削加工。

（2）极坐标方程：

$$X = B * SIN\theta$$
$$Z = A * COS\theta$$

其中 A 为 Z 向半轴长，B 为 X 向半轴长，θ 为椭圆周上某点的圆心角（圆心在椭圆的中心，零角位于 Z 轴的正方向）。

极坐标方程主要用于铣削加工或车削加工中以给定变化的起、止角度值的情况下。

解：（1）首先粗加工，采用类似 G71 加工方式加工，如表 8 - 6 所示。

表 8 - 6　运用宏程序粗加工的部分程序

程序段号	程序	程序解释
	……	
N10	#1 = 20	确定 X 向粗加工余量，半径值
	IF［#1LT0.8］GOTO 40 （或 WHILE［#1GE0.8］DO1）	确定判别式，0.8 表示 X 向精加工余量值
N20	#2 = 0	确定 Z 向初始坐标值
	IF［#2GT60］GOTO 30 （或 WHILE［#2LE60］DO2）	再次确定判别式，60 表示 Z 向终点坐标值
	#3 = 20 * SQRT［60 * 60 - #2 * #2］/60	推算第二变量，即 #i = A#j
	#4 = 2 *［#3 + #1］	将 X 向值由半径值变直径值，#1 表示加上粗加工余量
	G01 X#4 Z#2 F0.2	G01 拟合加工曲面
	#2 = #2 + 1	确定 Z 轴初始变量的变化量
	GOTO 20（或 END 2）	结束轮廓的拟合加工
N30	G00 U2	X 向退刀
	Z62	Z 向退刀
	#1 = #1 - 2	确定 X 轴初始变量的变化量
	GOTO 10（或 END 1）	结束循环的拟合加工
N40	G00 X100 Z100	退刀

（2）其次精加工，采用类似 G73 加工方式加工，如表 8 - 7 所示。

表 8 - 7　运用宏程序精加工的部分程序

程序段号	程序	程序解释
	……	
	#12 = 60	确定 Z 向初始坐标值
N20	IF［#12LT0］GOTO 30 （或 WHILE［#12GE0］DO2）	确定判别式，0 表示 Z 向终点坐标值
	#13 = 20 * SQRT［60 * 60 - #12 * #12］/60	推算第二变量，即#i = A#j
	#14 = 2 * #13	将 X 向值由半径值变直径值
	G01 X#14 Z#12 F0.12	G01 拟合加工曲面
	#12 = #12 - 0.5	确定 Z 轴初始变量的变化量
	GOTO 20（或 END2）	结束轮廓的拟合加工
N30	G00 U2	X 向退刀
	G00 X100 Z100	退刀

练　习

如图 8 - 2 所示椭圆，其方程为 $X^2/15^2 + Z^2/50^2 = 1$，毛坯材料为 $\phi 35$ mm，编写椭圆部分的程序。

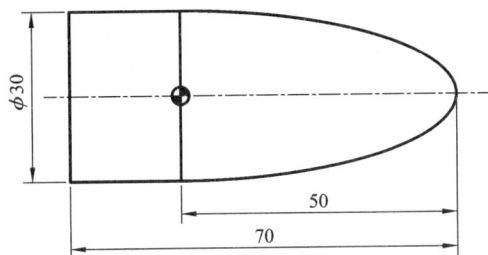

图 8 - 2　编程练习图

8.2　椭圆零件的加工

【例题 8 - 4】　如图 8 - 3 所示，零件右端外形为椭圆，请完成数控车削工艺分析、编程并加工，材料为 45 钢，毛坯为 $\phi 40$ mm $\times 200$ mm 棒料。

1. 图样分析

（1）综合加工，需完成非圆曲线（椭圆）外轮廓加工。

（2）根据零件图，该零件一次加工完成。

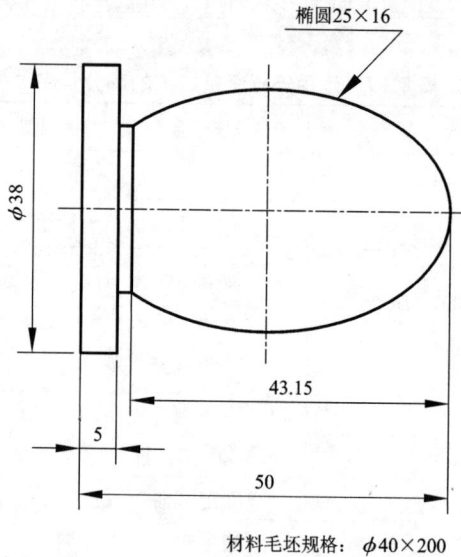

材料毛坯规格：$\phi40\times200$

图 8 – 3　椭圆加工实例

2. 尺寸计算

尺寸计算如表 8 – 8 所示。

表 8 – 8　尺寸计算

轴	加工起点	加工终点	变量
X	0	半径：$#2 = 16 * SQRT[#1 * #1 - 25 * 25]/25$ 直径：$X[2 * #2]$	#2
Z	25	– 18.15	#1

3. 加工操作步骤

以毛坯外圆为定位基准，利用三爪自动定心卡盘一次装夹完成加工。编程零点设置在零件右端面的轴心线上。

加工零件右端：

（1）装夹零件毛坯，毛坯为 $\phi40$ mm 的棒料，伸出卡盘长度 = 限位长度 + 切断位置尺寸 + 工件长度 = 10 + 6 + 50 = 65 mm。

（2）用试切对刀的方法对刀。

（3）车端面（G94）。

（4）用外圆仿形车削循环（G73、G70）粗、精加工零件外形轮廓至尺寸要求。

（5）用切断刀切断（G01）。

4. 加工方案及切削用量的选择

结合图 8 – 3，具体加工方案及切削用量的选择如表 8 – 9 所示。

表 8 - 9　加工方案及切削用量的选择

序号	加工方案				切削用量		
	T 刀具	G 指令	走刀路线	转速 S(r/min)	进给速度 F(mm/min)	背吃刀量 a_p(mm)
1	T0101(外圆车刀)	G94	车端面	800	0.2	1
2	T0101(外圆车刀)	G73 G70	车曲线外轮廓	粗加工：600 精加工：1200	粗加工：0.3 精加工：0.1	1.5
3	T0202(切断刀)	G01	切断	500	0.1	

5. 刀具的选择

刀具的选择如表 8 - 10 所示。

表 8 - 10　刀具的选择

刀号	T0101	T0202
形状		
类型	外圆车刀(刀尖角 35°)	切断刀(刀宽 3 mm)
材料	YT15 硬质合金	YT15 硬质合金

知识要点提示

注意事项：

(1)精车刀的刀尖圆弧半径不能太大，否则影响工件表面质量。

(2)安装车刀时，刀尖必须对准工件中心。

(3)切断时的编程记得加上刀具宽度 3 mm。

(4)对刀时，要注意编程零点和对刀零点的位置。

(5)机床的长度超程限位为 10 mm。

6. 编写程序

(1)加工零件端面参考程序如表 8 - 11 所示，加工路线及效果图如图 8 - 4 所示。

表 8 - 11　加工零件端面参考程序

程序段号	程序	程序解释
	O0001	程序名
N10	G97 G99 M03 S800	G97 恒线速关闭；G99 每转进给；M03 主轴正转；设置主轴转速为 800 r/min
N20	T0101(外圆车刀)	调用 1 号外圆车刀并调用 1 号刀具补偿

程序段号	程序	程序解释
N30	G00 X42 Z3	刀具快速移至切削起点
N40	G94 X – 0.5 Z1 F0.2	端面切削循环第一刀
N50	Z0	切削循环第二刀
N60	G00 X120 Z60	快速退刀至换刀点
N70	M30	程序结束并返回至程序头

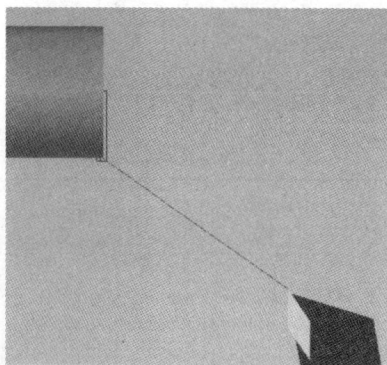

图 8 – 4　加工路线及效果图

（2）加工曲线外轮廓（椭圆）参考程序如表 8 – 12 所示，加工路线及效果图如图 8 – 5 所示。

表 8 – 12　加工曲线外轮廓（椭圆）参考程序

程序段号	程序	程序解释
	O0002	程序名
N10	G97 G99 M03 S600	G97 恒线速关闭；G99 每转进给；M03 主轴正转；设置主轴转速为 600 r/min
N20	T0101（外圆车刀）	调用 1 号外圆车刀并调用 1 号刀具补偿
N30	G00 X42 Z2	刀具快速移至切削起点
N40	G73 U9 W0 R9	设置加工总余量为直径 18 mm（半径 $U9$），Z 向为 0（$W0$），9 次加工完成（$R9$）
N50	G73 P60 Q150 U0.8 W0 F0.3	精加工形状起始程序段号为 N60，终止段号为 Q150，X 轴方向精车预留余量（直径值）为 0.8 mm，Z 轴方向精车预留余量为 0 mm，进给量为 0.3 mm/r
N60	G00 X0	快速下刀到 $X0$
N70	G01 Z0 F0.1	采用直线插补方式进刀至 Z0，进给速度 0.1 mm/r

程序段号	程序	程序解释
N80	#1 = 25	#1 为椭圆 Z 轴变量，坐标为直角坐标系上的起点 Z = 25 mm
N90	WHILE [#1 GE - 18.15] DO1	条件表达式：当椭圆的加工起点 25 mm 加工至终点 - 18.15 mm 条件满足时，程序段 DO1 至 END1 重复执行；当条件不满足时，程序跳转到 END1 后下一行执行（注意：WHILE DO1 和 END1 必须成对使用而且只允许最多有 3 层嵌套）
N100	#2 = 16 * SQRT[25 * 25 - #1 * #1]/25	#2 为椭圆 X 轴变量，因为 Z 轴发生变化而变化，计算 X 轴坐标点
N110	G01 X[2 * #2] Z[#1 - 25]	用直线插补方式进行拟合非圆曲线，X[2 * #2]是把 X 由半径变成直径 Z[#1 - 25]是把直角坐标系上 Z 的起点偏置到工件坐标系上来
N120	#1 = #1 - 0.3	将椭圆曲线分成若干条线段，在 Z 轴方向每段直线之间的间距为 0.3 mm
N130	END1	曲线循环结束
N140	Z - 45	加工到 Z - 45 位置
N150	X42	退刀
N160	G70 P60 Q150 S1200	精加工指令，主轴转速提高到 1200 r/min
N170	G00 X120 Z60	快速退刀至换刀点
N180	M30	程序结束并返回至程序头

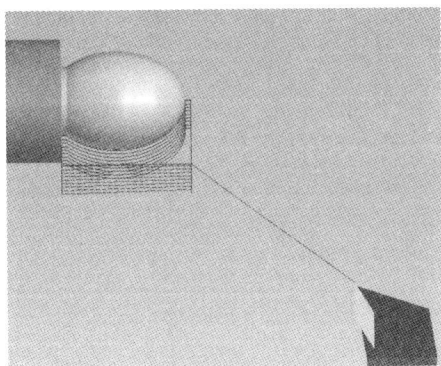

图 8 - 5　加工路线及效果图

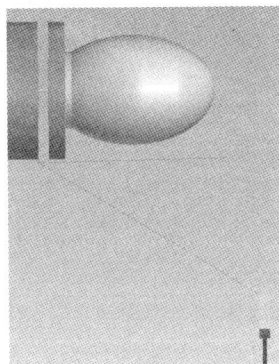

图 8 - 6　加工路线及效果图

（3）零件切断参考程序如表 8 - 13 所示，加工路线及效果图如图 8 - 6 所示。

表 8 – 13　零件切断参考程序

程序段号	程序	程序解释
	O0003	程序名
N10	G97 G99 M03 S500	G97 恒线速关闭；G99 每转进给；M03 主轴正转；设置主轴转速为 500 r/min
N20	T0202(切断刀)	调用 2 号切断刀并调用 2 号刀具补偿
N30	G00 X42 Z – 53	刀具快速移至切削起点
N40	G01 X0 F0.1	切断工件
N50	X42 F0.5	退刀
N60	G00 X120 Z60	快速退刀至换刀点
N70	M30	程序结束并返回至程序头

【例题 8 – 5】　如图 8 – 7 所示，零件的外形为椭圆，请完成数控车削工艺分析、编程并加工。材料为 45 钢，毛坯为 $\phi40$ mm×200 mm 棒料。

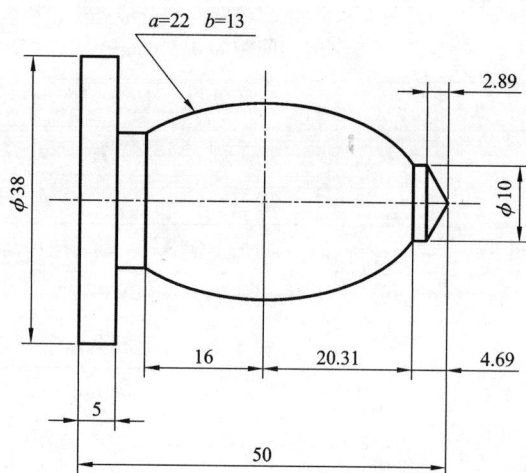

图 8 – 7　椭圆加工实例

1. 图样分析

(1)综合加工，需完成非圆曲线(椭圆)外轮廓加工。

(2)根据零件图，该零件一次加工完成。

2. 尺寸计算

尺寸计算如表 8 – 14 所示。

表 8 – 14　尺寸计算

轴	加工起点	加工终点	变量
X	10	半径：#2 = 13 * SQRT[#1 * #1 – 22 * 22]/22 直径：X[2 * #2]	#2
Z	20.31	– 16	#1

3. 加工操作步骤

以毛坯外圆为定位基准，利用三爪自动定心卡盘一次装夹完成加工。编程零点设置在零件右端面的轴心线上。

加工零件右端：

(1)装夹零件毛坯，毛坯为 $\phi40$ mm 的棒料，伸出卡盘长度 = 限位长度 + 切断位置尺寸 + 工件长度 = 10 + 6 + 50 = 65 mm。

(2)用试切对刀的方法对刀。

(3)车端面(G94)。

(4)用外圆仿形车削循环(G73、G70)粗、精加工零件外形轮廓至尺寸要求。

(5)用切断刀切断(G01)。

4. 加工方案及切削用量的选择

结合图 8 - 7，具体加工方案及切削用量的选择如表 8 - 15 所示。

表 8 - 15　加工方案及切削用量的选择

加工方案				切削用量		
序号	T 刀具	G 指令	走刀路线	转速 $S/(\text{r}\cdot\text{min}^{-1})$	进给速度 $F/(\text{mm}\cdot\text{r}^{-1})$	背吃刀量 a_p/mm
1	T0101(外圆车刀)	G94	车端面	800	0.2	1
2	T0101(外圆车刀)	G73 G70	车曲线外轮廓	粗加工: 600 精加工: 1200	粗加工: 0.3 精加工: 0.1	1.5
3	T0202(切断刀)	G01	切断	500	0.1	

5. 选择刀具

刀具的选择如表 8 - 16 所示。

表 8 - 16　刀具的选择

刀号	T0101	T0202
形状		
类型	外圆车刀(刀尖角 35°)	切断刀(刀宽 3 mm)
材料	YT15 硬质合金	YT15 硬质合金

6. 编写程序

(1)加工零件端面参考程序如表 8 - 17 所示，加工路线及效果图如图 8 - 8 所示。

表 8 - 17　加工零件端面参考程序

程序段号	程序	程序解释
	O0001	程序名
N10	G97 G99 M03 S800	G97 恒线速关闭；G99 每转进给；M03 主轴正转；设置主轴转速为 800 r/min
N20	T0101(外圆车刀)	调用 1 号车刀并调用 1 号刀具补偿
N30	G00 X42 Z3	刀具快速移至切削起点
N40	G94 X - 0.5 Z1 F0.2	端面切削循环第一刀
N50	Z0	切削循环第二刀
N60	G00 X120 Z60	快速退刀至换刀点
N70	M30	程序结束并返回至程序头

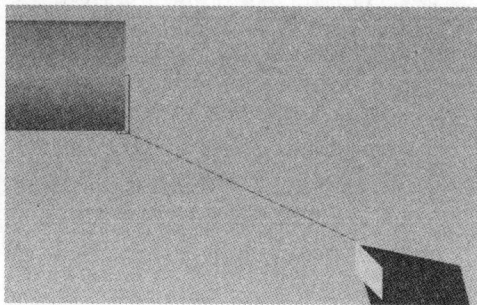

图 8 - 8　加工路线及效果图

（2）加工曲线外轮廓（椭圆）参考程序如表 8 - 18 所示，加工路线及效果图如图 8 - 9 所示。

表 8 - 18　加工曲线外轮廓（椭圆）参考程序

程序段号	程序	程序解释
	O0002	程序名
N10	G97 G99 M03 S600	G97 恒线速关闭；G99 每转进给；M03 主轴正转；设置主轴转速为 600 r/min
N20	T0101(外圆车刀)	调用 1 号外圆车刀并调用 1 号刀具补偿
N30	G00 X42 Z2	刀具快速移至切削起点
N40	G73 U20 W0 R20	设置加工总余量为直径 40 mm（半径 U20），Z 向为 0（W0），20 次加工完成（R20）

程序段号	程序	程序解释
N50	G73 P60 Q160 U0.8 W0 F0.3	精加工形状起始程序段号为 N60,终止段号为 Q160,X 轴方向精车预留余量(直径值)为 0.8 mm,Z 轴方向精车预留余量为 0 mm,进给速度为 0.3 mm/r
N60	G0 X0	快速下刀至 X0
N70	G01 Z0 F0.1	采用直线插补方式进刀至 Z0,进给速度 0.1 mm/r
N80	X10 Z - 2.88	加工锥度
N90	Z - 4.69	进刀至 Z - 4.69
N100	#1 = 20.31	#1 为椭圆 Z 轴变量,坐标为直角坐标系上的起点,Z = 20.31 mm
N110	#2 = 13 * SQRT[22 * 22 - #1 * #1]/22	#2 为椭圆 X 轴变量,因 Z 轴发生变化而变化。计算任意一点 X 轴坐标
N120	G01 X[2 * #2] Z[#1 - 25]	用直线插补方式进行拟合非圆曲线,X[2 * #2] 是把 X 由半径变成直径、Z[#1 - 25] 是把直角坐标系上 Z 的起点偏置到工件坐标系上来
N130	#1 = #1 - 0.2	将椭圆曲线分成若干条线段,在 Z 轴方向每段直线之间的间距为 0.2 mm
N140	IF[#1LE - 16] GOTO110	条件表达式:当椭圆的加工起点 25 mm 加工至终点 - 16 mm 时,程序段转移至程序 110 段
N150	Z - 45	进刀至 Z - 45
N160	X42	退刀
N170	G70 P60 Q160 S1200	精加工指令,主轴转速提高到 1200 r/min
N180	G00 X120 Z80	快速退刀至换刀点
N190	M30	程序结束并返回至程序头

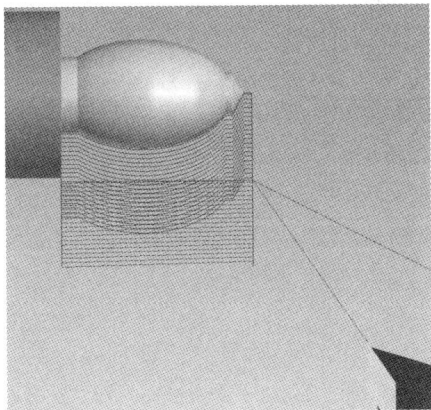

图 8 - 9 　加工路线及效果图

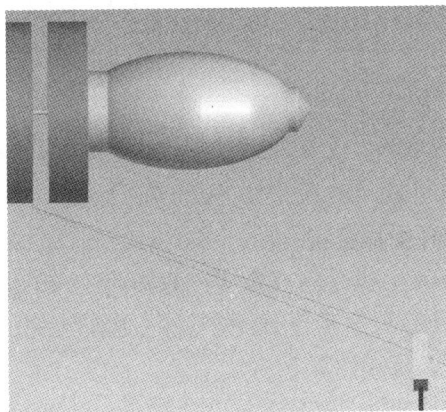

图 8 - 10 　加工线路及效果图

（3）零件切断参考程序如表 8 - 19 所示。加工路线及效果图如图 8 - 10 所示。

表 8 - 19　零件切断的参考程序

程序段号	程序	程序解释
	O0003	程序名
N10	G97 G99 M03 S500	G97 恒线速关闭；G99 每转进给；M03 主轴正转；设置主轴转速为 500 r/min
N20	T0202（切断刀）	调用 2 号切断刀并调用 2 号刀具补偿
N30	G00 X42 Z - 53	刀具快速移至切削起点
N40	G01 X0 F0. 1	切断工件
N50	X42 F0. 5	退刀
N60	G00 X120 Z60	快速退刀至换刀点
N70	M30	程序结束并返回至程序头

【例题 8 - 6】　如图 8 - 11 所示，零件轮廓外形为椭圆，请完成数控车削工艺分析、编程并加工。材料为 45 钢，毛坯为 $\phi 40$ mm × 200 mm 棒料。

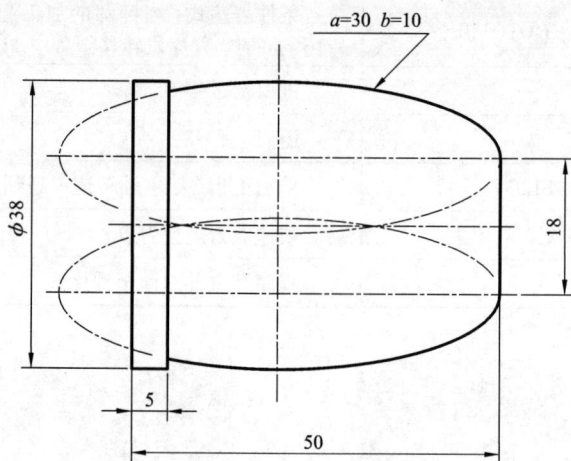

图 8 - 11　椭圆加工实例

1. 图样分析

（1）综合加工，需完成非圆曲线（椭圆）外轮廓加工。

（2）根据零件图，该零件一次加工完成。

2. 尺寸计算

尺寸计算如表 8 - 20 所示。

表 8 - 20　尺寸计算

轴	加工起点	加工终点	变量
X	0	半径: #2 = 10 * SQRT[#1 * #1 - 30 * 30]/30 直径: X[18 + 2 * #2]	#2
Z	30	-15	#1

3. 加工操作步骤

以毛坯外圆为定位基准, 利用三爪自动定心卡盘一次装夹完成加工。编程零点设置在零件右端面的轴心线上。

加工零件右端:

(1) 装夹零件毛坯, 毛坯为 ϕ40 mm 的棒料, 伸出卡盘长度 = 限位长度 + 切断位置尺寸 + 工件长度 = 10 + 6 + 50 = 65 mm。

(2) 用试切对刀的方法对刀。

(3) 车端面 (G94)。

(4) 用外圆仿形车削循环 (G73、G70) 粗、精加工零件外形轮廓至尺寸要求。

(5) 用切断刀切断 (G01)。

4. 加工方案及切削用量的选择

结合图 8 - 11, 具体加工方案及切削用量的选择见表 8 - 21。

表 8 - 21　加工方案及切削用量的选择

序号	加工方案			切削用量		
	T 刀具	G 指令	走刀路线	转速 $S/(\text{r·min}^{-1})$	进给速度 $F/(\text{mm·r}^{-1})$	背吃刀量 a_p/mm
1	T0101 (外圆车刀)	G94	车端面	800	0.2	1
2	T0101 (外圆车刀)	G73 G70	车曲线外轮廓	粗加工: 600 精加工: 1200	粗加工: 0.3 精加工: 0.1	1.5
3	T0202 (切断刀)	G01	切断	500	0.1	

5. 刀具的选择

刀具的选择如表 8 - 22 所示。

表 8 - 22　刀具的选择

刀号	T0101	T0202
形状		
类型	精车外圆车刀 (刀尖角 35°)	切断刀 (刀宽 3 mm)
材料	YT15 硬质合金	YT15 硬质合金

6.编写程序

(1)加工端面参考程序如表 8 - 23 所示,加工路线及效果图如图 8 - 12 所示。

表 8 - 23　加工端面参考程序

程序段号	程序	程序解释
	O0001	程序名
N10	G97 G99 M03 S800	G97 恒线速关闭；G99 每转进给；M03 主轴正转；设置主轴转速为 800 r/min
N20	T0101(外圆车刀)	调用 1 号外圆车刀并调用 1 号刀具补偿
N30	G00 X42 Z3	刀具快速移至切削起点
N40	G94 X - 0.5 Z1 F0.2	端面切削循环第一刀
N50	Z0	切削循环第二刀
N60	G00 X120 Z60	快速退刀至换刀点
N70	M30	程序结束并返回至程序头

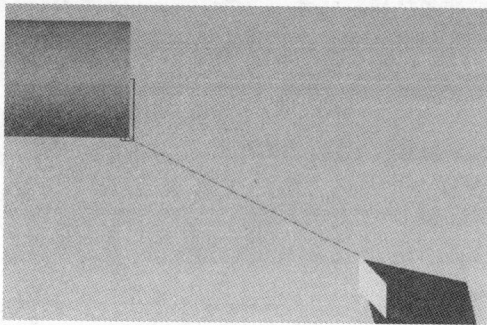

图 8 - 12　加工路线及效果图

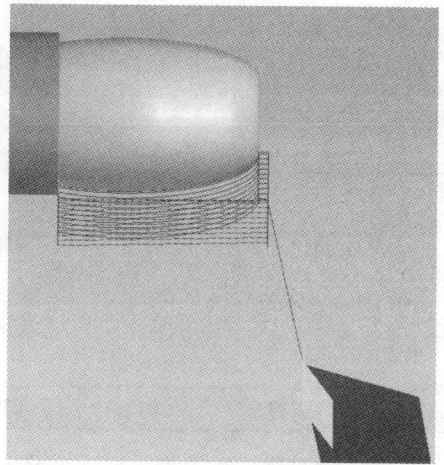

图 8 - 13　加工路线及效果图

(2)加工曲线外轮廓(椭圆)参考程序如表 8 - 24 所示,加工路线及效果图如图 8 - 13 所示。

表 8 - 24　加工曲线外轮廓(椭圆)参考程序

程序段号	程序	程序解释
	O0002	程序名
N10	G97 G99 M03 S800	G97 恒线速关闭；G99 每转进给；M03 主轴正转；设置主轴转速为 800 r/min

程序段号	程序	程序解释
N20	T0101（外圆车刀）	调用 1 号外圆车刀并调用 1 号刀具补偿
N30	G00 X42 Z2	刀具快速移至切削起点
N40	G73 U11 W0 R10	设置加工总余量为直径 22 mm（半径 $U11$），Z 向为 0（$W0$），10 次加工完成（$R10$）
N50	G73 P60 Q140 U0.8 W0 F0.3	精加工形状起始程序段号为 N60，终止段号为 N140，X 轴方向精车预留余量（直径值）为 0.8 mm，Z 轴方向精车预留余量为 0 mm，进给速度为 0.3 mm/r
N60	G0 X18	快速下刀至 $X18$
N70	G01 Z0 F0.1	采用直线插补方式进刀至 Z0，进给速度 0.1 mm/r
N80	#1 = 30	#1 为椭圆 Z 轴变量，坐标为直角坐标系上的起点，Z = 30 mm
N90	WHILE[#1GE-15] DO1	条件表达式：当椭圆的加工起点 30 mm 加工至终点 -15 mm 条件满足时，程序段 DO1 至 END1 重复执行，当条件不满足时，程序跳转到 END1 后下一行执行（注意：WHILE DO1 和 END1 必须成对使用而且只允许最多有 3 层嵌套）
N100	#2 = 10 * SQRT[30 * 30 - #1 * #1]/30	#2 为椭圆 X 轴变量，因 Z 轴发生了变化而变化。计算任意一点 X 轴坐标
N110	G01 X[18 + 2 * #2] Z[#1 - 30]	用直线插补方式进行拟合非圆曲线，$X[18 + 2 * \#2]$ 是把 X 由半径变成直径，18 是加上一个中心距，$Z[\#1 - 30]$ 是把直角坐标系上 Z 的起点偏置到工件坐标系上来
N120	#1 = #1 - 0.1	将椭圆曲线分成若干条线段，在 Z 轴方向每段直线之间的间距为 0.1 mm
N130	END1	曲线循环结束
N140	X42	退刀
N150	G70 P60 Q140 S1200	精加工指令，主轴转速提高到 1200 r/min
N160	G00 X120 Z70	快速退刀至换刀点
N170	M05	主轴停止
N180	M30	程序结束并返回至程序头

（3）零件切断参考程序如表 8 - 25 所示，加工路线及效果图如图 8 - 14 所示。

表 8 – 25　零件切断的参考程序

程序段号	程序	程序解释
	O0003	程序名
N10	G97 G99 M03 S500	G97 恒线速关闭；G99 每转进给；M03 主轴正转；设置主轴转速为 500 r/min
N20	T0202(切断刀)	调用 2 号切断刀并调用 2 号刀具补偿
N30	G00 X42 Z – 53	刀具快速移至切削起点
N40	G01 X0 F0.1	切断工件
N50	X42 F0.5	退刀
N60	G00 X120 Z60	快速退刀至换刀点
N70	M30	程序结束并返回至程序头

图 8 – 14　加工路线及效果图

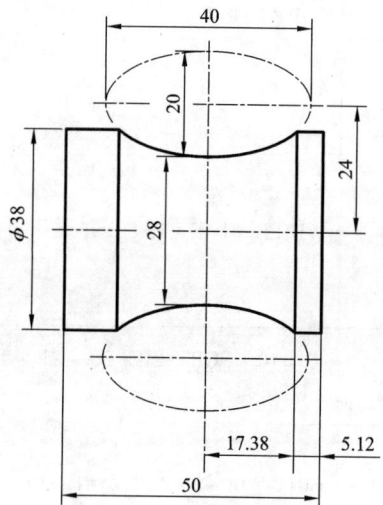

图 8 – 15　椭圆加工实例

【例题 8 – 7】　如图 8 – 15 所示，零件外形轮廓为椭圆，请完成数控车削工艺分析、编程并加工。材料为 45 钢，毛坯为 ϕ40 mm × 200 mm 棒料。

1. 图样分析

(1)综合加工，需完成非圆曲线(椭圆)外轮廓加工。

(2)根据零件图，该零件一次加工完成。

2. 尺寸计算

尺寸计算如表 8 – 26 所示。

表 8 – 26　尺寸计算

轴	加工起点	加工终点	变量
X		半径：#2 = 10 * SQRT[#1 * #1 – 20 * 20]/20 直径：X[48 – 2 * #2]	#2
Z	17.38	– 17.38	#1

3. 加工操作步骤

以毛坯外圆为定位基准,利用三爪自动定心卡盘一次装夹完成加工。编程零点设置在零件右端面的轴心线上。

加工零件右端:

(1)装夹零件毛坯,毛坯为 φ40 mm 的棒料,伸出卡盘长度 = 限位长度 + 切断位置尺寸 + 工件长度 = 10 + 6 + 50 = 65 mm。

(2)用试切对刀的方法对刀。

(3)车端面(G94)。

(4)用外圆仿形车削循环(G73、G70)粗、精加工零件外形轮廓至尺寸要求。

(5)用切断刀切断(G01)。

4. 加工方案及切削用量的选择

结合图 8 - 15,具体加工方案及切削用量的选择见表 8 - 27。

表 8 - 27　加工方案及切削用量的选择

序号	加工方案			切削用量		
	T 刀具	G 指令	走刀路线	转速 $S/(\mathrm{r \cdot min^{-1}})$	进给速度 $F/(\mathrm{mm \cdot r^{-1}})$	背吃刀量 $a_{\mathrm{p}}/\mathrm{mm}$
1	T0101(外圆车刀)	G94	车端面	800	0.2	1
2	T0101(外圆车刀)	G73 G70	车曲线外轮廓	粗加工:600 精加工:1200	粗加工:0.3 精加工:0.1	1.5
3	T0202(切断刀)	G01	切断	500	0.1	

5. 刀具的选择

刀具的选择如表 8 - 28 所示。

表 8 - 28　刀具的选择

刀号	T0101	T0202
形状		
类型	精车外圆车刀(刀尖角 35°)	切断刀(刀宽 3 mm)
材料	YT15 硬质合金	YT15 硬质合金

6. 编写程序

(1)加工零件端面参考程序如表 8 - 29 所示。

表 8 - 29   加工端面参考程序

程序段号	程序	程序解释
	O0001	程序名
N10	G97 G99 M03 S800	G97 恒线速关闭；G99 每转进给；M03 主轴正转；设置主轴转速为 800 r/min
N20	T0101（外圆车刀）	调用 1 号外圆车刀并调用 1 号刀具补偿
N30	G00 X42 Z3	刀具快速移至切削起点
N40	G94 X - 0.5 Z1 F0.2	端面切削循环第一刀
N50	Z0	切削循环第二刀
N60	G00 X120 Z60	快速退刀至换刀点
N70	M30	程序结束并返回到程序头

（2）加工曲线外轮廓（椭圆）参考程序如表 8 - 30 所示，加工路线及效果图如图 8 - 16 所示。

表 8 - 30   加工曲线外轮廓（椭圆）参考程序

程序段号	程序	程序解释
	O0002	程序名
N10	G97 G99 M03 S600	G97 恒线速关闭；G99 每转进给；M03 主轴正转；设置主轴转速为 600 r/min
N20	T0101（外圆车刀）	调用 1 号外圆车刀并调用 1 号刀具补偿
N30	G00 X42 Z2	刀具快速移至切削起点
N40	G73 U6 W0 R6	设置加工总余量为直径 12 mm（半径 $U6$），Z 向为 0（$W0$），6 次加工完成（$R6$）
N50	G73 P60 Q150 U0.8 W0 F0.3	精加工形状起始程序段号为 N60，终止段号为 N150，X 轴方向精车预留余量（直径值）为 0.8 mm，Z 轴方向精车预留余量为 0 mm，进给速度为 0.1 mm/r
N60	G00 X38	快速下刀至 $X38$
N70	G01 Z - 5.12 F0.1	采用直线插补方式进刀至 $Z-5.12$，进给速度为 0.3 mm/r
N80	#1 = 17.38	#1 为椭圆 Z 轴变量，坐标为直角坐标系上的起点，$Z=17.38$ mm

程序段号	程序	程序解释
N90	WHILE［#1GE－17.38］DO1	条件表达式：当椭圆的加工起点 17.38 mm 至加工终点 －17.38 mm 条件满足时，程序段 DO1 至 END1 重复执行；当条件不满足时，程序跳转到 END1 后下一行执行（注意：WHILE DO1 和 END1 必须成对使用而且只允许最多有 3 层嵌套）
N100	#2＝10＊SQRT［20＊20－#1＊#1］/20	#2 为椭圆 X 轴变量，因 Z 轴发生了变化而变化，计算任意一点 X 轴坐标
N110	G01 X［48－2＊#2］Z［#1－22.5］	用直线插补方式进行拟合非圆曲线，X［48－2＊#2］是把 X 由半径变成直径，48 是减去一个中心距；Z［#1－22.5］是把直角坐标系上 Z 的起点偏置到工件坐标系上来
N120	#1＝#1－0.1	将椭圆曲线分成若干条线段，在 Z 轴方向每段直线之间的间距为 0.1 mm
N130	END1	曲线循环结束
N140	Z－50	进刀至 Z－50
N150	X42	退刀
N160	G70 P60 Q150 S1200	精加工指令，主轴转速提高到 1200 r/min
N170	G00 X120 Z60	快速退刀至换刀点
N180	M30	程序结束并返回至程序头

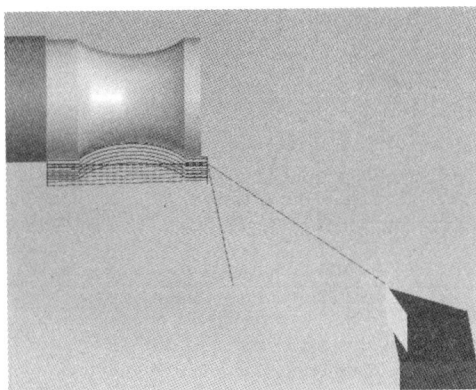

图 8－16　加工路线及效果图

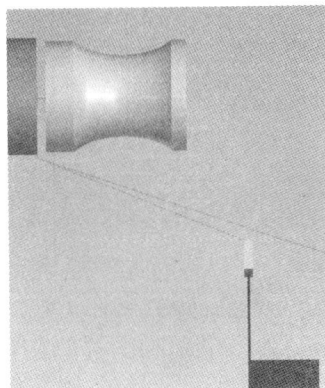

图 8－17　加工路线及效果图

（3）零件切断参考程序如表 8－31 所示，加工路线及效果图如图 8－17 所示。

表 8 – 31　零件切断参考程序

程序段号	程序	程序解释
	O0003	程序名
N10	G97 G99 M03 S500	G97 恒线速关闭；G99 每转进给；M03 主轴正转；设置主轴转速为 500 r/min
N20	T0202（切断刀）	调用 2 号切断刀并调用 2 号刀具补偿
N30	G00 X42 Z – 53	刀具快速移至切削起点
N40	G01 X0 F0.1	切断工件
N50	X42 F0.5	退刀
N60	G00 X120 Z60	快速退刀至换刀点
N70	M30	程序结束并返回至程序头

练 习

如图 8 – 18 所示，棒料直径为 $\phi 90$ mm，编程零点在工件右端面轴线上，试编制其加工程序。

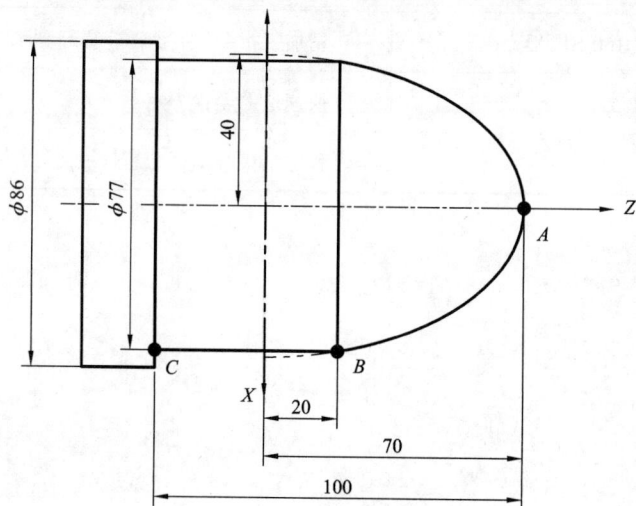

图 8 – 18　编程练习图

实训操作练习

1. 如图 8 – 19 所示，毛坯尺寸为 $\phi 40$ mm×80 mm，45 钢，试编制其加工程序。

2. 如图 8 – 20 所示，毛坯尺寸为 $\phi 60$ mm×112 mm，45 钢，试编制其加工程序。

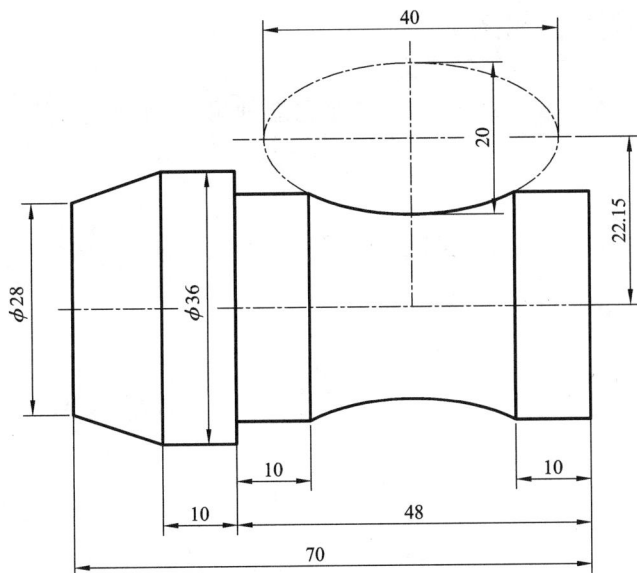

图 8 – 19　实训练习图

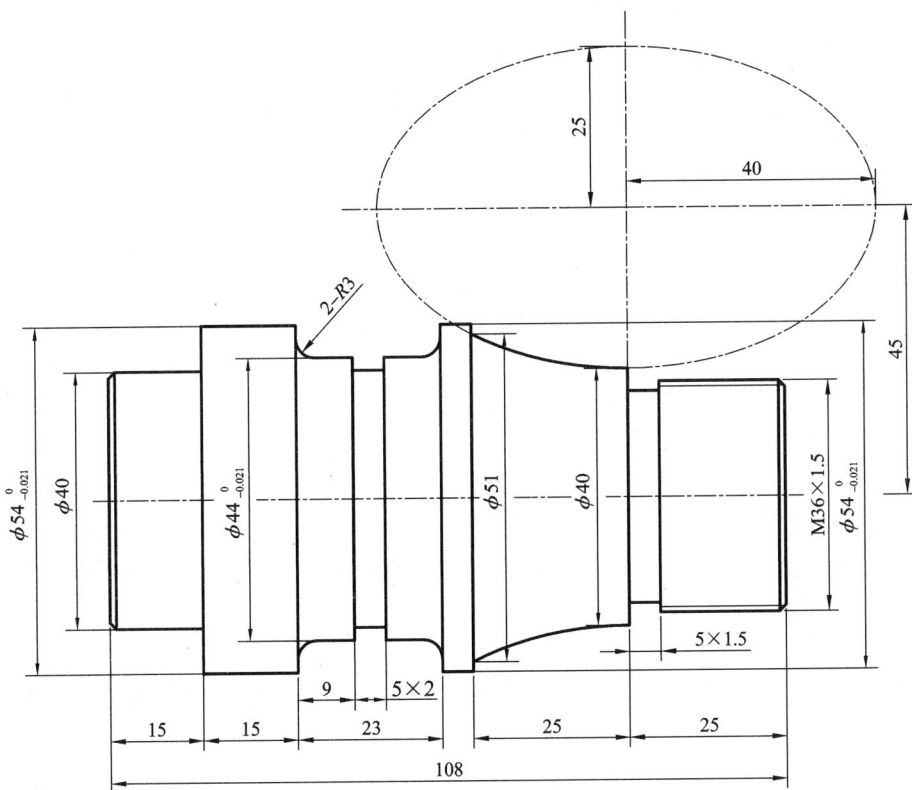

未注倒角：1×45°

图 8 – 20　实训练习图

8.3 抛物线零件的加工

【例题 8-8】 如图 8-21 所示，零件右端外形为抛物线，材料为 45 钢，毛坯为 ϕ40 mm × 200 mm 的棒料。请完成数控车削工艺分析、编程并加工。

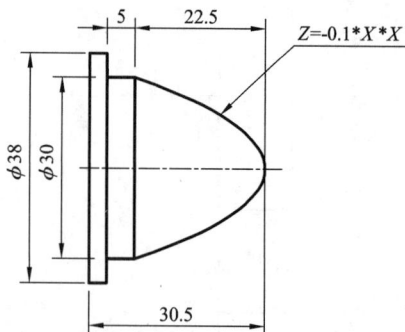

图 8-21 抛物线加工实例

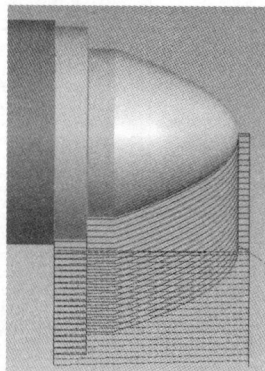

图 8-22 加工路线及效果图

1. 图样分析
（1）综合加工，需完成非圆曲线（抛物线）外轮廓加工。
（2）根据零件图，该零件一次加工完成。

2. 尺寸计算
尺寸计算如表 8-32 所示。

表 8-32 尺寸计算

轴	加工起点	加工终点	变量
X	0	直径：X[2 * #1]	#2
Z	0	#2 = -0.1 * #1 * #1	#1

3. 加工操作步骤
以毛坯外圆为定位基准，利用三爪自动定心卡盘一次装夹完成加工。编程零点设置在零件右端面的轴心线上。

加工零件右端：

（1）装夹零件毛坯，毛坯为 ϕ40 mm 的棒料，伸出卡盘长度 = 限位长度 + 切断位置尺寸 + 工件长度 = 10 + 6 + 50 = 65 mm。

（2）用试切对刀的方法对刀。

（3）车端面（G94）。

（4）用外圆仿形车削循环（G73、G70）粗、精加工零件外形轮廓至尺寸要求。

（5）用切断刀切断（G01）。

（6）车端面（G94）。

4. 加工方案及切削用量的选择

结合图 8 - 21，具体加工方案及切削用量的选择见表 8 - 33。

表 8 - 33　加工方案及切削用量的选择

| 序号 | 加工方案 | | | | 切削用量 | |
	T 刀具	G 指令	走刀路线	转速 $S/(\text{r} \cdot \text{min}^{-1})$	进给速度 $F/(\text{mm} \cdot \text{r}^{-1})$	背吃刀量 a_p/mm
1	T0101（外圆车刀）	G94	车端面	800	0.2	1
2	T0101（外圆车刀）	G73 G70	车曲线外轮廓	粗加工：600 精加工：1200	粗加工：0.3 精加工：0.1	1.5
3	T0202（切断刀）	G01	切断	600	0.1	

5. 刀具的选择

刀具的选择如表 8 - 34 所示。

表 8 - 34　刀具的选择

刀号	T0101	T0202
形状	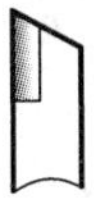	
类型	外圆车刀（刀尖角 35°）	切断刀（刀宽 3 mm）
材料	YT15 硬质合金	YT15 硬质合金

6. 编写程序

（1）加工端面参考程序如表 8 - 35 所示。

表 8 - 35　加工零件端面参考程序

程序段号	程序	程序解释
	O0001	程序名
N10	G97 G99 M03 S800	G97 恒线速关闭；G99 每转进给；M03 主轴正转；设置主轴转速为 800 r/min
N20	T0101（外圆车刀）	调用 1 号外圆车刀并调用 1 号刀具补偿
N30	G00 X42 Z3	刀具快速移至切削起点

程序段号	程序	程序解释
N40	G94 X - 0. 5 Z1 F0. 2	端面切削循环第一刀
N50	Z0	切削循环第二刀
N60	G00 X120 Z60	快速退刀至换刀点
N70	M30	程序结束并返回至程序头

（2）加工曲线外轮廓（抛物线）参考程序如表 8 - 36 所示，加工路线及效果图如图 8 - 22 所示。

表 8 - 36　加工曲线外轮廓（抛物线）参考程序

程序段号	程序	程序解释
	O00002	程序名
N10	G97 G99 M03 S600	G97 恒线速关闭；G99 每转进给；M03 主轴正转；设置主轴转速为 600 r/min
N20	T0101（外圆车刀）	调用 1 号外圆车刀并调用 1 号刀具补偿
N30	G00 X42 Z2	刀具快速移至切削起点
N40	G73 U20 W0 R20	设置加工总余量直径为 40 mm（半径 U20），Z 向为 0（W0），20 次加工完成（R20）
N50	G73 P60 Q170 U0. 8 W0 F0. 3	精加工形状起始程序段号为 N60，终止段号为 N170，X 轴方向精车预留余量（直径值）为 0.8 mm，Z 轴方向精车预留余量为 0 mm，进给速度为 0.3 mm/r（F0.3）
N60	G0 X0	快速下刀至 X0
N70	G01 Z0 F0. 1	采用直线插补方式进刀至 Z0，进给速度为 0.1 mm/r
N80	#1 =0	#1 为抛物线 X 轴变量，坐标为直角坐标系上的起点 0 mm
N90	WHILE ［#1LE15］ DO1	条件表达式：当抛物线的加工起点 0 mm 至加工终点半径小于或等于（LE）15 mm 条件满足时，程序段 DO1 至 END1 重复执行；当条件不满足时，程序跳转到 END1 后下一行执行 （注意：WHILE DO1 和 END1 必须成对使用而且只允许最多有 3 层嵌套）
N100	#2 = - 0. 1 * #1 * #1	#2 为椭圆 Z 轴变量，因 X 轴发生了变化而变化。计算抛物线任意一点 Z 轴坐标点

程序段号	程序	程序解释
N110	G01 X[2 * #1] Z[#2]	用直线插补方式进行拟合非圆曲线，X[2 * #1] 是把 X 由半径变成直径，Z[#2] 是把直角坐标系上的 Z 的起点偏置到工件坐标系上来
N120	#1 = #1 + 0.3	将抛物线曲线分成若干条线段，在 X 轴方向每段直线之间的间距为 0.3 mm
N130	END1	曲线循环结束
N140	Z - 27.5	进刀至 Z - 27.5
N150	X38	进刀至 X38
N160	Z - 34	进刀至 Z - 34
N170	X42	退刀
N180	G70 P60 Q170 S1200	精加工指令，主轴转速提高到 1200 r/min
N190	G00 X120 Z60	快速退刀至换刀点
N200	M30	程序结束并返回至程序头

（3）零件切断参考程序如表 8 - 37 所示。

表 8 - 37　零件切断参考程序

程序段号	程序	程序解释
	O0003	程序名
N10	G97 G99 M03 S600	G97 恒线速关闭；G99 每转进给；M03 主轴正转；设置主轴转速为 600 r/min
N20	T0202（切断刀）	调用 2 号切断刀并调用 2 号刀具补偿
N30	G00 X42 Z - 33.5	刀具快速移至切削起点
N40	G01 X0 F0.1	切断工件
N50	X42 F0.5	退刀
N60	G00 X120 Z60	快速退刀至换刀点
N70	M30	程序结束并返回至程序头

【例题 8 - 9】　如图 8 - 23 所示，零件的外形为抛物线，材料为 45 钢，毛坯为 φ40 mm × 200 mm 棒料，请完成数控车削工艺分析、编程并加工。

1. 图样分析

（1）综合加工，需完成非圆曲线（抛物线）外轮廓加工。

（2）根据零件图，该零件一次加工完成。

2. 尺寸计算

尺寸计算如表 8 - 38 所示。

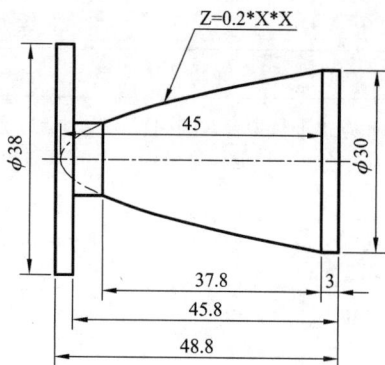

图 8-23 抛物线加工实例

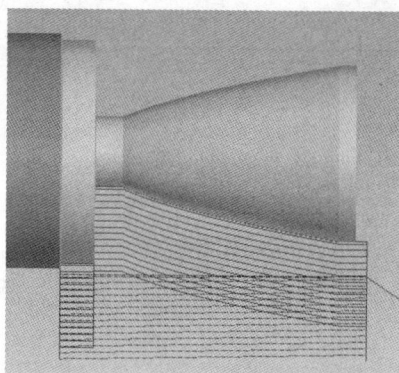

图 8-24 加工路线及效果图

表 8-38 尺寸计算

轴	加工起点	加工终点	变量
X		半径：#2 = SQRT[#1/0.2] 直径：X[2 * #2]	#2
Z	45	7.2	#1

3. 加工操作步骤

以毛坯外圆为定位基准，利用三爪自动定心卡盘一次装夹完成加工。编程零点设置在零件右端面的轴心线上。

加工零件右端：

(1)装夹零件毛坯，毛坯为 $\phi40$ mm 的棒料，伸出卡盘长度 = 限位长度 + 切断位置尺寸 + 工件长度 = 10 + 6 + 50 = 65 mm。

(2)用试切对刀的方法对刀。

(3)车端面(G94)。

(4)用外圆仿形车削循环(G73、G70)粗、精加工零件外形轮廓至尺寸要求。

(5)用切断刀切断(G01)。

(6)车端面(G94)。

4. 加工方案及切削用量的选择

结合图 8-23，具体加工方案及切削用量的选择见表 8-39。

表 8-39 加工方案及切削用量的选择

序号	加工方案			切削用量		
	T 刀具	G 指令	走刀路线	转速 $S/(\mathrm{r \cdot min^{-1}})$	进给速度 $F/(\mathrm{mm \cdot r^{-1}})$	背吃刀量 a_p/mm
1	T0101(外圆车刀)	G94	车端面	800	0.2	1
2	T0101(外圆车刀)	G73	车曲线外轮廓	粗加工：600 精加工：1200	粗加工：0.3 精加工：0.1	1.5
3	T0202(切断刀)	G01	切断	600	0.1	

5. 刀具的选择

刀具的选择如表 8 - 40 所示。

表 8 - 40　刀具的选择

刀号	T0101	T0202
形状		
类型	外圆车刀(刀尖角 35°)	切断刀(刀宽 3 mm)
材料	YT 硬质合金	YT 硬质合金

6. 编写程序

(1)加工零件端面参考程序如表 8 - 41 所示。

表 8 - 41　加工零件端面参考程序

程序段号	程序	程序解释
	O0001	程序名
N10	G97 G99 M03 S800	G97 恒线速关闭;G99 每转进给;M03 主轴正转;设置主轴转速为 800 r/min
N20	T0101(外圆车刀)	调用 1 号外圆车刀并调用 1 号刀具补偿
N30	G00 X42 Z3	刀具快速移至切削起点
N40	G94 X - 0.5 Z1 F0.2	端面切削循环第一刀
N50	Z0	切削循环第二刀
N60	G00 X120 Z60	快速退刀至换刀点
N70	M30	程序结束并返回至程序头

(2)加工曲线外轮廓(抛物线)参考程序如表 8 - 42 所示,加工路线及效果图如图 8 - 24 所示。

表 8 - 42　加工曲线外轮廓(抛物线)参考程序

程序段号	程序	程序解释
	O0002	程序名
N10	G97 G99 M03 S600	G97 恒线速关闭;G99 每转进给;M03 主轴正转;设置主轴转速为 600 r/min
N20	T0101(外圆车刀)	调用 1 号外圆车刀并调用 1 号刀具补偿
N30	G00 X42 Z2	刀具快速移至切削起点

程序段号	程序	程序解释
N40	G73 U14 W0 R14	设置加工总余量直径为 28 mm(U14)，Z 向为 0(W0)，14 次加工完成(R14)
N50	G73 P60 Q170 U0.8 W0 F0.3	精加工形状起始程序段号为 N60，终止段号为 N170，X 轴方向精车预留余量(直径值)为 0.8 mm，Z 轴方向精车预留余量为 0 mm，进给量为 0.3 mm/r
N60	G00 X30	快速下刀至 X30
N70	G01 Z – 3 F0.1	采用直线插补方式进刀至 Z – 3，进给速度 0.1 mm/r
N80	#1 = 45	#1 为抛物线 Z 轴变量，坐标为直角坐标系上的起点 45 mm
N90	WHILE［#1GE7.2］DO1	条件表达式：当抛物线的起点 45 mm 加工至终点 7.2 mm 条件满足时程序段 DO1 至 END1 重复执行；当条件不满足时，程序跳转到 END1 后一行执行 （注意：WHILE DO1 和 END1 必须成对使用而且只允许最多有 3 层嵌套）
N100	#2 = SQRT［#1/0.2］	#2 为抛物线 X 轴变量，因为 Z 轴发生变化而变化。计算抛物线任意一点 X 轴坐标点
N110	G01 X［2 * #2］Z［#1 – 48］	用直线插补方式进行拟合非圆曲线，X［2 * #2］是把 X 由半径变成直径，Z［#1 – 48］是把直角坐标系上 Z 的起点偏置到工件坐标系上来
N120	#1 = #1 – 0.3	将抛物线曲线分成若干条线段，在 X 轴方向每段直线之间的间距为 0.3 mm
N130	END1	曲线循环结束
N140	Z – 45.8	进刀至 Z – 45.8
N150	X38	进刀至 X38
N160	Z – 51.8	进刀至 Z – 51.8
N170	X42	退刀
N180	G70 P60 Q170 S1200	精加工指令，主轴转速提高至 1200 r/min。
N190	G00 X120 Z60	快速退刀至换刀点
N200	M30	程序结束并返回至程序头

（3）零件切断参考程序如表 8 – 43 所示。

表 8 - 43　零件切断参考程序

程序段号	程序	程序解释
	O0003	程序名
N10	G97 G99 M03 S600	G97 恒线速关闭；G99 每转进给；M03 主轴正转；设置主轴转速为 600 r/min
N20	T0202（切断刀）	调用 2 号切断刀并调用 2 号刀具补偿
N30	G00 X42 Z - 51.8	刀具快速移至切削起点
N40	G01 X0 F0.1	切断工件
N50	X42 F0.5	退刀
N60	G00 X120 Z60	快速退刀至换刀点
N70	M30	程序结束并返回至程序头

【例题 8 - 10】　如图 8 - 25 所示，零件中间部分外形为抛物线，材料为 45 钢，毛坯为 $\phi40$ mm × 200 mm 的棒料，请编制加工程序。

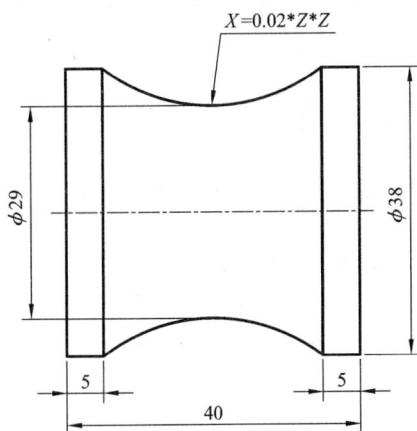

图 8 - 25　抛物线加工实例

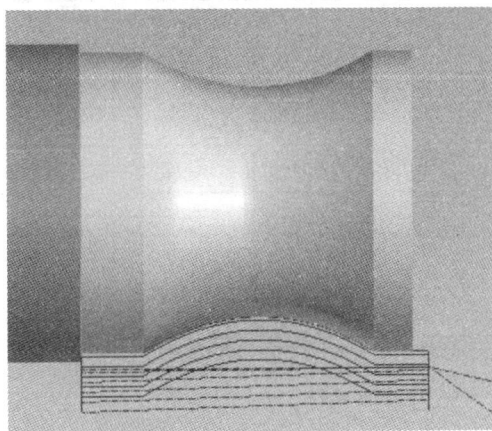

图 8 - 26　加工路线及效果图

1. 图样分析

(1) 综合加工，需完成非圆曲线（抛物线）外轮廓加工。

(2) 根据零件图，该零件一次加工完成。

2. 尺寸计算

尺寸计算如表 8 - 44 所示。

表 8 - 44　尺寸计算

轴	加工起点	加工终点	变量
X	38	半径：#2 = 0.02 * #1 * #1 直径：X[29 + 2 * #2]	#2
Z	15	- 15	#1

3. 加工操作步骤

以毛坯外圆为定位基准，利用三爪自动定心卡盘一次装夹完成加工。编程零点设置在零件右端面的轴心线上。

加工零件右端：

(1)装夹零件毛坯，毛坯为 $\phi40$ mm 的棒料，伸出卡盘长度 = 限位长度 + 切断位置尺寸 + 工件长度 = 10 + 6 + 40 = 56 mm。

(2)用试切对刀的方法对刀。

(3)车端面(G94)。

(4)用外圆仿形车削循环(G73、G70)粗、精加工零件外形轮廓至尺寸要求。

(5)用切断刀切断(G01)。

(6)车端面(G94)。

4. 加工方案及切削用量的选择

结合图 8 - 25，具体加工方案及切削用量的选择见表 8 - 45。

表 8 - 45　加工方案及切削用量的选择

| 序号 | 加工方案 | | | | 切削用量 | |
	T 刀具	G 指令	走刀路线	转速 $S/(\text{r}\cdot\text{min}^{-1})$	进给速度 $F/(\text{mm}\cdot\text{r}^{-1})$	背吃刀量 a_p/mm
1	T0101(外圆车刀)	G94	车端面	800	0.2	1
2	T0101(外圆车刀)	G73 G70	车曲线外轮廓	粗加工：600 精加工：1200	粗加工：0.3 精加工：0.1	1.5
3	T0202(切断刀)	G01	切断	600	0.1	

5. 刀具的选择

刀具的选择如表 8 - 46 所示。

表 8 - 46　刀具的选择

刀号	T0101	T0202
形状		
类型	精车外圆车刀(刀尖角 35°)	切断刀(刀宽 3 mm)
材料	YT55 硬质合金	YT15 硬质合金

6. 编写程序

(1)加工零件端面参考程序如表 8 - 47 所示。

表 8 – 47　加工零件端面参考程序

程序段号	程序	程序解释
	O0001	程序名
N10	G97 G99 M03 S800	G97 恒线速关闭；G99 每转进给；M03 主轴正转；设置主轴转速为 800 r/min
N20	T0101（外圆车刀）	调用 1 号外圆车刀并调用 1 号刀具补偿
N30	G00 X42 Z3	刀具快速移至切削起点
N40	G94 X - 0.5 Z1 F0.2	端面切削循环第一刀
N50	Z0	切削循环第二刀
N60	G00 X120 Z60	快速退刀至换刀点
N70	M30	程序结束并返回至程序头

（2）加工曲线外轮廓（抛物线）参考程序如表 8 – 48 所示，加工路线及效果图如图 8 – 26 所示。

表 8 – 48　加工曲线外轮廓（抛物线）参考程序

程序段号	程序	程序解释
	O0002	程序名
N10	G97 G99 M03 S600	G97 恒线速关闭；G99 每转进给；M03 主轴正转；设置主轴转速为 600 r/min
N20	T0101（外圆车刀）	调用 1 号外圆车刀并调用 1 号刀具补偿
N30	G00 X42 Z2	刀具快速移至切削起点。
N40	G73 U5 W0 R5	设置加工总余量直径为 10 mm（半径 U5），Z 向为 0（W0），5 次加工完成（R5）
N50	G73 P60 Q150 U0.8 W0 F0.3	精加工形状起始程序段号为 N60，终止段号为 N150，X 轴方向精车预留余量（直径值）为 0.8 mm，Z 轴方向精车预留余量为 0 mm，进给量为 0.3 mm/r
N60	G00 X38	快速下刀至 X38
N70	G01 Z - 5 F0.1	采用直线插补方式进刀至 Z - 5，进给量为 0.1 mm/r
N80	#1 = 15	#1 为抛物线 Z 轴变量，坐标为直角坐标系上的起点 15 mm
N90	WHILE［#1GE - 15］DO1	条件表达式：当抛物线的加工起点 15 mm 大于或等于（GE）加工终点 - 15 mm 条件满足时，程序段 DO1 至 END1 重复执行；当条件不满足时，程序跳转到 END1 后下一行执行 （注意：WHILE DO1 和 END1 必须成对使用而且只允许最多有 3 层嵌套）
N100	#2 = 0.02 * #1 * #1	#2 为椭圆 X 轴变量，因 Z 轴发生变化而变化。计算抛物线任意一点 X 轴坐标点

程序段号	程序	程序解释
N110	G01 X[29 + 2 * #2] Z[#1 – 20]	用直线插补方式进行拟合非圆曲线，X[29 + 2 * #2] 是把 X 由半径变成直径，因抛物线偏离中心 29 mm，所以用 29 mm 加上一个抛物线直径值、Z[#1 – 20] 是把直角坐标系上 Z 的起点偏置到工件坐标系上来。
N120	#1 = #1 – 0.3	将抛物线曲线分成若干条线段，在 X 轴方向每段直线之间的间距为 0.3 mm
N130	END1	曲线循环结束
N140	Z – 43	进刀至 Z – 43
N150	X42	退刀
N160	G70 P60 Q150 S1200	精加工指令，主轴转速提高到 1200 r/min
N170	G00 X120 Z60	快速退刀至换刀点
N180	M30	程序结束并返回至程序头

（3）零件切断参考程序如表 8 – 49 所示。

表 8 – 49　零件切断参考程序

程序段号	程序	程序解释
	O0003	程序名
N10	G97 G99 M03 S600	G97 恒线速关闭；G99 每转进给；M03 主轴正转；设置主轴转速为 600 r/min
N20	T0202（切断刀）	调用 2 号切断刀并调用 2 号刀具补偿
N30	G00 X42 Z – 43	刀具快速移至切削起点
N40	G01 X0 F0.1	切断工件
N50	X42 F0.5	退刀
N60	G00 X120 Z60	快速退刀至换刀点
N70	M30	程序结束并返回至程序头

实训操作练习

1. 如图 8 – 27 所示，零件中间部分外形为抛物线，毛坯为 ϕ45 mm × 60 mm 的棒料，材料为 45 钢，试编制加工程序并加工。

2. 如图 8 – 28 所示，零件右端外形为抛物线，毛坯为 ϕ65 mm × 100 mm 的棒料，材料为 45 钢，试编制加工程序并加工。

3. 如图 8 – 29 所示，毛坯尺寸为 ϕ50 mm × 120 mm，材料为 45 钢，试编制加工程序并加工。

$X=-0.02*Z*Z$

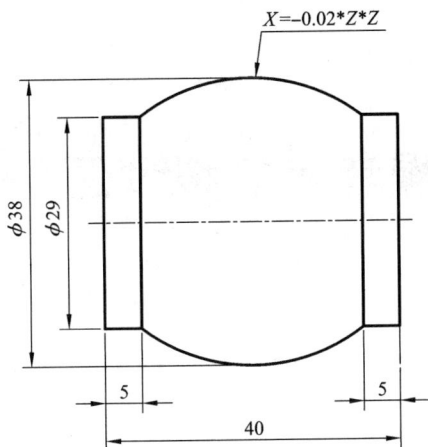

图 8-27　实训练习图

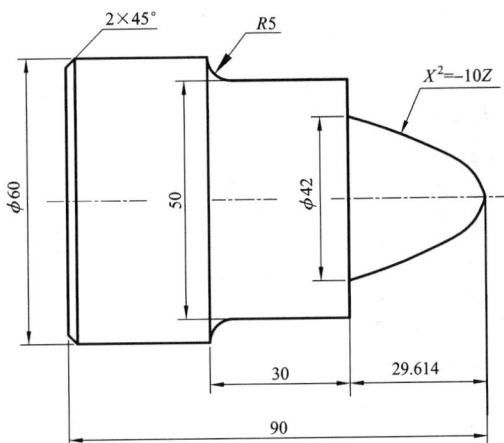

$2\times45°$　　$R5$　　$X^2=-10Z$

图 8-28　实训练习图

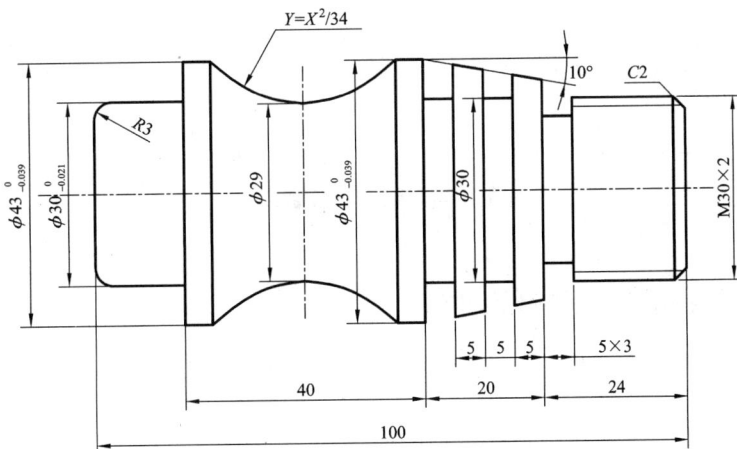

$Y=X^2/34$　　$10°$　　$C2$

$R3$

未注倒角：$1\times45°$

图 8-29　实训练习图

实操考核模拟试题(一)

如图 1 所示工件,毛坯为 $\phi50$ mm×105 mm 的棒材,材料为 45 号钢。

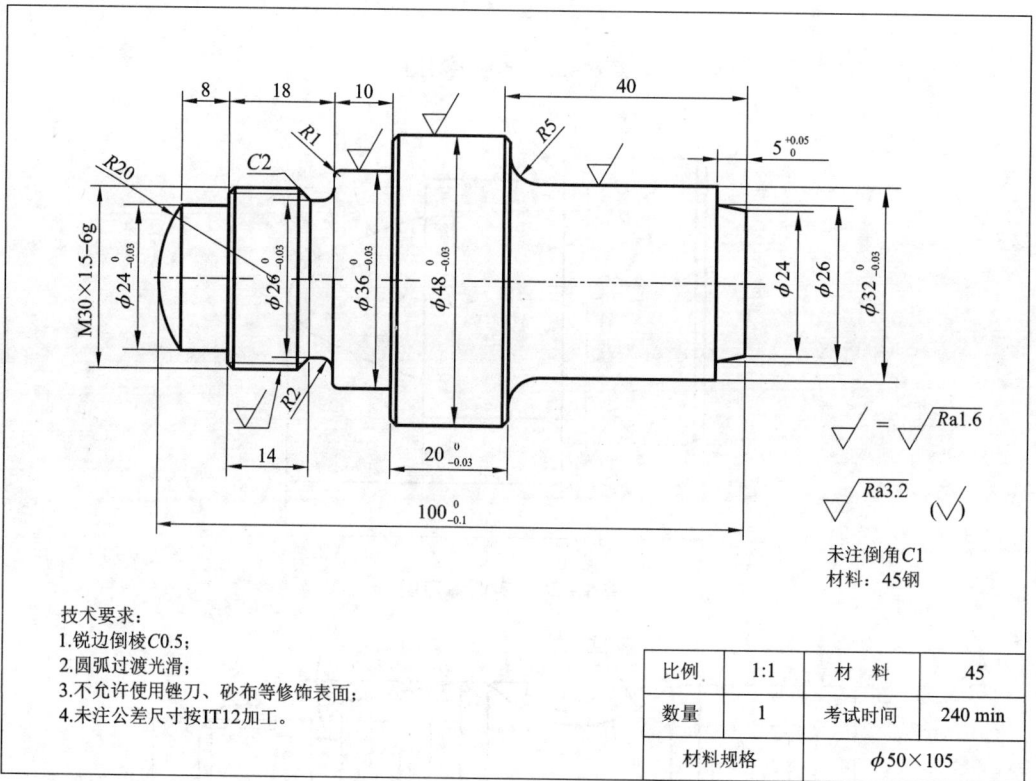

技术要求:
1. 锐边倒棱 C0.5;
2. 圆弧过渡光滑;
3. 不允许使用锉刀、砂布等修饰表面;
4. 未注公差尺寸按 IT12 加工。

未注倒角 C1
材料:45钢

比例	1:1	材　料	45
数量	1	考试时间	240 min
材料规格		$\phi50×105$	

图 1　实操考核实例(试题一)

一、领取工件材料、刀具和量具

分析图样,根据工件加工要求,选择工件材料、刀具和量具等,填写表 1 并领取。

表1　刀具量具领件单(试题一)

名称		规格	数量	备注
工件材料	45#钢	φ50 mm×105 mm	1	
刀　具				
量　具				
其他辅具				(例如垫片、R规、块规等。)
总件数	领取人	指导教师	日期	

二、填写数控加工工艺卡

根据加工图纸要求划分工步,合理选用加工刀具及切削参数,并按要求填写数控加工工艺卡,如表2所示。

表2　数控加工工艺卡(试题一)

零件名称			实训场地				
零件材料			使用设备				
程序编号			夹具名称				
工序	名称			工艺要求			
1	下料						
2	数控车削	工步	工步内容	刀具号	刀具类型	主轴转速 $S/(\mathrm{r\cdot min^{-1}})$	进给速度 $F/(\mathrm{mm\cdot r^{-1}})$	切削深度 a_p/mm
日期		加工者		审核		批准	

三、编写程序

根据加工工艺，编写加工程序。

四、加工工件

将编写的程序输入车床数控系统，校验无误后，完成工件加工。

五、检测评分

检测加工后的工件，将结果填入表3，进行评分。

表3　检测评分表（试题一）

姓名			班级			成绩			
序号	项目	考核内容	评分标准	配分	检测手段	学生自评		教师测评	
						自测	得分	检测	得分
1	外圆	$\phi 48_{-0.03}^{0}$ mm	超差 0.01 mm 扣 2 分	5	千分尺				
2		$\phi 32_{-0.03}^{0}$ mm	超差 0.01 mm 扣 2 分	5	千分尺				
3		$\phi 36_{-0.03}^{0}$ mm	超差 0.01 mm 扣 2 分	5	千分尺				
4		$\phi 24_{-0.03}^{0}$ mm	超差 0.01 mm 扣 2 分	5	千分尺				
5	锥面	大端 26 mm 小端 24 mm	不合格不得分	4	游标卡尺				
6		长度 $5_{0}^{+0.05}$ mm	超差 0.01 mm 扣 2 分	4	深度千分尺				
7	圆弧	$R20$ mm	不合格不得分	5	圆弧样板				
8		$R5$ mm	不合格不得分	5	R 规				
9	长度	40 mm	不合格不得分	4	深度尺				
10		$20_{-0.03}^{0}$ mm	超差 0.01 mm 扣 2 分	4	游标卡尺				
11		8 mm	不合格不得分	4	游标卡尺				
12		18 mm	不合格不得分	4	深度尺				
13		10 mm	不合格不得分	4	深度尺				
14		$100_{-0.1}^{0}$ mm	超差 0.01 mm 扣 2 分	4	游标卡尺				
15	倒角	$C1$ mm（3 处）	不合格不得分	6	目测				
16		$C2$ mm	不合格不得分	2	目测				
17	圆弧角	$R1$ mm	不合格不得分	2	半径样板				
18		$R2$ mm	不合格不得分	2	半径样板				

续表3

序号	项目	考核内容	评分标准	配分	检测手段	学生自评		教师测评	
姓名			班级			成绩			
						自测	得分	检测	得分
19	螺纹	M30×15	不合格不得分	8	螺纹环规				
20	表面	*Ra*1.6 um (4处)	降级不得分	4	样块比较				
21		*Ra*3.2 um (4处)	降级不得分	4	样块比较				
22	文明生产		按有关规定，每违反一次扣3分，扣分不超过10分						
加工时间		240 min	开始时间			结束时间			
监考			检查员			记录员			

实操考核模拟试题(二)

如图 2 所示工件,毛坯为 $\phi 40$ mm $\times 95$ mm 的棒材,材料为 45 号钢。

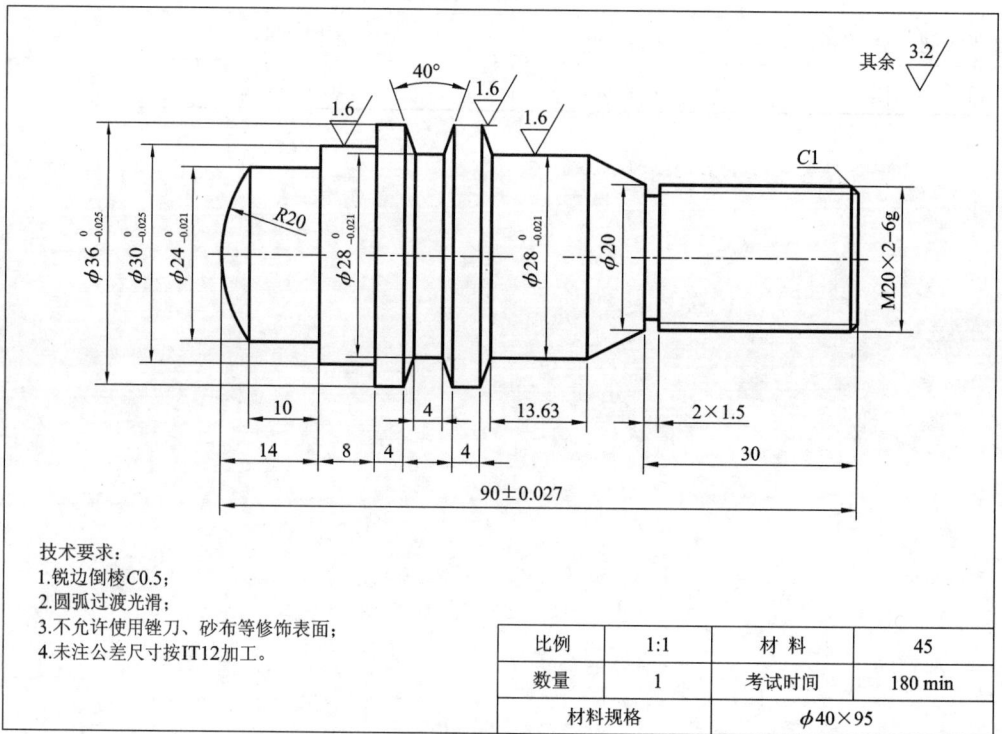

图　实操考核实例(试题二)

比例	1:1	材　料	45
数量	1	考试时间	180 min
材料规格		$\phi 40 \times 95$	

技术要求:
1.锐边倒棱C0.5;
2.圆弧过渡光滑;
3.不允许使用锉刀、砂布等修饰表面;
4.未注公差尺寸按IT12加工。

一、领取工件材料、刀具和量具

分析图样,根据工件加工要求,选择工件材料、刀具和量具等,填写表 1 并领取。

表1　刀具量具领件单（试题二）

名称		规格	数量	备注
工件材料	45#钢	ϕ50 mm×105 mm	1	
刀　具				
量　具				
其他辅具				（例如垫片、R规、块规等。）
总件数	领取人	指导教师	日期	

二、填写数控加工工艺卡

根据加工图纸要求划分工步，合理选用加工刀具及切削参数，并按要求填写数控加工工艺卡，如表2所示。

表2　数控加工工艺卡(试题二)

零件名称			实训场地					
零件材料			使用设备					
程序编号			夹具名称					
工序	名称			工艺要求				
1	下料							
2	数控车削	工步	工步内容	刀具号	刀具类型	主轴转速 $S/(\text{r}\cdot\text{min}^{-1})$	进给量 $F/(\text{mm}\cdot\text{r}^{-1})$	切削深度 a_p/mm
日期		加工者		审核		批准		

三、编写程序

根据加工工艺,编写加工程序。

四、加工工件

将编写的程序输入车床数控系统,校验无误后,完成工件加工。

五、检测评分

检测加工后的工件,将结果填入表3,进行评分。

表3 检测评分表(试题二)

姓名				班级			成绩		
序号	项目	考核内容		评分标准		配分	学生自评		教师测评
							自测	得分	检测	得分
1	外圆	$\phi 36_{-0.025}^{0}$	IT	每超差 0.01 mm 扣 1 分	5				
		$Ra1.6$	Ra	降级不得分	3				
2		$\phi 30_{-0.025}^{0}$	IT	每超差 0.01 mm 扣 1 分	5				
		$Ra1.6$	Ra	降级不得分	3				
3		$\phi 24_{-0.021}^{0}$		每超差 0.01 mm 扣 1 分	5				
4		$\phi 28_{-0.021}^{0}$ 2 处	IT	每超差 0.01 mm 扣 1 分	10				
		$Ra1.6$ 2 处	Ra	降级不得分	6				
5	螺纹	M20×2 螺纹大径		超差不得分	3				
6		M20×2 螺纹中径		超差不得分	8				
7	长度	8		每超差 0.01 mm 扣 0.5 分	6				
8		90±0.027		每超差 0.01 mm 扣 0.5 分	4				
9		14		每超差 0.01 mm 扣 0.5 分	2				
10		12		每超差 0.01 mm 扣 0.5 分	2				
11		4(3 处)		每超差 0.01 mm 扣 0.5 分	2				
12	其他	4×1.5 槽		达不到要求不得分	3				
13		圆弧 $R20$		达不到要求不得分	3				
14		倒角 $C1$		一处达不到要求不得分	2				
15		20°(3 处)		超差不得分	3				
16		零件成形		不成形不得分	8				
17		其余 $Ra3.2$		降级不得分	4				
18	文明生产			按有关规定,每违反一次扣 3 分,扣分不超过 10 分					
加工时间	180 min			开始时间			结束时间		
监考				检查员			记录员		

参考文献

[1] 崔兆华.数控车床编程与操作(广数系统)(第1版).北京:中国劳动社会保障出版社,2012
[2] 黄丽芬.数控车床编程与操作——广数"GSK980TD"车床数控系统.北京:中国劳动社会保障出版社,2012
[3] 肖爱武.数控车工国家职业技能鉴定指南(中级)国家职业资格四级.北京:电子工业出版社,2013
[4] 邓健平,张若锋.数控车工国家职业技能培训与鉴定教程(中级)国家职业资格四级.北京:电子工业出版社,2012
[5] 戴三法,王吉连.数控车削编程与加工.北京:中国劳动社会保障出版社,2012
[6] 林秀朋,李健龙.数控车编程与实训教程.北京:电子工业出版社,2010
[7] 杨丰,张璐青.数控车工国家职业技能鉴定指南(高级、技师、高级技师)国家职业资格三级、二级、一级.北京:电子工业出版社,2005
[8] 李新勇,数控加工实训.北京:机械工业出版社,2011
[9] 王公安.车工工艺学.北京:中国劳动社会保障出版社,2014
[10] 李桂云.宇龙数控仿真软件使用指导(第1版).北京:高等教育出版社,2007
[11] 崔兆华.数控车床编程与操作(广数系统)习题册(第1版).北京:中国劳动社会保障出版社,2012
[12] 人力资源和社会保障部教材办公室.数控车床编程与操作习题册——广数"GSK980TD"车床数控系统.北京:中国劳动社会保障出版社,2011
[13] 陈宁娟.数控车削实训与考级(第1版).北京:高等教育出版社,2008
[14] 李明.全国数控大赛实操试题及详解(数控车).北京:化学工业出版社,2011
[15] 孙奎洲,刘伟.数控车工技能培训与大赛试题精选.北京:北京理工大学出版社,2011
[16] 沈春根,等.数控车宏程序编程实例精讲.北京:机械工业出版社,2012.1
[17] 陈海周.数控铣削加工宏程序及应用实例.第二版.北京:机械工业出版社,2008

图书在版编目(CIP)数据

数控车床编程与实训／段绍娥主编.—长沙：中南大学出版社，
2016.8(2020.8 重印)

ISBN 978 – 7 – 5487 – 2318 – 9

Ⅰ.数…Ⅱ.段…Ⅲ.数控机床－车床－程序设计

Ⅳ.TG519.1

中国版本图书馆 CIP 数据核字(2016)第 140664 号

数控车床编程与实训

主编　段绍娥

□责任编辑	韩　雪
□责任印制	周　颖
□出版发行	中南大学出版社
	社址：长沙市麓山南路　　　　邮编：410083
	发行科电话：0731 – 88876770　　传真：0731 – 88710482
□印　　装	长沙市宏发印刷有限公司

□开　　本　787 mm×1092 mm 1/16　□印张 19.25　□字数 491 千字
□版　　次　2016 年 8 月第 1 版　□印次　2020 年 8 月第 2 次印刷
□书　　号　ISBN 978 – 7 – 5487 – 2318 – 9
□定　　价　52.00 元